中国特色高水平高职学校项目建设成果

U0868850

智能传感器与智能仪表

主　编　孙丹丹

副主编　王海涛　宋小丽

主　审　杜丽萍　雍丽英

哈爾濱工程大學出版社

Harbin Engineering University Press

内容简介

本书是依托中国特色高水平高职学校项目，应课程改革的需要，校企合作编写的机电一体化技术专业群共享的活页式教材。本书依据高职专科及本科机电类专业人才培养目标和定位要求，以企业调研为基础，对接机电类职业能力要求，以培养智能检测与智能仪表技术综合职业能力为目标，以检测技术应用领域及相关的典型工作任务分析为逻辑起点，进行教学化项目模块和学习任务设计，本书包含 2 个学习模块，下设 10 个项目，共设计了 30 个典型的工作任务，教材以活页的形式将每个项目、任务贯穿起来。本书以行动任务为导向，以任务驱动为手段，主要培养学生对传感器的选型、安装操作与维护的实际应用能力；对检测系统的设计能力；对智能传感与检测、智能仪表与测量、工业机器人等现代智能设备的使用与集成的应用能力。

本书可作为高职专科及本科电气自动化技术专业、机电一体化技术专业、智能焊接技术专业、工业机器人技术专业及相关自动化控制类专业的教材，是国家职业教育倡导使用的新型活页式教材；也可作为面向电气工程技术人员、自动控制工程技术人员，以及电气系统设计、控制系统集成与改造、项目管理、电力系统运行与维护、电气设备维修维护等岗位的企业技术人员的参考资料。

图书在版编目(CIP)数据

智能传感器与智能仪表 / 孙丹丹主编. -- 哈尔滨 : 哈尔滨工程大学出版社, 2024. 12. -- ISBN 978-7-5661-4751-6

Ⅰ. TP212. 6;TP216

中国国家版本馆 CIP 数据核字第 2025Y61H40 号

智能传感器与智能仪表
ZHINENG CHUANGANQI YU ZHINENG YIBIAO

选题策划 史大伟
责任编辑 刘海霞
封面设计 李海波

出版发行 哈尔滨工程大学出版社
社　　址 哈尔滨市南岗区南通大街 145 号
邮政编码 150001
发行电话 0451-82519328
传　　真 0451-82519699
经　　销 新华书店
印　　刷 哈尔滨午阳印刷有限公司
开　　本 787 mm×1 092 mm　1/16
印　　张 16.75
字　　数 425 千字
版　　次 2024 年 12 月第 1 版
印　　次 2024 年 12 月第 1 次印刷
书　　号 ISBN 978-7-5661-4751-6
定　　价 68.00 元

http://www.hrbeupress.com
E-mail:heupress@hrbeu.edu.cn

中国特色高水平高职学校项目建设成果系列
教材编审委员会

编写说明

中国特色高水平高职学校和专业建设计划(简称“双高计划”)是我国教育部、财政部为建设一批引领改革、支撑发展、中国特色、世界水平的高等职业学校和骨干专业(群)的重大决策建设工程。哈尔滨职业技术大学(原哈尔滨职业技术学院)作为“双高计划”建设单位,对中国特色高水平高职学校建设项目进行顶层设计,编制了站位高端、理念领先的建设方案和任务书,并扎实地开展人才培养高地、特色专业群、高水平师资队伍与校企合作等项目建设,借鉴国际先进的教育教学理念,开发中国特色、国际标准的专业标准与规范,深入推动“三教”改革,组建模块化教学创新团队,落实课程思政建设要求,开展“课堂革命”,出版校企双元开发的“活页式”、工作手册式等新形态教材。为适应智能时代先进教学手段应用,学校加大优质在线资源的建设,丰富教材载体的内容与形式,为开发以工作过程为导向的优质特色教材奠定基础。按照教育部印发的《职业院校教材管理办法》要求,教材体现了如下编写理念:依据学校双高建设方案中教材建设规划、国家相关专业教学标准、专业相关职业标准及职业技能等级标准,服务学生成长成才和就业创业,以立德树人为根本任务,融入课程思政,对接相关产业发展需求,将企业应用的新技术、新工艺和新规范融入教材之中。教材编写遵循技术技能人才成长规律和学生认知特点,适应相关专业人才培养模式创新和优化课程体系的需要,注重以真实生产项目、典型工作任务、生产流程及典型工作案例等为载体开发教材内容体系,理论与实践有机融合,满足“做中学、做中教”的需要。

本系列教材是哈尔滨职业技术大学中国特色高水平高职学校项目建设的重要成果之一,也是哈尔滨职业技术大学教材改革和教法改革成效的集中体现。教材体例新颖,具有以下特色:

第一,创新教材编写机制。按照学校教材建设统一要求,遴选教学经验丰富、课程改革成效突出的专业教师担任主编,邀请相关企业作为联合建设单位,形成一批学校、行业、企业和教育领域高水平专业人才参与的开发团队,共同参与教材编写。

第二,创新教材总体结构设计。精准对接国家专业教学标准、职业标准、职业技能等级标准,确定教材内容体系,参照行业企业标准,有机融入新技术、新工艺、新规范,构建基于职业岗位工作需要的、体现真实工作任务与流程的内容体系。

第三,创新教材编写方式。与课程改革相配套,按照“工作过程系统化”“项目 + 任务式”“任务驱动式”“CDIO 式”四类课程改革需要设计四种教材编写模式,创新“活页式”、工作手册式等新形态教材编写方式。

第四,创新教材内容载体与形式。依据专业教学标准和人才培养方案要求,在深入企业调研岗位工作任务和职业能力分析基础上,按照“做中学、做中教”的编写思路,以企业典型工作任务为载体进行教学内容设计,将企业真实工作任务、真实业务流程、真实生产过程纳入教材之中,并开发了与教学内容配套的教学资源,以满足教师线上线下混合式教学的需要。本套教材配套资源同时在相关平台上线,可随时下载相应资源,也可满足学生在线自主学习的需要。

第五，创新教材评价体系。从培养学生良好的职业道德、综合职业能力、创新创业能力出发，设计并构建评价体系，注重过程考核和学生、教师、企业、行业、社会参与的多元评价，充分体现“岗课赛证”融通，每部教材根据专业特点设计了综合评价标准。为确保教材质量，哈尔滨职业技术大学组建了中国特色高水平高职学校项目建设成果系列教材编审委员会。该委员会由职业教育专家组成，同时聘用企业技术专家指导。学校组织了专业与课程专题研究组，对教材编写持续进行培训、指导、回访等跟踪服务，建有常态化质量监控机制，能够为修订完善教材提供稳定支持，确保教材的质量。

本系列教材是在国家骨干高职院校教材开发的基础上，经过几轮修改，融入课程思政内容和课堂革命理念，既具教学积累之深厚，又具教学改革之创新，凝聚了校企合作编写团队的集体智慧。本套教材充分展示了课程改革成果，力争为更好地推进中国特色高水平高职学校和专业建设及课程改革做出积极贡献！

哈尔滨职业技术大学

中国特色高水平高职学校项目建设成果系列教材编审委员会

2024 年 10 月

前　　言

《智能传感器与智能仪表》是中国特色高水平高职学校机电一体化技术专业群传感器类课程的配套教材，适用于高职专科生及本科生。检测是贯穿于自动化控制过程的一项工作，本教材以企业调研为基础，确定检测技术的应用领域及相关的典型工作任务，以职业能力和素质培养为主线，以不同应用领域需要的具体职业技能为培养目标。本教材的编写，以行动任务为导向，以任务驱动为手段，从不同的应用领域对不同控制变量检测的角度进行教学化项目和学习任务设计，以解决实际控制过程对变量精确检测的问题。本教材涵盖了不同控制变量的检测方法、多种传感器和仪表的工作原理和实际应用案例等内容，培养学生对传感器与仪表的选型、操作维护的实际应用能力；对检测系统的设计与实施能力；对智能传感与检测、智能仪表与测量等现代智能传感器与仪表的使用与集成的应用能力。本书共设 2 个学习模块，模块Ⅰ（基础应用模块）和模块Ⅱ（拓展应用模块），模块Ⅰ下设 5 个项目，模块Ⅱ下设 5 个项目，共配置 30 个学习性工作任务。本书的特色与创新有以下几个方面：

1. 校内-校外-企业“三体”合作

依托中国特色高水平高职学校项目，以高职院校校内教师-其他高校教师-企业教师的“三体”型教师团队为基础，“三体”型教师团队教学科研跨界合作，赴企业调研，基于企业真实应用需求，以行业新业态、新水平、新技术为导向，共同开发设计内容，拓展组合创新功能，切实促进产教融合落实落地落细。

2. 模块-项目化编写方法

以企业需求，检测新技术、智能传感器和智能仪表技术发展为导向，以国家职业标准为依据，以综合职业能力培养为目标，以典型工作任务为载体，以学生为中心，将理论学习与实践相结合，指导学生从引导案例、相关知识点和技术资料中获取和分析专业信息，寻找解决问题的途径，从而获取解决方法等。

3. 教材配套多种数字资源

本教材配有微课、动画、PPT、试题库等教学数字资源，可以帮助学生理解重难点，满足学生实时自学自测的需要。

4. 全内容的“活页式设计”

本教材适用于高职专科生和本科生。为紧跟检测新技术、智能传感器和智能仪表技术更新与变革的步伐，教材以结构体系为基础，将不同模块、不同应用项目、具体实施任务的工作背景、理论知识、应用案例、总结反馈和效果评价等内容设计成可以自由摘取和更新的活页形式，做到教材全内容的活页式设计。高职本科生可以学习全部内容，而高职专科学生可以选择教材中的部分内容进行学习，这样不仅方便学习者使用，促进学生开展有目的的学习，还可以随时更新新技术、新工艺、新职业素养要求的相关内容。

哈尔滨职业技术大学的孙丹丹任本书主编，负责编写模块Ⅰ中项目一、项目四、项目五和模块Ⅱ中项目一、项目三、项目四、项目五的内容，并负责全书的统稿工作；哈尔滨职业技术大学的王海涛和宋小丽任本书副主编，共同负责编写模块Ⅰ中项目二、项目三和模块Ⅱ中项目二的内容；哈尔滨职业技术大学的贾潇然和张海玉参与了课程资源的开发和全书内容的编写、校对工作；黑龙江省生态研究所高级工程师赵邵松和哈尔滨理工大学的张彪负责编写全书应用案例部分的内容；哈尔滨职业技术大学教务处处长杜丽萍、机电工程学院院长雍丽英任本书主审，并在本书编写过程中提出了许多宝贵的意见，在此表示衷心的感谢！

本书经哈尔滨职业技术大学教材编审委员会审定。在编写过程中，教材编审委员会领导对本书提出了许多专业技术性建议，在此表示衷心的感谢！

由于编写组的水平和经验有限，书中难免有不妥之处，恳请广大读者批评指正。

本书编委会

2024 年 10 月

目　录

模块Ⅰ　基础应用模块

模块Ⅱ　拓展应用模块

模块Ⅰ　基础应用模块

项目一　应用智能传感器与检测技术

【引导案例】

2020年5月5日,“长征五号”B运载火箭搭载新一代载人飞船试验船和柔性充气式货物返回舱试验舱在中国海南文昌首飞成功,自2003年以来,中国已经执行了6次载人太空飞行任务。载人飞船上装有数千只传感器(sensor),用于监测航天员的呼吸、脉搏、体温等生理参数和飞船升空、运行、返回等多项飞行参数,并及时传回指挥控制中心。所有的航天飞行器均使用了大量传感器,如土星SA525运载火箭上装有2 049只传感器,用于检测压力、温度、振动、位置、制导及控制等。俄罗斯的“能源号”运载火箭在发射“暴风雪号”飞船时用了39种类型的传感器,火箭上传感器总用量达到了3 500只。

多传感器联合系统主要用于航天航空自控系统的检测。如在大气层中飞行的飞机和从轨道飞行后返回大气中飞行的航天飞机上,都需要测量飞行时的气压、高度、真空速度(飞机与空气的相对速度)、大气静温、马赫数(真空速度 v 与声速 c 之比)等。这些重要参数不能通过传感器直接测出,而需要由动态、静压等4个传感器测量之值和静压修正器计算求得。这些传感器与检测仪表对保障飞船的安全飞行起到至关重要的作用。

【学习目标】

知识目标:

1. 能够了解检测技术、常用的检测仪表与检测系统;
2. 能够掌握传感器的定义和组成、性能指标、选择原则及未来发展趋势;
3. 能够了解智能检测技术、智能检测系统;
4. 能够掌握测量误差的分析和处理方法。

能力目标:

1. 能够辨识和选择常用的传感器和检测仪表;
2. 能够分析和处理测量误差。

职业素质目标:

1. 培养学生自主学习的能力、现代化信息技术应用素养;

2. 培养学生肯于钻研、乐观向上、永攀高峰的开拓进取精神；
3. 培养学生团结协作、爱岗敬业的职业精神，创业精神、创新创业意识。

任务 1　应用传感器与检测技术

【任务背景】

俄国著名科学家门捷列夫说过："检测是认识自然界的主要手段""科学是从测量开始的"。钱学森院士指出："新技术革命的关键技术是信息技术。信息技术由测量技术、计算机技术、通信技术三部分组成。测量技术是关键和基础。"王大珩院士说过："能不能创造高水平的科学仪器和设备体现了一个民族、一个国家的创新能力。发展科学仪器设备应当视为国家战略。""没有传感器就没有现代科学技术"的观点已为全世界所公认。以传感器为核心的检测系统就像神经和感官一样，源源不断地向人类提供宏观与微观世界的种种信息，成为人们认识自然、改造自然的有力工具。

既然传感器及检测技术如此重要，那么什么是检测技术，它的作用、地位和应用场合是什么？检测的内容和任务是什么？检测系统由什么组成？本任务将一起来探究以上问题，从而使学生对检测技术建立初步认知。

随着社会经济的迅猛发展，高科技产品越来越多，火灾、化学危险品燃烧、爆炸、坍塌等事故隐患也大幅增加，为此，有公司研制出了一种消防机器人，该机器人能自己按动电梯开关，到大楼各层巡视；发现火苗时，能立刻使用灭火器灭火。这种机器人身上的各种传感器能够感知烟、热及可疑人员等异常现象，并能够使用内置的通信装置把异常情况报告给保安公司。一旦发生火情，保安公司在接到信息后就可转换遥控系统，命令机器人使用安装在其身上的灭火器灭火。目前还研制出了医疗护理机器人、清洁机器人、在原子能发电站等高危环境下工作的安全作业机器人及机器狗、机器猫等。这些自动化的设备都离不开传感器与检测仪表。那么什么是检测仪表？什么是传感器？它们能够起什么作用？本任务将一起来探究以上问题，从而对传感器及检测仪表建立初步认识。

【相关知识】

让我们来认识一下什么是检测吧！

一、检测

检测是检查和测量的总称。在工业实际生产和科学实验中，需要对描述被测对象特征的某些参数进行必要的检测，以达到及时了解工艺和生产过程情况的目的，同时获得其某些参数的准确信息，以达到对被测对象定性判别和定量分析的目的。

检测技术指在工业、农业生产、科学实验乃至日常生活中，对一些参数进行测量的技术。检测技术也称非电量的电测技术，它是工业、农业自动化的一个重要组成部分。

以传感器为核心的检测系统是智能设备的重要组成部分之一，相当于人类的五官，源源不断地向人类提供外部环境的种种信息，成为人们认识世界、改造世界的有力工具。五官将其感知到的外界信息反馈给大脑，设备的控制系统相当于大脑，大脑做出判断使四肢做出回应，而设备的执行机构则类似于人体的四肢。一台完整的设备能否按设计要求完成预定任务，首先取决于检测系统的精度和可靠性。

如图 1-1 所示，传感器早已在各大生产领域中得到应用，如信息处理、电信电话、科技测试、设备控制、交通控制、货币金融等领域。上到茫茫太空，下到浩瀚海洋，现代化的工业生产与应用中，都离不开各种各样的传感器，毫不夸张地说，没有传感器就没有现代科学技术。生活中最常见的全自动洗衣机就包括多种类型的传感器，如水温传感器、衣物质量传感器、液位传感器、浊度（洗净度）传感器、电阻传感器（衣物烘干检测）以及水质和衣质传感器等。

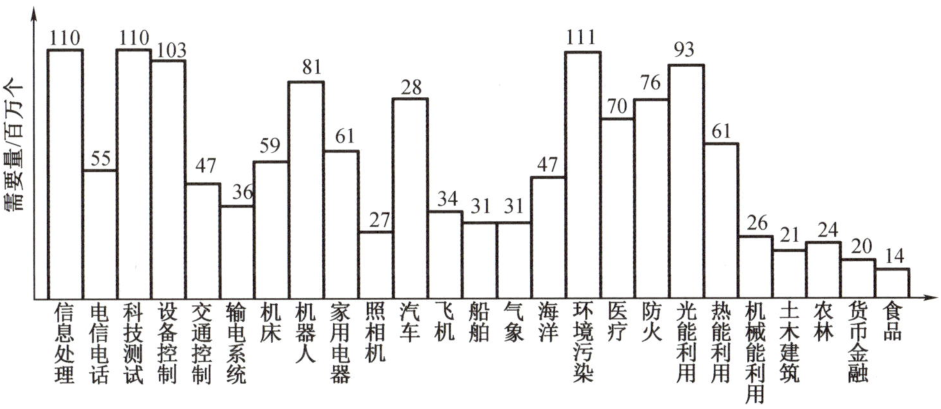

图 1-1 传感器的主要应用

二、检测的任务和内容

信息在对象中有时是外显的，有时是内蕴的，被研究对象的信息量是非常丰富的。检测或测试工作就是根据一定的目的和要求，获取有限的、观察者感兴趣的某些特定的信息。

信号是信息的载体，信息总是通过某些物理量的形式表现出来，这些物理量就是信号。例如，振动系统可以通过质量块的位移-时间关系来描述，质量块位移的时间历程（信号）就包含了该系统固有频率和阻尼比的信息。从信息的获取、变换、加工、传输、显示和记录等方面来看，以电量形式表示的电信号最为方便。所以本书中所指的信号，如无特别说明，一般是指随时间变化的电信号。

信号中虽然携带着信息，但是信号中既含有我们所需的信息，也常常含有大量我们不感兴趣的信息，后者统称为干扰。相应地，信号也有“有用”信号和“干扰”信号的提法，但这是相对的。在某种场合中我们认为其是干扰信号，其在另一种场合中却可能是有用信号。例如，齿轮噪声对工作环境是一种“污染”，但是齿轮噪声是齿轮副传动缺陷的一种表现，因此可以用来评价齿轮副的运行状况并用作故障诊断。检测工作的一个任务就是要从复杂的信号中提取有用的信息。

三、检测系统的组成

检测系统通常由各种传感器将非电被测物理或化学成分参量转换成电信号，然后经信号调理（信号转换、信号检波、信号滤波、信号放大等）、数据采集、信号处理后显示并输出［通常有 4～20 mA、经数模（D/A）转换和放大后的模拟电压、开关量、脉冲宽度调制（PWM）、串行数字通信和并行数字输出等］，以上各环节所需的交、直流稳压电源和必要的输入设备（如拨动开关、按钮、数字拨码盘、数字键盘等）组成了一个完整的检测（仪器）系统，其组成框图如图 1-2 所示。

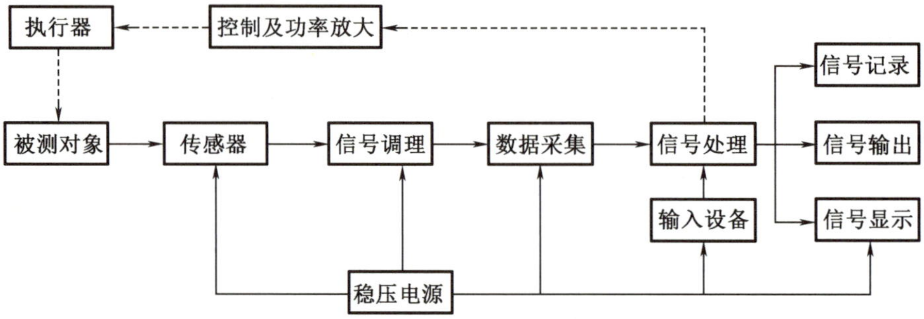

图 1-2　检测系统组成框图

1. 传感器

传感器是检测系统与被测对象直接发生联系的器件或装置。传感器作为检测系统的信号源，其性能的好坏将直接影响检测系统的精度和其他指标，是检测系统中十分重要的环节。

2. 信号调理

信号调理在检测系统中的作用是对传感器输出的微弱信号进行检波、转换、滤波、放大等，以方便检测系统后续环节的处理或显示。例如，工程上常见的热电阻型数字温度检测（控制）仪表，其传感器 Pt100 的输出信号为热电阻值的变化量。为便于处理，通常需设计一个四臂电桥电路，把随被测温度变化的热电阻值转换成电压信号；由于信号中往往夹杂着 50 Hz 工频等噪声电压，故其信号调理电路通常包括滤波、放大、线性化等环节。需要远传的话，通常采取 D/A 或电压/电流（V/I）电路将获得的电压信号转换成标准的 4～20 mA 电流信号后再进行远距离传送。检测系统种类繁多，复杂程度差异很大，信号的形式也多种多样，各系统的精度、性能指标要求各不相同，它们所配置的信号调理电路的多寡也不尽一致。

3. 数据采集

数据采集（系统）在检测系统中的作用是对信号调理后的连续模拟信号进行离散化，并转换成与模拟信号电压幅度相对应的一系列数值信息，同时，以一定的方式把这些转换数据及时传递给微处理器或依次自动存储。数据采集系统通常以各类模数转换器（A/D 转换器）为核心，辅以模拟多路开关、采样/保持器、输入缓冲器、输出锁存器等。

4. 信号处理

信号处理模块是现代检测仪表、检测系统进行数据处理和各种控制的中枢环节，其作用和人的大脑类似。现代检测仪表、检测系统中的信号处理模块通常以各种型号的单片机、微处理器为核心来构建，对高频信号和复杂信号的处理有时需增加数据传输和运算速度快、处理精度高的专用高速数字信号处理器(DSP)或直接采用工业控制计算机。由于微处理器、单片机和大规模集成电路技术的迅速发展和这类芯片价格的不断降低，对稍复杂一点的检测系统(仪器)，其信号处理环节都应考虑选用合适型号的单片机、微处理器、DSP或嵌入式模块作为核心来设计和构建(或者由工控机兼任)，从而使所设计的检测系统获得更高的性价比。

5. 信号显示

通常人们都希望及时获得被测量的瞬时值、累积值或其随时间的变化情况，因此，各类检测仪表和检测系统在信号处理器计算出被测量的瞬时值后，通常均需将瞬时值送至各自的显示器实时显示。显示器是检测系统与人联系的主要环节之一，一般可分为指示式、数字式和屏幕式 3 种。

6. 信号输出

在许多情况下，检测仪表和检测系统在信号处理器计算出被测量的瞬时值后，除送显示器进行实时显示外，通常还需把瞬时值及时传送给控制计算机、可编程控制器或其他执行器、打印机、记录仪等，从而构成闭环控制系统或实现打印(记录)输出。检测仪表和检测系统的信号输出通常有 4~20 mA 的电流信号，经 D/A 转换和放大后的模拟电压、开关量、PWM、串行数字通信和并行数字输出等多种形式，需根据检测系统的具体要求确定。

7. 输入设备

输入设备是操作人员和检测仪表或检测系统联系的另一主要环节，用于输入设置参数、下达有关命令等。最常用的输入设备是各种键盘、拨码盘、条码阅读器等。近年来，随着工业自动化、办公自动化和信息化程度的不断提高，通过网络或各种通信总线，利用其他计算机或数字化智能终端实现远程信息和数据输入的方式越来越普遍。最简单的输入设备是各种开关、按钮，模拟量的输入、设置往往借助电位器进行。

8. 稳压电源

一个检测仪表或检测系统，往往既有模拟电路部分，又有数字电路部分，通常需要多组幅值大小要求各异但稳定的电源。在检测系统使用现场一般无法直接提供这类电源，通常只能提供交流 220 V 工频电源或+24 V 直流电源。检测系统的设计者需要根据使用现场的供电电源情况及检测系统内部电路的实际需要，统一设计各组稳压电源，给系统各部分电路和器件分别提供它们所需的稳定电源。

检测系统(仪表)不是都具备以上所有单元的，有些简单的检测系统，其各环节之间的界线也不是十分清楚的，需根据具体情况进行分析。由于检测仪表、检测系统种类和型号繁多，被测量不同，检测对象和应用场合各异，因此用户对各检测仪表的测量范围、测量精度、功能的要求差别也很大。对检测仪表、检测系统的信号处理环节来说，只要能满足用户对信号处理的要求，则是越简单越可靠，成本越低越好。

检测系统是要测出被测对象中人们所需要的某些特征性参量信号，不管中间经过多少环节的变换，在这些过程中必须忠实地把所需信息通过其载体信号传输到输出端。整个过程要求既不失真，也不受干扰。这就要求系统本身既具有不失真传输信号的能力，又具有在外界各种干扰情况下能提取和辨识信号中所包含的有用信息的能力。

让我们来认识一下检测仪表吧！

一、工业过程检测与仪表

1. 工业过程检测

检测技术及仪表作为人类认识客观世界的重要手段和工具，应用领域十分广泛，工业过程是其最重要的应用领域之一。工业过程检测具有如下特点：

(1) 被测对象形态多样

有气态、液态、固态介质及其混合体，且有的被测对象具有特殊性质（如强腐蚀、强辐射、高温、高压、深冷、真空、高黏度、高速运动等）。

(2) 被测量性质多样

有温度、压力、流量、液位等热工量，也有各种机械量、电工量、化学量、生物量，还有某些工业过程要求检测的特殊参数（如纸浆的打浆度）等。

(3) 被测量的变化范围宽

如被测温度可以是 1 000 ℃以上的高温，也可以是 0 ℃以下的低温甚至超低温。

(4) 检测方式多种多样

既有断续测量，又有连续测量；既有单参数检测，又有多参数同时检测；还有每隔一段时间对不同参数的巡回检测等。

(5) 检测环境比较恶劣

在工业过程中，存在着许多不利于检测的影响因素，如电源电压波动，温度、压力变化，以及在工作现场存在水汽、烟雾、粉尘、辐射、振动等。

工业过程检测的上述特点，不仅要求检测仪表要具有良好的静态特性和动态特性，而且要求针对不同的被测对象和测量要求要采用不同的测量原理和测量手段，因此，检测仪表的种类繁多。而且为了适应工业过程对检测技术提出的新要求，还将有各式各样的新型仪表不断涌现。

2. 检测仪表

检测仪表是能确定所感受的被测量大小的仪表，它可以是传感器、变送器和自身兼有检出元件和显示装置的仪表。

检测仪表可按下述方法进行分类：

(1) 按被测量分类

可分为温度检测仪表、压力检测仪表、流量检测仪表、物位检测仪表、机械量检测仪表及过程分析仪表等。

(2) 按测量原理分类

可分为电容式、电磁式、压电式、光电式、超声波式、核辐射式检测仪表等。

(3)按输出信号分类

可分为输出模拟信号的模拟式仪表、输出数字信号的数字式仪表及输出开关信号的检测开关(如振动式物位开关)等。

(4)按结构和功能特点分类

可按测量结果是否就地显示分为测量与显示功能集于一身的一体化仪表和将测量结果转换为标准输出信号并远传至控制室集中显示的单元组合仪表;或者按仪表是否含有微处理器分为不带微处理器的常规仪表和以微处理器为核心的微机化仪表,后者的集成度越来越高,功能越来越强,有的已具有一定的人工智能(AI),常被称为智能化仪表。

目前,有的仪表供应商又推出了“虚拟仪器”的概念。所谓“虚拟仪器”,是指在标准计算机的基础上加一组软件或(和)硬件,使用者操作这台计算机,即可充分利用最新的计算机技术来实现和扩展传统仪表的功能。这套以软件为主体的系统能够享用普通计算机的各种计算、显示和通信功能。在基本硬件确定之后,就可以通过改变软件的方法来满足不同的需求,实现不同的功能。虚拟仪器彻底打破了传统仪表只能由生产厂家定义、用户无法改变的局面。用户可以自己设计、自己定义,通过软件的改变来更新自己的仪表或检测系统,改变传统仪表功能单一或有些功能用不上的局面,从而节省开发、维护费用,减少开发专用检测系统的时间。

让我们来认识一下传感器吧!

二、传感器基础

1. 传感器的定义与组成

传感器也称变换器(transducer),是将非电量(物理量、化学量)按一定规律转换成便于测量、传输和控制的电量或另一种非电量的元件或装置。它是利用物理、化学学科的某些效应(如热电效应、压电效应、霍尔效应)、守恒原理(如动量守恒原理、电荷量守恒原理)、物理定律(如欧姆定律、胡克定律)及材料特性按一定工艺实现的。

我国的国家标准《传感器通用术语》(GB/T 7665—2005)给出的传感器的定义为:传感器是能感受被测量并按一定规律转换成可用输出信号的器件或装置,通常由敏感元件和转换元件组成。

一个功能完备的传感器除了敏感元件和转换元件,还需要配备必要的信号调理与转换电路以及辅助供电电源。敏感元件是能直接感受被测信息(通常为非电量)的元件;转换元件则是能将敏感元件感受的信息转换为电信号的部分;信号调理与转换电路是将来自转换元件的微弱信号转换成便于测量和传输的较大的信号。传感器的典型结构如图 1-3 所示。

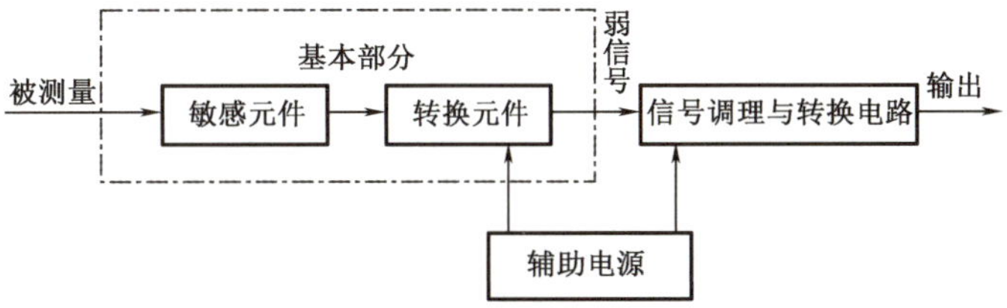

图 1-3　传感器的典型结构示意图

传感器各部分的作用如下：

(1)敏感元件

敏感元件直接与被测对象接触，将被测量(非电量)预先变换为另一种非电量。如应变式压力传感器中的弹性膜片是敏感元件，作用是将压力转换成弹性膜片的形变。

(2)转换元件

转换元件又称作变换元件，是将敏感元件的输出量转换成电信号的部分。一般情况下，转换元件不直接感受被测量。如应变式压力传感器中的应变片就是转换元件，作用是将弹性膜片的形变转换成电阻值的变化。

值得注意的是，并不是所有的传感器都必须含有敏感元件和转换元件。如热电偶、热电阻、压电传感器、光电传感器等都是敏感元件和转换元件合二为一的传感器，它们的敏感元件直接输出电信号。

(3)信号调理与转换电路

信号调理与转换电路也可称为二次仪表，作用是将转换元件输出的电信号放大，转变成易于处理、显示和记录的信号。信号调理与转换电路的类型需要根据传感器的类型来确定，通常采用的有交直流电桥、放大器电路和振荡器电路等。

(4)辅助电源

辅助电源的作用是为传感器提供能源。需要外部电源的传感器称为无源传感器，不需要外部电源的传感器称为有源传感器。如电阻、电感和电容式传感器就是无源传感器，工作时需要外部电源供电，而热电式、压电式传感器就是有源传感器，工作时不需要外部电源供电。

2. 传感器的分类

传感器的种类繁多，不胜枚举，可以按被测量、能量种类、工作原理、使用要求、技术水平等分类，常用传感器的分类方法如表 1-1 所示。

表 1-1　常用传感器的分类方法

分类方法	主要类型
按被测量	位移、压力、力、速度、温度、流量、气体成分等传感器
按基本效应	物理型、化学型、生物型传感器
按工作原理	电阻、电容、电感、热电、压电、光电、光纤等传感器
按能量种类	机、电、热、光、声、磁 6 种能量传感器
按能量的关系	有源传感器和无源传感器
按输出信号的类型	模拟量和数字量传感器
按防爆等级	普通型、防爆型及本安型传感器

3. 传感器的性能指标

(1)静态特性

传感器的静态特性是指在稳态输入信号(即输入量不随时间变化或变化极缓)下,传感器的输出量与输入量之间所具有的相互关系。因为这时输入量和输出量都和时间无关,所以它们之间的关系(即传感器的静态特性)可用一个不含时间变量的代数方程来表示,或用以输入量为横坐标、以与其对应的输出量为纵坐标画出的特性曲线来描述。表征传感器静态特性的主要参数有线性度(非线性误差)、灵敏度、迟滞、重复性、漂移等。

①线性度。通常情况下,传感器的实际静态特性输出是曲线而非直线。在实际工作中,为使仪表具有均匀刻度的读数,常用一条拟合直线近似地代表实际的特性曲线,线性度就是这个近似程度的一个性能指标。拟合直线的选取有多种方法,如将零输入和满量程输出点相连的理论直线作为拟合直线;或将特性曲线上各点偏差的二次方和为最小的理论直线作为拟合直线,此拟合直线称为最小二乘法拟合直线。

②灵敏度。灵敏度是指传感器在稳态工作情况下输出量变化与输入量变化的比值。它是输出-输入特性曲线的斜率。如果传感器的输出量和输入量之间呈线性关系,则灵敏度是一个常数。否则,它将随输入量的变化而变化。灵敏度的量纲是输出量、输入量的量纲之比。当传感器的输出量、输入量的量纲相同时,灵敏度可理解为放大倍数。提高灵敏度,可得到较高的测量准确度。但灵敏度越高,测量范围越窄,稳定性也往往越差。

③迟滞。传感器在输入量由小到大(正行程)及输入量由大到小(反行程)的变化期间,其输入-输出特性曲线不重合的现象称为迟滞。对于同一大小的输入信号,传感器的正反行程输出信号大小不相等,这个差值称为迟滞差值。

④重复性。重复性是指传感器在输入量按同一方向全量程连续多次变化时,所得特性曲线不一致的程度。

⑤漂移。在传感器的输入量不变的情况下,其输出量随着时间变化,此现象称为漂移。产生漂移的原因有两个方面:一是传感器自身结构参数;二是周围环境(温度、湿度等)。

⑥分辨力。当传感器的输入从非零值缓慢增加时,在超过某一增量后输出发生可观测的变化,这个输入增量称为传感器的分辨力,即最小输入增量。

⑦阈值。当传感器的输入从零值开始缓慢增加时,在达到某一值后输出发生可观测的变化,这个输入值称为传感器的阈值电压。

(2)动态特性

在动态(快速变化)的输入信号下,要求传感器不仅能精确地测量信号的幅值大小,而且能测量出信号变化的过程,即要求传感器能迅速、准确地响应和再现被测信号的变化。也就是说,传感器要有良好的动态特性。

在实际工作中,传感器的动态特性常用它对某些标准输入信号的响应来表示。这是因为传感器对标准输入信号的响应容易用实验的方法求得,并且它对标准输入信号的响应与它对任意输入信号的响应之间存在一定的关系,往往知道了前者就能推出后者。最常用的标准输入信号有阶跃信号和正弦信号两种,所以传感器的动态特性也常用阶跃响应和频率响应表示。

4. 传感器技术的发展趋势

传感器技术的发展主要经历了三个阶段,即从早期的结构型传感器(结构参数变化)到物性型传感器(材料性质发生变化),再到近期的智能型传感器(微计算机技术)。传感器未来开发的新趋势主要体现在通过开展新理论研究,采用新技术、新材料、新工艺,实现传感器向智能化、可移动化、微型化、集成化、多样化、网络化等方向发展。随着传感器与微机电系统(MEMS)的发展,传感器的微型化、智能化、多功能化和可靠性水平提高到新的高度。

随着"工业 4.0"与"互联网+"的持续推进,要实现"中国制造 2025",加快推动新一代信息技术与制造技术的融合发展,需要依靠传感器在各个环节的数据采集,而传感器采集的大量数据使得机器学习成为可能。未来传感器发展的重点方向主要集中在可穿戴式应用、无人驾驶、医护与健康监测、工业控制等多个方面。

【任务实施】

传感器的选用原则

要进行一项具体的测量工作,首先要考虑采用何种原理的传感器,这需要分析多方面的因素之后才能确定。因为,即使是测量同一物理量,也有多种原理的传感器可供选用,究竟哪一种原理的传感器更为合适,则需要根据被测量的特点和传感器的使用条件考虑以下一些具体问题:量程的大小;被测位置对传感器体积的要求;测量方式为接触式还是非接触式;信号的引出方法是有线还是非接触测量;传感器的来源是国产还是进口,价格能否承受,或是自行研制。在考虑上述问题之后就能确定选用何种类型的传感器,然后再考虑传感器的具体性能指标。

1. 灵敏度的选择

通常,在传感器的线性范围内,希望传感器的灵敏度越高越好。因为只有灵敏度高时,与被测量变化对应的输出信号的值才比较大,有利于信号处理。但要注意的是,传感器的灵敏度高,与被测量无关的外界噪声也容易混入,也会被放大系统放大,从而影响测量准确度。因此,要求传感器本身应具有较高的信噪比,尽量减少从外界引入的干扰信号。传感器的灵敏度是有方向性的。当被测量是单向量,而且对其方向性要求较高时,则应选择其他方向灵敏度小的传感器;如果被测量是多维向量,则要求传感器的交叉灵敏度越小越好。

2. 频率响应特性

传感器的频率响应特性决定了被测量的频率范围,必须在允许频率范围内保持不失真。实际上传感器的响应总有一定延迟,希望延迟时间越短越好。传感器的频率响应越高,可测的信号频率范围就越宽。在动态测量中,应根据信号的特点(稳态、瞬态、随机等)确定响应特性,以免产生过大的误差。

3. 线性范围

传感器的线性范围是指输出与输入成正比的范围。从理论上讲,在此范围内,灵敏度保持定值。传感器的线性范围越宽,则其量程越大,并且能保证一定的测量准确度。在选择传感器时，当传感器的种类确定以后，首先要看其量程是否满足要求。但实际上，任何传感器都不能保证绝对的线性，其线性度也是相对的。当所要求的测量准确度比较低时，在一定的范围内，可将线性度较小的传感器看作近似线性的，这可以使测量更为方便。

4. 稳定性

传感器在使用一段时间后，其性能保持不变的能力称为稳定性。影响传感器长期稳定性的因素除传感器本身的结构外，主要是传感器的使用环境。因此，要使传感器具有良好的稳定性，就必须使它具有较强的环境适应能力。在选择传感器之前，应对其使用环境进行调查，并根据具体的使用环境选择合适的传感器，或采取适当的措施，减小环境的影响。传感器的稳定性有定量指标，在超过使用期后，在使用前应重新进行标定，以确定传感器的性能是否发生变化。某些要求传感器能长期使用而又不能轻易更换或标定的场合，对所选用的传感器的稳定性要求更严格，要求其能够经受住长时间的考验。

5. 准确度

准确度是传感器的一个重要的性能指标，它是关系到整个测量系统测量准确度的一个重要环节。传感器的准确度越高，其价格越昂贵，因此传感器的准确度只要满足整个测量系统的准确度要求即可，不必选过高的。这样就可以在满足同一测量目的的诸多传感器中选择比较便宜和简单的传感器作为配件。如果测量目的是定性分析，则选用重复准确度高的传感器即可，不宜选用绝对量值准确度高的；如果是为了定量分析，必须获得精确的测量值，就需选用准确度等级能满足要求的传感器。对某些特殊使用场合，无法选到合适的传感器，则需自行设计制造传感器，自制传感器的性能应能满足使用要求。

【任务评价】

对本任务的完成情况进行综合评价、总结与反思。

评价单自行打印，详情见附录。

任务 2　应用智能检测技术

【任务背景】

“中国制造 2025”是动员全社会力量建设制造强国的总体战略，是以“创新驱动、质量为先、绿色发展、结构优化、人才为本”为基本方针的战略对策和行动计划。“中国制造 2025”提出，加快机械、航空、船舶、汽车、轻工、纺织、食品、电子等行业生产设备的智能化改造，提高精准制造、敏捷制造能力；统筹布局和推动智能交通工具、智能工程机械、服务机器人、智能家电、智能照明电器、可穿戴设备等产品研发和产业化；发展基于互联网的个性化定制、众包设计、云制造等新型制造模式，推动形成基于消费需求动态感知的研发、制造和产业组织方式等。

“中国制造2025”还明确提出,要以促进制造业创新发展为主题,以加快新一代信息技术与制造业深度融合为主线,以推进智能制造为主攻方向,实现制造业由大变强的历史跨越,再通过创新驱动、智能制造、绿色制造等路径,推动中国从制造大国迈向制造强国。

图1-4展示了实现中国制造强国发展进程“三步走”战略所规划的具体路线图和时间表。第一步,利用2015—2025年十年时间,使我国由制造业大国迈入制造强国行列,其中到2020年,制造业基本实现工业化,突破十大重点领域关键技术(如芯片、航空发动机),到2025年,工业化和信息化融合迈上新台阶,形成一批具有较强国际竞争力的跨国公司和产业集群。第二步,利用2025—2035年十年时间,中国制造业水平将由之前的初步迈入强国行列上升至强国中等水平,整体竞争力显著增强,全面实现工业化。第三步,利用2035—2045年十年时间,到新中国成立一百年时,制造业综合实力迈入世界制造强国前列,并将建成全球领先的技术体系和产业体系。“三步走”战略以中国制造“十年磨一剑”为战略目标,争取实现制造业每十年上一个新台阶。

图1-4 中国制造强国发展进程

【相关知识】

让我们来认识一下智能检测吧!

一、人工智能与自动化

1. 智能

智能是智力和能力的总称,中国古代思想家一般把“智”与“能”看作两个相对独立的概念。其中,“智”指进行认知活动的某些心理特点,“能”则指进行实际活动的某些心理特点。也有不少思想家把二者结合起来作为一个整体看待。东汉王充把“人才”和“智能之士”相提并论,认为人才就是具有一定智能水平的人,其实质在于把“智”与“能”结合起来作为考察人的标准。

智能一般被认为是“知识”和“智力”的总和,前者是智能的基础,后者是指获取和运用知识求解的能力。针对这种仅在操作层面并未揭示智力全貌和本质的狭隘定义,从20世纪70年代开始,研究者们从心理学不同领域对智力概念重新检验。20世纪80年代,哈佛大学认知心理学家加德纳认为，以往的智力概念过于狭隘，不能正确反映一个人真实的水平与能力，他提出的多元智能理论认为，人的智力应该使用以衡量其解题能力的指标来量度。根据这个定义，他在《心智的架构》这本书里提出，将人类的智能分为7个范畴（后来增加至9个）：逻辑-数理智能、语言智能、空间智能、音乐智能、身体-运动智能、内省智能、人际交往智能、自然探索或自然认知智能。

2016年初，李世石与AlphaGo的人机围棋大战，使人工智能受到全世界瞩目，各国政府纷纷提出人工智能发展研究相关计划，希望在新一轮人工智能技术竞争中取得先机。经过多年的人工智能研究，如今在业界内被广泛认可的人工智能主要发展方向包括：运算智能、感知智能和认知智能。

运算智能，即快速计算和记忆存储能力。人工智能涉及的领域包含计算机视觉、机器学习、自然语言处理和语音识别等，这些技术的发展是不均衡的。现阶段运算能力和存储能力方面计算机比人有明显的优势。1996年，国际象棋冠军卡斯帕罗夫被深蓝计算机打败，表明人类在强运算型比赛方面已无法战胜机器。

感知智能，即听觉、视觉和触觉等感知能力。人类和动物的感知智能是生物进化过程形成的复杂能力，涉及多模态信息整合、环境适应性和认知决策等多个层面。与人类相比，机器在感知外部世界方面可以变被动为主动，从这个角度来看，机器要强于被动感知的人类。

认知智能，即理解、思考能力。人类和其他生物的根本区别在于：人类可以吸收外界信息，将其转化为知识，再消化吸收成为智慧，进而能改造世界。《三字经》中言道"人之初，性本善，性相近，习相远"，说明人与人的差别在于对知识的获取、消化、吸收和应用能力。

综上所述，智能是一种随外界条件的变化正确（自适应）地进行感知、分析、推理、判断并做出相应决策的能力。生活中不乏各种各样的智能案例，例如，炎热的夏天，人们下班推开家门，几秒钟后空调会自动开启，而当家里来了很多客人时，空调会自动调节制冷量，使房间始终保持舒适的温度，当离家后，如果忘关空调，也不必担心，它会自动关闭，甚至空调会根据所记忆的主人通常回家的时间和倾向的温度与风量等提早开启，进入合适的设置下运行，这种空调就是智能空调。

2. 人工智能与自动化

自动化是基础学科的一种，通常来讲，自动化是指在没有人或者有少量人参与的情况下，机器能够自动地完成其相应的检测、判断和基本操作控制，而自动化仅仅是机械性的重复工作，并无人脑的智慧参与，能够帮助人类完成重复、危险与疲劳的工作，但是缺乏智能性。人工智能是模拟人类的意识和思维的过程，不是对人类智能的简单模拟或复制，而是要像人类那样思考并试图超越人类的智能。也就是说，人工智能企图了解智能的实质，并生产出一种新的能以与人类智能相似（或表象、结果相似而策略全新）的方式做出反应的智能机器。正如人工智能领域的巨擘明斯基（Minsky）所坚信的，人的思维过程可用机器去模拟，使得机器也有智能，他指出"大脑无非是肉做的机器而已"。可以设想，未来人工智能带来的科技产品，将不会只是人类智慧的"容器"。人工智能的目标不仅仅是追求"像"人，而是以人的能力为目标，试图经过学习和革新以实现辅助和服务，甚至超越和代替人。换言之，人工智能为了在具有特定规则的象棋比赛中实现赢的目标，除了学习人类，利用计算机强大的存储和计算能力，也可以采取与人不同的思维方式、模式或策略战胜人类。目前，自动驾驶汽车、机器人、图像和语音识别、自然语言处理，以及专家系统等均属于人工智能领域这一范畴。

二、智能制造与智能传感器

1. 智能制造

智能制造是国际公认的实现工业体系转型升级的新一代工业技术，不断地为各大生产型企业所接受。智能制造的观念和技术并不是用来提高工厂现有单一设备的生产效率和质量工艺的，而是通过合理化和智能化使用设备，通过最优的搭配方式组合各生产设备及工艺流程，提高工厂的总体生产效率。

从工程角度看，智能制造是高级智能系统的强化应用，可快速生产新产品，对产品需求做出动态响应并实时优化制造生产和供应链网络。同时，智能制造系统（SMS）是新平台，在知识丰富的环境中，集成了跨越工厂、分销中心、公司，以及整个供应链的产品、运营和业务系统。在 SMS 中，制造的各个方面都是相互联系的，包括从原材料的获取到智能产品交付给客户。

从智能互连和通信的角度来看，通过使用传感器和通信技术在制造的各个阶段捕获数据，SMS 变得越来越“聪明”，因为它提高了生产率，同时减少了差错和生产浪费。从预测分析和决策的角度来看，更易访问且无处不在的数据构成了大数据环境，可帮助制造企业更好预测、平衡生产并提高效率和生产率。基于大数据的 SMS 可以优化制造操作的计划和控制，包括预测性供应、预测性制造、故障诊断、资产利用和风险评估等。

智能制造作为广义的概念包含了 5 个方面：产品智能化、装备智能化、生产方式智能化、管理智能化和服务智能化。

（1）产品智能化

产品智能化是指将传感器、处理器、存储器、通信模块、传输系统融入各种产品，使得产品具备动态存储、感知和通信能力，实现产品可追溯、可识别、可定位。计算机、智能手机、智能电视、智能机器人、智能穿戴设备都是物联网的“原住民”，这些产品生产出来就是网络终端。而传统的空调、冰箱、汽车、机床等都是物联网的“移民”，未来这些产品都需要连接到网络世界中。

（2）装备智能化

通过先进制造、信息处理、人工智能等技术的集成和融合，可以形成具有感知、分析、推理、决策、执行、自主学习及维护等自组织、自适应功能的智能生产系统以及网络化、协同化的生产设施，这些都属于智能装备。在“工业 4.0”时代，装备智能化的进程可以在两个维度上进行：单机智能化，以及单机设备互联而成的智能生产线、智能车间、智能工厂。需要强调的是，单纯的研发和生产端的改造不是智能制造的全部，基于渠道和消费者洞察的前端改造也是重要的一环。只有二者相互结合、相辅相成，才能完成端到端的全链条智能制造改造。

(3)生产方式智能化

个性化定制、极少量生产、服务型制造以及云制造等新业态、新模式,其本质是在重组客户、供应商、销售商以及企业内部组织的关系,重构生产体系中信息流、产品流、资金流的运行模式,重建新的产业价值链、生态系统和竞争格局。在工业时代,产品价值由企业定义,企业生产什么产品,用户就买什么产品,企业定价多少钱,用户就花多少钱,主动权完全掌握在企业手中。而智能制造能够实现个性化定制,不仅打掉了中间环节,还加快了商业流动,产品价值不再由企业定义,而是由用户来定义,只有用户认可的、用户参与的、用户愿意分享的、用户评价好的产品,才具有市场价值。

(4)管理智能化

随着纵向集成、横向集成和端到端集成的不断深入,企业数据的及时性、完整性、准确性不断提高,必然使管理更加准确、更加高效、更加科学。

(5)服务智能化

智能服务是智能制造的核心内容,越来越多的制造企业已经意识到从生产型制造向生产服务型制造转型的重要性。今后,将会实现线上与线下并行的线上线下商务(O2O)服务,两股力量在服务智能方面相向而行:一股力量是传统制造业不断拓展服务;另一股力量是从消费互联网进入产业互联网,比如微信未来连接的不仅是人,还包括设备和设备、服务和服务、人和服务。个性化的研发设计、总集成、总承包等新服务产品的全生命周期管理,会伴随着生产方式的变革不断出现。

2. 智能制造与智能传感

智能制造是中国制造业发展的前进方向,未来制造将结合人工智能、物联网、大数据等技术,进一步改变产品配置、生产计划和实时决策,从而优化盈利能力。智能制造将使用更多的尖端技术。例如,物联网将工厂里所有人、产品和设备连接起来,使得人类和机器能够协同工作,从而创建更高效、更具成本效益的业务流程。

智能制造技术作为一种先进的智能化制造技术,其目标是实现整个制造企业价值链的智能化,实现专家系统、机器学习、人工智能、云计算、数据挖掘、神经网络、物联网、机器视觉等智能技术与产品设计、产品制造和产品装配等制造技术的深度融合。智能制造已经走过了数字制造和数字网络制造阶段,并正在向新一代智能制造(NGIM)发展,主要表现在互联网、大数据等的快速发展和人工智能的重要突破。虽然智能制造在不断发展,但其基本目标保持不变:通过不懈的优化努力提高质量、提高效率、降低成本和增强竞争力。从系统构成的角度来看,智能制造系统始终是一个“人-网络-物理系统”(HCPS),是一种由人、网络系统和物理系统组成的复合智能系统,目的是在优化水平上实现特定目标。换句话说,智能制造的本质是设计、构建和应用不同层次的 HCPS。要实现这些 HCPS,不仅需要加工、组装等基础装备变得智能,还需要它们与上层监控系统、管理系统进行有效的融合与互联。所以,如何获取准确可靠的信息,一定是最先要解决的问题之一,在此过程中,被作为“万物神经”的传感器就成为最基础也最不可或缺的产品。

传感器技术发展几十年,无论是广泛使用的压力传感器、惯性传感器,还是近年来兴起的图像传感器、生物传感器等新型传感器,不断提高传感器的精度和可靠性、降低传感器的功耗和微型化一直是传感器企业技术创新的动力和专利布局的方向。1998 年,提高传感器器件的性能和可靠性用以感知运动状态的专利方案出现;进入 2000 年之后,改善并设计提高传感器的稳定性和可靠性,将全球定位系统(GPS)与惯性测量单元集成用于医疗导管的专利方案出现;在 2002—2006 年,传感器的集成化、微型化是传感器的研究方向;从 2011 年开始,涉及陀螺仪、惯性传感器的精度、定位和可靠性增强的技术成为新的研究热点;2014 年后,智能传感器凭借着更高精度、更高可靠性、宽温度范围、更低功耗和微型化的实现,开始投身于生物医学领域、工业机器人领域的应用。

一个显而易见的例子是当今世界无处不在的现代汽车采用了数十种传感器,从简单的位置传感器到多轴微机电系统加速度计和陀螺仪,不一而足。这些传感器增强了发动机性能和可靠性,确保符合环境标准,并提高了乘员的舒适度和安全性。另外,现代住宅中也设有多个传感器,范围从简单的恒温器到红外运动传感器和热气流传感器。但是,传感器无处不在的最好例子可能是移动电话,它已经从简单的通信设备发展成一个名副其实的传感器平台。现代手机中通常有多个传感器:触摸传感器、麦克风、一个或两个图像传感器、惯性传感器、磁传感器,以及用于感知温度、压力甚至湿度的环境传感器。这些传感器与用于位置定位的 GPS 接收器一起,极大地提高了易用性,并将移动电话的用途扩展到了其最初作为便携式电话的原始作用之外。

如今在工业生产中,智能传感器已经逐渐取代传统传感器并得到广泛发展。比如,传统传感器无法对某些产品质量指标(如黏度、硬度、表面粗糙度、成分、颜色及味道等)进行快速直接测量及在线控制等,而利用智能传感器可直接测量与产品质量指标有函数关系的生产过程中的某些量(如温度、压力、流量等),利用神经网络或专家系统技术建立的数学模型进行计算,可推断出产品的质量。从工业物联网的角度看,有人甚至认为智能传感技术已然成为衡量一个国家信息化程度的重要标志。

传感器技术是实现智能制造的基石。目前,我国智能机器人、智慧医疗、智慧社区、人工智能和虚拟现实等领域发展较快,智能传感器在上述领域的发展中发挥了重要作用。未来发展中,智能传感器要注重研究集成化、无线能量、软件算法更新三方面。集成化可提高设备的精密度,增加智能传感器的功能。无线能量是将设备环境中的光能、风能等自然能源转化成设备的电能,促使传感器的工作模式更加智能,打破了环境限制,可应用于更多领域。智能化传感器技术的发展十分迅速,用户的要求也越来越多,更新传感器中的软件算法、革新方案极其重要。在不同领域的应用中,要注重扩宽数据采集渠道,实现不同领域之间的数据共享,提高设备的智能化。

当前智能传感器与智能制造密不可分,已广泛应用于物联网,承载着数据的采集、处理、存储和传输功能。未来的传感器更是会集成消息的传送、无线接入点(AP)接口、软件、固件、微代码处理机和状态机,实现传感器与信息处理和传输的一体化。在当今全球智能制造的大势之下,我国推进“中国制造 2025”发展布局,目前已形成自适应、可扩展和通信的传感器平台,通过传感器平台进一步认知动作,集成多功能、网络化和智能化是未来智能传感器的发展趋势。

在智能时代的推动下,高性能、高可靠性的多功能复杂自动测控系统以及基于射频识别(RFID)技术的物联网的兴起与发展,越发凸显了具有感知、认知能力的智能传感器的重要性及其快速发展的迫切性。随着新材料、新技术的广泛应用,基于各种功能材料的新型传感器件得到快速发展,其对制造的影响愈加显著。未来,智能化、微型化、多功能化、低功耗、低成本、高灵敏度、高可靠性将是新型传感器件的发展趋势,新型传感材料与器件将是未来智能传感技术发展的重要方向。

【任务实施】

认识智能检测

1. 智能检测

智能检测技术是指为了对被测对象所包含的信息进行定性的了解和定量的掌握所采取的技术措施。智能检测技术也是智能控制中不可缺少的组成部分。智能检测技术的完善和发展推动着现代科学技术的不断进步。目前,智能检测技术几乎渗透到人类的一切活动领域中,在未来也将发挥越来越大的作用。

智能检测解决了传统检测理论与技术难以解决的复杂系统的检测问题,其基本特点如下:

被检测对象具有不确定性、高度非线性,检测需求复杂,多参数综合检测需要实时性和准确性。检测对象的学习功能、适应功能、组织功能及多源信息处理和检测功能均智能化。

2. 智能检测技术的层次

(1)初级智能化检测

初级智能化检测是将传统检测方法与微处理器、微控制器或计算机结合进行检测的方法,其主要特征和功能为:数据自动采集、存储与记录。其利用计算机数据处理功能,实现如中值滤波等简单的数据处理;采用按键、操纵盒或面板输入各种常数、参数或控制信息。

(2)中级智能化检测

目前大部分智能仪器或检测系统属于该层次,即检测系统或仪器自动进行极限值判断、逻辑操作和程序控制等。

(3)高级智能化检测

高级智能化检测指利用人工智能原理和方法改善传统检测方法,将检测技术与人工智能原理相结合。其主要特征和功能为:知识处理功能,可利用各领域经验或知识,并通过人工神经网络、专家系统解决检测中的问题,具有特征提取、自动识别、冲突消解和决策的能力;多源数据融合和多维检测功能,可实现检测系统的高度集成化,并通过环境因数补偿提高检测精度;动态过程参数预测能力,可自动调整增益与偏置量,实现自适应检测;网络通信和远程控制功能,可实现分布式测控功能;视觉、听觉、嗅觉和味觉等类似于人类五官的高级检测功能。

3. 智能检测系统的结构

常规自动检测技术是借助仪器仪表实现尽量减少所需人工的检测技术,其目的是减轻人们的工作压力，并减少人们对检测结果有意或无意的干扰，从而在确保被检测信息可靠性的同时实现自动化。

常规自动检测系统体系结构主要由硬件传感器、嵌入式处理器和执行机构 3 部分构成。通过硬件传感器采集被测对象的相关数据，实现信息获取。硬件传感器将采集到的数据传输给嵌入式处理器进行运算，实现信息处理。处理器将运算结果传输给执行机构，执行机构根据收到的命令作用于被测对象。自动检测技术有两方面主要职责：一方面，直接获得被测对象的数值及变化趋势；另一方面，将测得的被检测对象信息纳入考虑范围，从而制定相关决策，例如，最典型的比例-积分-微分（PID）检测控制，利用实时检测获得的系统实时输出信号与给定信号的偏差，对系统进行相应调整校正控制。

智能检测以多种先进传感器技术为基础，同计算机系统结合，实现依托具有学习、记忆和推理等功能的智能传感器或智能仪器的智能化检测，并进一步与人工智能技术进行融合，实现数据的采集、处理、特征提取、识别、多种分析判断以及决策计算。检测自动化发展过程与方向如图 1-5 所示。

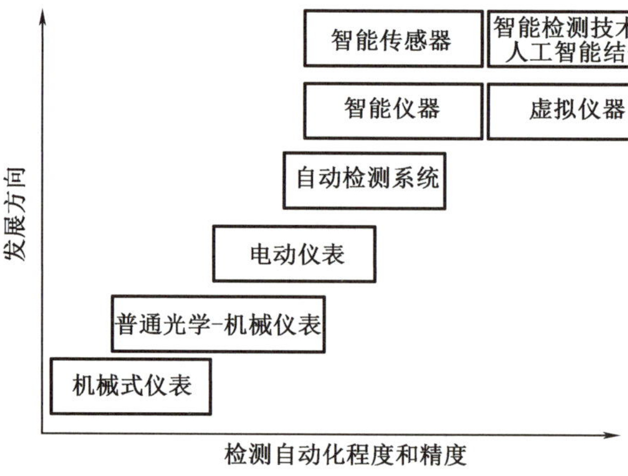

图 1-5　检测自动化发展过程与方向

如图 1-6 所示，智能检测是检测设备模仿人类智能的结果，主要体现为依赖先验知识的传感器智能化、信息的高度融合能力和智能化处理或决策，从而做出类似人类或超越人类的决策判断。

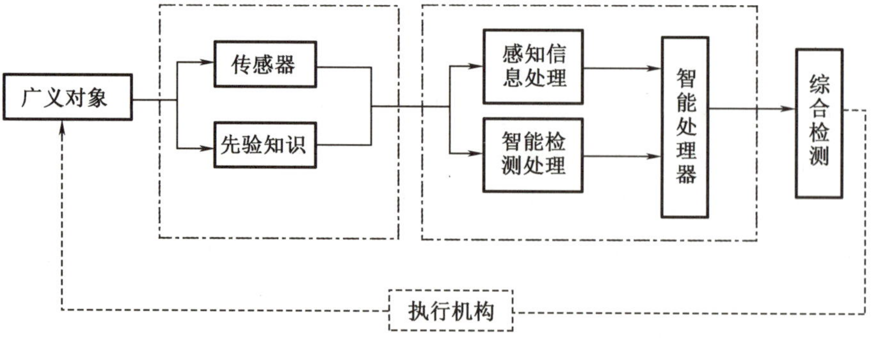

图 1-6　智能检测系统结构

【任务评价】

对本任务的完成情况进行综合评价、总结与反思。

评价单自行打印,详情见附录。

任务 3　分析与处理测量误差

【任务背景】

测量的目的是希望通过测量求取被测量的真值。测量误差是指检测结果与被测量的客观真值之间的差值。在检测过程中,被测对象、检测系统、检测方法和检测人员都会受到各种因素的影响。有时,对被测量的转换也会改变被测对象的原有状态,造成测量误差。由误差原理知识可知任何实验结果都是有误差的,误差存在于一切科学实验和测量之中,被测量的真值是永远难以得到的。但是,可以改进检测装置和检测手段,并通过对测量误差进行分析处理,使测量误差处于允许的范围内。

在分析测量误差时,采用的被测量的真值是指在确定条件下被测量客观存在的实际值。判断真值的方法有 3 种:一是理论设计和理论公式的表达值,称为理论真值。例如,三角形的内角之和为 180°。二是由国际计量学确定的基本的计量单位,称为约定真值。例如,在标准条件下水的冰点和沸点分别是 0 ℃和 100 ℃。三是精度高一级的仪表与精度低一级的仪表相比,把高一级精度仪表的测量值称为相对真值。

【相关知识】

让我们来认识一下误差吧!

一、测量误差的来源

测量误差的来源多种多样,如测量环境不理想、测量装置不够精良、测量方法不合理、测量人员专业素质不达标等,它们对测量结果的影响或大或小。测量误差的来源可以归纳为以下几个方面。

1. 测量环境误差

任何传感器的标定都是在一定的标准环境下进行的,因此,任何测量都有一定的环境条件。测量环境误差是测量仪器的工作环境与规定的标准状态不一致所造成的误差,典型的有温度、湿度、大气压力、振动、重力加速度、电磁干扰等。

2. 测量装置误差

测量装置误差是由测量仪表本身不完善或测量精度不高带来的误差,包括标准量具误差、仪器误差、附件误差。如高精度的测量要求却选用了低精度的测量仪表。

3. 测量方法误差

测量方法误差是指由测量方法不合理或不完善引起的误差。如用电压表测量电压时没有正确地估计电压表的内阻,或用近似公式、经验公式或简化的电路模型作为测量依据,或通过测量圆的半径来计算其周长时对 π 的不同近似取值引起的误差。

4. 测量人员误差

测量人员误差是指由测量人员本身的专业素质不高引起的误差。如不良的测量习惯、对测量结果的分辨力不强、操作不规范或疏忽大意等引起的误差。

二、测量误差的表示方法

检测系统的误差通常有以下几种表示形式:

1. 绝对误差

检测系统的测量值 X 与被测量的真值 X_0 之间的代数差值 ΔX 称为检测系统测量值的绝对误差,即

$$\Delta X=X-X_0 \tag{1-1}$$

式中,真值 X_0 可为约定真值,也可为由高精度标准仪器所测得的相对真值。绝对误差 ΔX 说明了系统示值偏离真值的大小,其值可正可负,具有和被测量相同的量纲。

2. 相对误差

采用绝对误差表示测量误差时,不能很好地说明测量质量的好坏。如测量一个人的身高和珠穆朗玛峰的高度,测量的绝对误差都是 0.2 m,那么很明显,后者的测量精度要比前者高很多,因此这里引入了“相对误差”的概念。

检测系统测量值的绝对误差 ΔX 与被测量真值 X_0 的比值,称为检测系统测量值的相对误差 δ,常用百分数表示,即

$$\delta=\frac{\Delta X}{X_0}\times100\% \tag{1-2}$$

用相对误差通常比用绝对误差更能说明不同测量的精确程度,一般来说相对误差小,其测量精度就高。

3. 引用误差

在评价检测系统的精度或测量质量时,有时利用相对误差作为衡量标准也不是很准确。例如,用任一确定准确度等级的仪表测量一个靠近测量范围下限的小量,计算得到的相对误差通常比测量接近上限的大量得到的相对误差大得多。故引入引用误差的概念。

检测系统的测量值的绝对误差 ΔX 与系统量程 x_m 的比值,称为检测系统测量值的引用误差 γ。引用误差通常仍以百分数表示,即

$$\gamma=\frac{\Delta X}{X_m}\times100\% \tag{1-3}$$

当测量值为检测系统量程范围内的不同数值时,各示值的绝对误差 ΔX 也可能不同。因此,即使是同一检测系统,其测量范围内的不同示值处的引用误差也不一定相同。为此,可以取引用误差的最大值,既能弥补上述误差的不足,又能更好地说明检测系统的测量

精度。

4. 最大引用误差

在规定的工作条件下，当被测量平稳增加或减少时，在检测系统全量程所有测量值引用误差（绝对值）的最大者，或者说所有测量值中最大绝对误差（绝对值）与量程的比值的百分数，称为该系统的最大引用误差，用符号 γ_{max} 表示。

$$\gamma_{max}=\frac{|\Delta X_{max}|}{X_m}\times 100\% \tag{1-4}$$

最大引用误差是检测系统的基本误差的主要形式，故也常称为检测系统的基本误差。

三、测量误差的分类

为了便于进行误差的分析和处理，可以按误差的规律性将其分为三类，即系统误差、随机误差和粗大误差。

1. 系统误差

系统误差又称为可测误差或规律误差，它是指偏离测量规定条件或测量方法所导致的、在相同条件下多次重复测量同一物理量时其大小和符号保持不变或按一定规律变化的误差。产生系统误差的原因包括仪表刻度不准、测量方法不完善、零点未调等。系统误差可以分为误差值大小和符号不变的恒定误差、误差值大小和符号变化的变值误差。

2. 随机误差

当对某一物理量进行多次重复测量时，若误差出现的大小和符号均以不可预知的方式变化，则该误差为随机误差。随机误差产生的原因比较复杂，虽然测量是在相同条件下进行的，但测量环境中的温度、湿度、压力、振动、电场等总会发生微小变化，因此，随机误差是大量对测量值影响微小且互不相关的因素所引起的综合结果。随机误差就个体而言并无规律可循，但其总体却服从统计规律，总的来说随机误差具有如下特性：

①对称性。绝对值相等、符号相反的误差在多次重复测量中出现的可能性相同。

②有界性。在一定测量条件下，随机误差的绝对值不会超出某一范围。

③单峰性。绝对值小的随机误差比绝对值大的随机误差在多次重复测量中出现的概率大。

④抵偿性。随机误差的算术平均值随测量次数的增加而趋近于零。

随机误差的变化通常难以预测，因此也无法通过实验方法确定、修正和消除。但是通过多次测量比较可以发现随机误差服从某种统计规律（如正态分布、均匀分布、泊松分布等）。

3. 粗大误差

明显超出规定条件下的预期值的误差称为粗大误差。粗大误差一般是由操作人员粗心大意、操作不当或实验条件没有达到预定要求就进行实验等造成的，如读错、测错、记错数值、使用有缺陷的测量仪表等。含有粗大误差的测量值称为坏值或者异常值，所有的坏值在数据处理时应被剔除掉。

【任务实施】

测量误差的处理

1. 系统误差的处理

为了进行正确的测量,并取得可靠的数据,在测量前或测量过程中,必须尽力减少和消除系统误差的来源,尽量将误差从产生根源上加以消除。首先,要检查仪表本身的性能是否符合要求、工作是否正常;其次,使用前应仔细检查仪器仪表是否处于正常的工作条件,如安装位置及环境条件是否符合技术要求、零位是否合理;最后,必须正确选择仪表的型号和量程,检查测量系统和测量方法是否正确。比较简单且经常采用的减少系统误差的方法有:

(1)检定修正法

检定修正法是指在测量前,预先对测量装置进行标定或检定,获取仪表的修正值。在测量过程中,对实际测量值进行修正,虽然此时不能完全消除系统误差,但可大大减小系统误差。

(2)直接比较法

直接比较法也称零位式测量法,是指用被测量与标准量进行直接比较,调整标准量使之与被测量相等,测量系统达到平衡,指零仪指零。直接比较法的测量误差主要取决于参与比较的标准量的误差。标准量具的精度较高,测量误差小。

(3)置换法

置换法也称替代法,是指在一定测量条件下,用可调的标准量具代替被测量接入测量仪表,然后调整标准量具,使测量仪表的指示值与被测量接入时相同,则测试的标准量具的示值即等于被测量。由于测量值的精度取决于标准量的精度,因此只要检测系统的灵敏度足够高,就可达到消除系统误差的目的。

(4)差值法

差值法也称测差法、微差法,是指用与被测量相近的固定不变的标准量与被测量相减,然后对二者的差值进行测量。由于测量仪表所测量的这个差值远远小于标准量,故测量的微差的误差对测量结果的影响极小,测量误差主要由标准量具的精度决定。

(5)交换比较法

交换比较法是指将测量中某些条件(如被测物的位置)进行交换,使产生系统误差的原因对测量结果起相反的作用,从而抵消系统误差。

2. 粗大误差的处理

在一系列等精度多次测量所得的结果中,有时会发现个别值明显偏离其算术平均值,则该值可能是粗大误差,也可能是误差较大的正常值,不能随便剔除。正确处理方法是:首先可以采用物理判别法,如果是由于写错、记错、误操作等,或是外界条件突变产生的,可以剔除;如果不能确定哪个是坏值,就要采用统计判别法,基本方法是规定一个置信概率和相应的置信系数，即设定一个置信区间，如误差超过此区间的测量值，就认为它不属于随机误差，应该剔除。统计判别方法有拉依达准则、肖维勒准则、格拉布斯准则等。

3. 随机误差的统计处理

(1)算术平均值

在实际的工程测量中，测量的次数有限，而测量的真值 X_0 也不可能知道。根据已消除系统误差的一组等精度测量值 $x_1, x_2, \cdots, x_n$，其算术平均值 $\bar{x}$ 为

$$\bar{x} = \frac{1}{n}\sum_{i=1}^{n} x_i \tag{1-5}$$

根据概率理论，当测量次数 n 足够大（即 $n \to \infty$）时，算术平均值 $\bar{x}$ 是被测量的真值 X_0 的最佳估计值，即用 $\bar{x}$ 代替真值 X_0。

(2)残差

测量值 x_i 与平均值 $\bar{x}$ 之差称为残差，某次测量的残差 $v_i = x_i - \bar{x}$，如果将 $n(n \to \infty)$ 个测量值残差求代数和，其值为 0，即

$$\sum_{i=1}^{n} v_i = v_1 + v_2 + \cdots + v_n = 0 \tag{1-6}$$

(3)总体标准偏差 σ

由随机误差的性质可知，它服从统计规律，其对测量结果的影响一般用标准偏差 σ 来表征，即

$$\sigma = \sqrt{\frac{1}{n}\sum_{i=1}^{n}(x_i - x_0)^2} \ (n \to \infty) \tag{1-7}$$

式中，x_0 是真值。

(4)标准偏差的估计值

在实际测量中，一般用 n 次等精度测量值的算术平均值来代替真值 X_0，用残差来代替绝对误差，这时只能得到 σ 的估计值 σ_s。

$$\sigma_s = \sqrt{\frac{1}{n-1}\sum_{i=1}^{n}(x_i - \bar{x})^2} \tag{1-8}$$

(5)算术平均值的标准偏差 $\sigma_{\bar{x}}$

$\sigma_{\bar{x}}$ 是针对测量列中的最佳值即算术平均值而言的，因为 $\bar{x}$ 比测量列中的任何一个值 x_i 都更加接近真值，所以算术平均值的精度可由算术平均值的标准偏差 $\sigma_{\bar{x}}$ 来表示，由误差理论可知：

$$\sigma_{\bar{x}} = \frac{\sigma_s}{\sqrt{n}} \tag{1-9}$$

(6)置信区间与置信概率

在研究随机误差的统计规律时，不仅要知道随机变量在哪个范围内取值，而且要知道在该范围内取值的概率。随机变量取值的范围称为置信区间，它常用正态分布的标准差的倍数 σ 来表示，σ 是置信区间宽度的一半。

4. 测量结果数据处理的步骤

为了得到比较准确的测量结果,对某一参数进行多次测量之后,通常按下列步骤处理:

①在测量前尽可能消除系统误差,将数据列表。

②计算测量结果的算术平均值,确定有效位数。

③计算残余误差,并列于表中。

④计算标准差的估计值。

⑤判断是否有粗大误差,如果有则剔除,从步骤②开始重新计算。

⑥判断是否有不可忽略的系统误差,如有要减弱,重新计算。

⑦计算算术平均值的均方根误差。

⑧写出测量结果表达式,并注明置信概率。

【任务评价】

对本任务的完成情况进行综合评价、总结与反思。

评价单自行打印,详情见附录。

项目二　选择与应用温度传感器及仪表

【引导案例】

思考:外太空的温度约为-270.3 ℃,为何中国空间站还要散热?

温度是一个基本的物理量,自然界中的一切过程无不与温度密切相关。在各种工程实践及科学研究中,经常遇到必须精确测定温度的情况。从工业炉温、机械加工温度、环境气温到人体温度,从海洋、太空到家用电器,各个技术领域都离不开温度的测控。

温度是工业生产中的重要物理量。在许多生产过程中,包括物理、化学和生物的变化过程,都要求在严格的温度范围内进行。对温度进行实时监测,将其控制在指标范围内具有重要意义,是工业生产正常进行的重要保证。温度的检测技术已经成为当今发展最快、应用最广的技术之一,为此,温度检测仪表成为工业生产中应用最广泛的仪表之一。

【学习目标】

知识目标:

1. 能够了解常用温度传感器与检测仪表的种类、选用方法;
2. 能够掌握热电偶的工作原理、测温方法和冷端温度补偿方法;
3. 能够掌握金属热电阻的工作原理、种类和测量电路;
4. 能够掌握热电偶和金属热电阻的选型方法、质量检测方法、安装注意事项。

能力目标:

1. 能够选用常用的温度检测仪表和传感器解决简单的温度检测的问题;
2. 会使用热电偶进行温度测量;
3. 能够对热电偶和金属热电阻进行安装、校验、质量检测。

职业素质目标:

1. 培养学生自主学习、应用现代化信息技术的能力;
2. 培养学生的工匠精神、团队合作等职业素养;
3. 培养学生肯于钻研、乐观向上、勇攀高峰的开拓进取精神。

任务1　基于热电偶的轧钢加热炉温度检测

【任务背景】

轧钢加热炉主要是把钢坯料加热到均匀的、适合轧制的温度。目前，钢铁企业轧钢系统采用的加热炉一般为两段式或三段式加热炉。其中三段式加热炉是普遍使用的一种炉型，它分为预热段、加热段和均热段。相对于两段式加热炉，三段式加热炉增加了均热段。如果要加工轴承钢，由于此钢种的导热性较差，在开坯或成材的轧前加热时加热速度不宜过快，钢坯入炉时的炉尾温度不宜过高，应小于 700 ℃，轴承钢的过烧温度约为 1 220 ℃，因此，一般加热温度以 1 100~1 180 ℃为宜，若温度过低，则变形抗力较大，而温度过高则会出现过热和过烧现象。在轧钢过程中，钢坯的轧制温度是关键的工艺参数，钢坯温度控制的好坏将直接影响产品的质量，加热炉的炉温应控制在 950~1 200 ℃，它要根据轧机轧制节奏的变化来随时调节。所以，能否有效地控制加热炉的温度，直接影响钢坯的质量和成本，而对温度进行精确测量是温度控制的前提。

本任务就是针对轧钢工艺钢坯温度的控制，选择一种温度传感器来进行轧钢加热炉温度的测量，根据轧钢加热炉 950~1 200 ℃的温度范围，可选择热电偶来检测温度。

【相关知识】

热电偶是工程上常用的一种温度传感器，它是一种自发电式传感器，测量时不需要外加电源，直接将被测温度转换成电输出。在温度测量中，热电偶具有结构简单、使用方便、测量精度高、测量范围宽、测量温度准确可靠，信号便于远距离传输等优点。

热电偶一般用于测量 500 ℃以上的高温，可以在 1 600 ℃高温下长期使用，短期可在 1 800 ℃下使用。如果选用特殊材料，测量范围会更广，某些特殊热电偶（如钨铼热电偶）的测量温度最高可达 2 800 ℃。

让我们来认识一下热电偶吧！

一、热电偶的工作原理

1821 年，德国物理学家赛贝克发现：加热“不同金属构成的回路”的结点，有电流在回路中流动，电流的强弱与两个结点的温差有关。

当两种不同的导体或半导体 A 和 B 组成一个回路，其两端相互连接时，只要两结点处的温度不同，回路中将产生一个电动势，该电动势的方向和大小与导体的材料及两结点的温度有关。这种物理现象称为热电效应。两种不同材料的导体所组成的回路称为热电偶。组成热电偶的导体称为热电极。热电偶所产生的电动势称为热电动势。在热电偶的两个结点中，置于温度为 t 的被测对象中的结点称为测量端，又称为工作端或热端；而置于参考

温度为 t_0 的另一结点称为参考端，又称为自由端或冷端。热电偶示意图如图 2-1 所示。

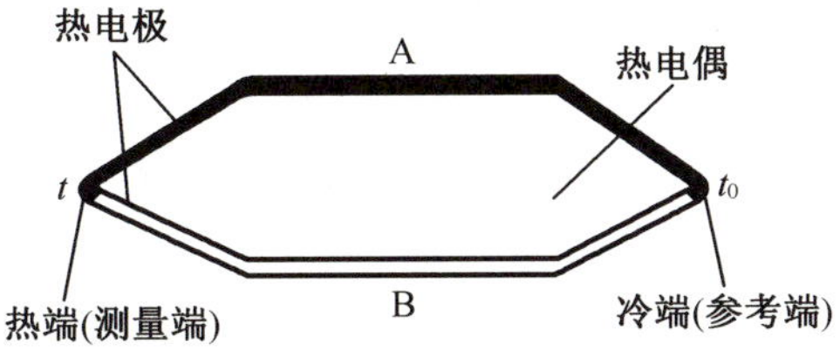

图 2-1　热电偶示意图

如果组成热电偶的两种电极材料相同，则无论热电偶冷、热两端的温度如何，闭合回路中的总热电动势都为零；如果热电偶冷、热两端的温度相同，则无论两电极的材料为何，闭合回路中的总热电动势都为零。

二、热电偶的基本定律

1. 中间导体定律

如图 2-2 所示，在热电偶回路中接入第三种导体 C，只要该导体两端的温度相等，则其对热电偶回路的总热电动势无影响。同样接入第四、第五种导体后，只要其两端温度相同，同样不影响电路中的总热电动势。

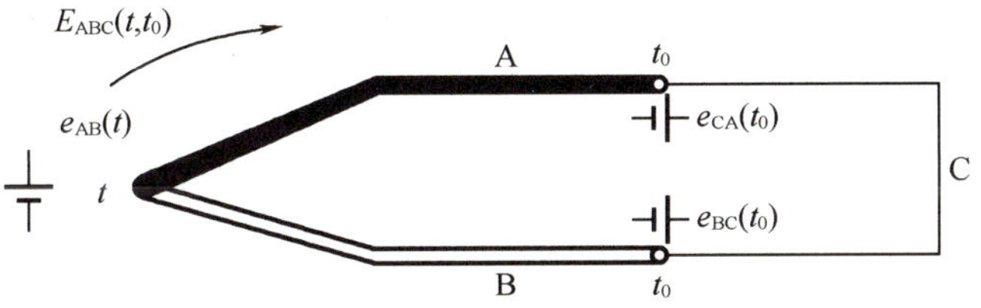

图 2-2　中间导体定律

利用热电偶来实际测温时，连接导线、显示仪表和接插件等均可看成中间导体，如图 2-3 所示，只要保证这些中间导体两端的温度各自相同，则对热电偶的总热电动势就没有影响。

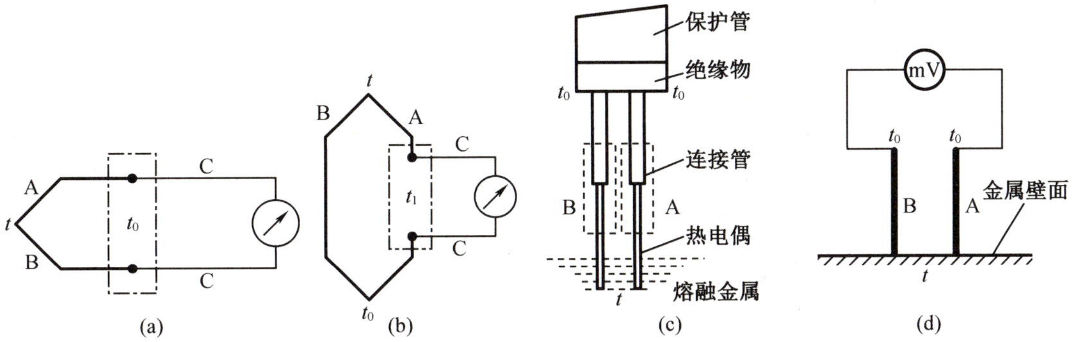

图 2-3　热电偶测温示意图

2. 中间温度定律

如图 2-4 所示，在热电偶测量电路中，工作端温度为 t，自由端温度为 t_0，中间温度为 t'，则 (t,t_0) 的热电动势等于 (t,t') 与 (t',t_0) 热电动势的代数和，即

$$E_{AB}(t,t_0)=E_{AB}(t,t')+E_{AB}(t',t_0)$$

中间温度定律的意义：热电动势只取决于冷、热结点的温度，而与热电极上的温度分布无关。利用该定律，可对自由端温度不为 0 ℃的热电动势进行修正。另外，可以选用廉价的热电偶 A′、B′代替 t' 到 t_0 段的热电偶 A、B，只要在 (t',t_0) 温度范围内(A′,B′)与(A,B)热电偶具有相近的热电动势特性，便可将热电偶自由端延长到温度恒定的地方再进行测量，不仅可以使测量距离加长，还可以降低测量成本，而且不受原热电偶自由端温度 t' 的影响。这就是在实际测量中，对自由端温度进行修正，运用补偿导线延长测温距离，消除热电偶自由端温度变化影响的道理。

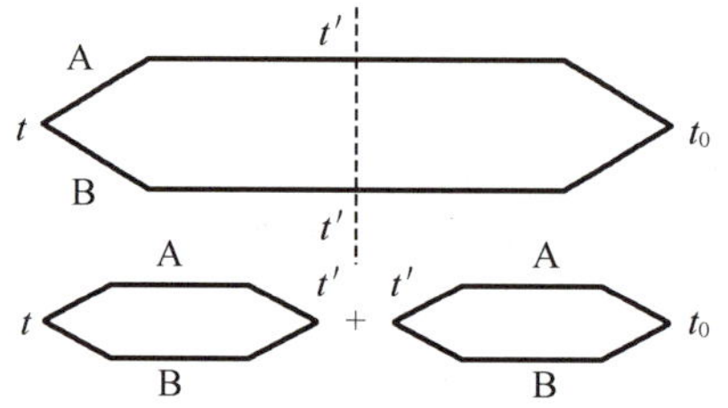

图 2-4　中间温度定律

3. 参考电极定律

如图 2-5 所示，已知热电极 A、B 与参考电极 C 组成的传电偶在结点温度为 (t,t_0) 时的热电动势分别为：$E_{AC}(t,t_0)$，$E_{BC}(t,t_0)$，则相同温度下，由 A、B 两种热电极配对后的热电动势 $E_{AB}(t,t_0)$ 为

$$E_{AB}(t,t_0)=E_{AC}(t,t_0)-E_{BC}(t,t_0)$$

参考电极定律的意义：参考电极定律大大简化了热电偶选配电极的工作，只要获得有关电极与参考电极配对的热电动势，那么任何两种电极配对后的热电动势均可利用该定律计算，而不需要逐个进行测定。纯铂丝的物理化学性能稳定，熔点较高，易提纯。目前常用纯铂丝作为标准电极。

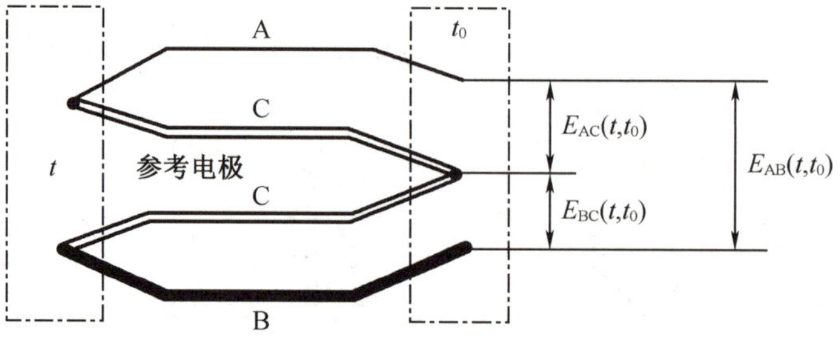

图 2-5　参考电极定律

三、热电偶的种类

热电偶按用途不同，常制成以下几种形式。

1. 普通型热电偶

普通型热电偶是应用最多的热电偶，主要用来测量气体、蒸汽和液体等介质的温度。根据测温范围和环境的不同，所用的热电偶电极和保护套管的材料也不同，但因使用条件基本类似，所以这类热电偶已标准化、系列化。按其安装时的连接方法可分为螺纹连接和法兰连接两种。

2. 铠装热电偶

铠装热电偶又称缆式热电偶，是由热电极、绝缘材料（通常为电熔氧化镁）、金属保护管和接线盒四者结合而成的一个坚实整体。铠装热电偶有单芯和双芯之分，其工作端有露头型、接壳型和绝缘型 3 种基本形式。铠装热电偶的参比端（接线盒）形式有简易式、防水式、防溅式、接插式和小线盒式等。铠装热电偶有小型化，对被测温度反应快，力学性能好，结实牢靠，耐振动、冲击，可以弯成各种形状等优点，已广泛应用在航空、原子能、电力、冶金和石油化工等部门。

3. 薄膜式热电偶

薄膜式热电偶是用真空蒸镀的方法，将热电极沉积在绝缘基板上制成的热电偶。采用蒸镀工艺，热电偶可以做得很薄，尺寸可以做得很小。其测量速度快，适合于测量微小面积上的瞬间温度。热电极材料以片状、针状和直接蒸镀 3 种方式置于被测物体表面上。薄膜式热电偶的热电极材料主要包括镍铬－镍硅、铜－康铜、钛酸锶等，钛酸锶材料通过磁控溅射、丝网印刷或者化学旋涂工艺在高温陶瓷基片上沉积制备，可用于高温氧化气氛中的温度测量，能够在 1 200～1 500 ℃高温下长期稳定工作。

4. 表面热电偶

表面热电偶主要用来测量圆弧形表面温度。

5. 快速消耗型热电偶

这是一种专为测量钢水及熔融金属温度而设计的特殊热电偶。当其插入钢水后，保护帽瞬间融化，热电偶工作端即刻暴露于钢水中，在 4～6 s 内就可反映出钢水温度。测出温度后，热电偶被烧坏，只能一次性使用。其也可以直接用补偿导线接到专用的快速电子电位差计上，直接读取钢水温度。

四、标准化热电偶及热电偶的组成材料

理论上，任意两种导体或半导体都可以组成热电偶，但实际上组成热电偶的材料必须在测温范围内有稳定的化学与物理性质，热电动势大，并与温度接近线性关系。国际电工委员会（IEC）制定了热电偶材料的统一标准。

表 2－1 为常用标准型热电偶的主要特性。铂及其合金属于贵重金属，其组成的热电偶价格昂贵，优点是热电动势非常稳定、精度高。在普通金属热电偶中，镍铬－镍硅的电动势－温度关系线性度最好，铜－康铜的价格最便宜，镍铬－康铜的灵敏度最高。

不同材质热电偶的热电动势与工作端温度关系不同，用表示热电偶材料的分度号来区

别不同热电偶。我国从 1988 年 1 月 1 日起，热电偶全部按 IEC 国际标准产生，并指定 S、B、E、K、R、J、T 七种标准化热电偶为我国统一设计型热电偶，其中 S、B、R 属于贵金属热电偶，E、K、J、T 属于廉金属热电偶。如分度号 T 表明热电偶材料采用铜-康铜，即正极采用 Cu 100%，负极采用 Ni 40%和 Cu 60%[①]制成，其他类似。

表 2-1　常用标准型热电偶的主要特性

热电偶名称	分度号	热电丝材料	测温范围 /℃	平均灵敏度 /(μV/℃)	特点
铂铑 30-铂铑	B	正极 Pt 70%，Rh 30%；负极 Pt 94%，Rh 6%	0～1 800	10	价高、稳定性好、精度高，可在氧化气氛中使用
铂铑 10-铂	S	正极 Pt 90%，Rh 10%；负极 Pt 100%	0～1 600	10	同上，线性度优于 B
镍铬-镍硅	K	正极 Ni 90%，Cr 10%；负极 Ni 97%，Si 2.5%，Mn 0.5%	0～1 300	40	线性好、价廉、稳定，可在氧化及中性气氛中使用
镍铬-康铜	E	正极 Ni 90%，Cr 10%；负极 Ni 40%，Cu 60%	-200～900	80	灵敏度高、价廉，可在氧化及弱还原气氛中使用
铜-康铜	T	正极 Cu 100%；负极 Ni 40%，Cu 60%	-200～400	50	价廉，但铜易氧化，常用于 150 ℃以下温度的测量

五、热电偶的分度表

由于热电偶的热电动势大小不仅与被测温度有关，还与自由端温度有关，而热电动势的计算又非常困难，实际上是通过实验获得热电动势参数。将热电偶自由端温度固定为 0 ℃，通过实验测出工作端温度与热电动势的关系数据，做成标准数据表格，各种热电偶的热电动势与温度的一一对应关系都可以从标准数据表格中查得，这种表称为热电偶的分度表。K 型(镍铬-镍硅)热电偶的分度表见表 2-2。

常用热电偶可分为标准热电偶和非标准热电偶两大类。所谓标准热电偶是指国家标准规定了其热电动势与温度的关系、允许误差，并有统一的标准分度表的热电偶，它有与其配套的显示仪表可供选用。非标准热电偶在使用范围或数量级上均不及标准热电偶，一般也没有统一的分度表，主要用于某些特殊场合的测量。

① 此处及表 2-1 中的百分数均为质量分数。

表 2-2 镍铬-镍硅热电偶的分度表

分度号:K （自由端温度为 0 ℃）

工作端温度/℃	0	10	20	30	40	50	60	70	80	90
	热电动势/mV									
-0	-0.000	-0.392	-0.777	-1.156	-1.527	-1.889	-2.243	-2.586	-2.920	-3.242
+0	0.000	0.397	0.798	1.203	1.611	2.022	2.436	2.850	3.266	3.681
100	4.096	4.508	4.919	5.327	5.733	6.137	6.539	6.939	7.338	7.737
200	8.137	8.537	8.938	9.341	9.745	10.151	10.560	10.969	11.381	11.793
300	12.207	12.623	13.039	13.456	13.874	14.292	14.712	15.132	15.552	15.974
400	16.395	16.818	17.241	17.664	18.088	18.513	18.938	19.363	19.788	20.214
500	20.640	21.066	21.493	21.919	22.346	22.772	23.198	23.624	24.050	24.476
600	24.902	25.327	25.751	26.176	26.599	27.022	27.445	27.867	28.288	28.709
700	29.128	29.547	29.965	30.383	30.799	31.214	31.629	32.042	32.455	32.866
800	33.277	33.686	34.095	34.502	34.909	35.314	35.718	36.123	36.524	36.925
900	37.325	37.724	38.122	38.519	38.915	39.310	39.703	40.096	40.488	40.897
1 000	41.264	41.657	42.045	42.432	42.817	43.202	43.585	43.968	44.349	44.729
1 100	45.108	45.486	45.863	46.238	46.612	46.985	47.356	47.726	48.095	48.462
1 200	48.828	49.192	49.555	49.916	50.276	50.663	50.990	51.344	51.697	52.049

做一做:如何确定热电动势?

用一只镍铬-镍硅热电偶(分度号为 K)测量炉温,已知热电偶工作端温度为 800 ℃,自由端温度为 20 ℃,求热电偶产生的热电动势 $E(800,20)$。

解析:

由表 2-2 可以查得

$$E(800,0)=33.277\ \text{mV},E(20,0)=0.798\ \text{mV}$$

将以上数据代入得

$$E(800,20)=E(800,0)-E(20,0)=33.277\ \text{mV}-0.798\ \text{mV}=32.479\ \text{mV}$$

做一做:如何确定被测实际温度?

用 K 分度热电偶测量某加热炉的温度。测得的电动势 $E(t,t_0)=35.982$ mV,而自由端温度 $t_0=30$ ℃,求被测实际温度。

解析:

因为

$$E(t,30)=E(t,0)-E(30,0)$$

查表 2-2 得 $E(30,0)=1.203$ mV;

所以

$$E(t,0)=E(t,30)+E(30,0)=35.982\ \text{mV}+1.203\ \text{mV}=37.185\ \text{mV}$$

再查表 2-2 得 37.185 mV 对应的温度约为 897 ℃。

六、热电偶的自由端延长

由热电偶测温原理可知，只有当热电偶的自由端温度保持不变时，热电动势才是被测温度的单值函数关系。在实际应用时，因热电偶的自由端暴露于空间中，且热电极长度有限，其自由端温度不仅受到环境温度的影响，而且还受到被测温度变化的影响，因而自由端温度难以保持恒定。这就希望将热电偶做得很长，使参比端远离工作端且进入恒温环境，但这样做要消耗大量贵重电极材料，很不经济。

例如：热电偶安装在电炉壁上，电炉周围的空气温度的不稳定会影响接线盒中的自由端温度，造成测量误差。为了使自由端不受工作端温度的影响，可将热电偶加长。由于热电偶的材料一般都比较贵重(特别是采用贵金属时)，这会增加测量费用，因此为了节省热电偶材料，通常采用补偿导线把热电偶的自由端延伸到温度比较稳定的控制室内，连接到仪表端子上，补偿导线连接图如图 2-6 所示。

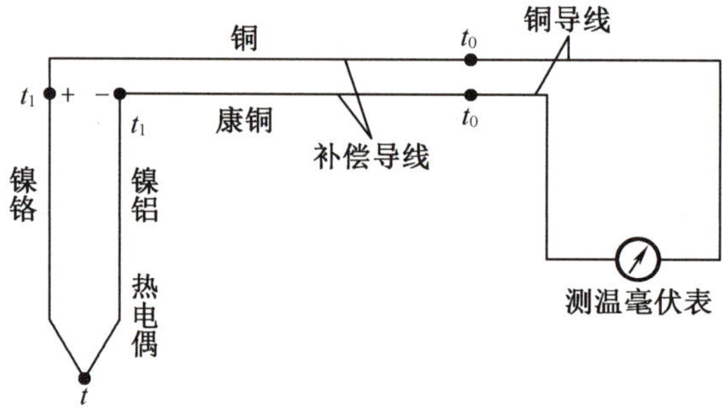

图 2-6　补偿导线连接图

一般采用在一定温度范围内(0～100 ℃)与热电偶热电特性相近且廉价的材料制成的导线代替热电偶来延伸热电极，延伸到温度稳定处再进行温度测量，这种导线称为补偿导线。使用补偿导线犹如将热电偶延长，把热电偶的参比端延伸到离热源较远、温度恒定又较低的地方。常用热电偶的补偿导线见表 2-3。

表 2-3　常用热电偶的补偿导线

补偿导线型号	配用热电偶		补偿导线材料		补偿导线绝缘层颜色	
	名称	分度号	正极	负极	正极	负极
SC	铂铑 10-铂	S	铜	铜镍	红	绿
KC	镍铬-镍硅	K	铜	铜镍	红	蓝
EX	镍铬-铜镍	E	铜铬	铜镍	红	棕
TX	铜-铜镍	T	铜	铜镍	红	白

补偿导线实际上是一只两端都打开的热电偶,它在低温段的热电动势特性与对应热电偶相近。根据热电偶的中间温度定律,补偿导线和热电偶相连后,其总热电动势等于两只热电偶产生的热电动势代数和。

必须指出,热电偶补偿导线的作用只是延伸热电极,使热电偶的自由端移动到控制室的仪表端子上,它本身并不能消除自由端温度变化对测温的影响,不起补偿作用。因此,还需采用其他修正方法来补偿自由端温度 $t_0 \neq 0$ 时对测温的影响。在使用热电偶补偿导线时必须注意型号相配,极性不能接错,补偿导线与热电偶连接端的温度不能超过 100 ℃。

七、热电偶的自由端温度补偿

使用补偿导线只解决了自由端温度保持恒定的问题,但是在配热电偶的显示仪表上面的温度标尺分度或温度变送器的输出信号都是根据分度表来确定的。分度表是在参比端温度为 0 ℃的条件下得到的。由于工业上使用的热电偶的自由端温度通常并不是 0 ℃,因此若测量得到的热电动势如不经修正就输出显示,则会带来测量误差。测量得到的热电动势必须通过修正,即进行自由端温度补偿,才能使被测温度与热电动势的关系符合分度表中热电偶静态特性关系,以使被测温度能真实地反映到仪表上来。

热电偶自由端温度补偿的方法通常有以下几种。

1. 冰浴法

将热电偶的自由端置于盛有绝缘油的试管中,再放入冰水混合的恒温槽,使自由端温度恒定保持在 0 ℃。此方法多用于实验室中,在工程环境中使用极为不方便。

2. 查表修正法

查表修正法是用查表计算的方法来修正自由端温度。此方法适用于实验室中或临时测温。根据中间温度定律,可将热电动势修正到自由端温度为 0 ℃时的电动势,修正公式为

$$E_{AB}(t,0)= E_{AB}(t,t_0)+E_{AB}(t,t_0)$$

热电偶的热电动势和温度的关系是在自由端温度为 0 ℃时得到的,如果测温热电偶的工作端温度为 t,自由端温度为 t_0(t_0>0 ℃),就不能用测得的 $E(t,t_0)$ 去查分度表得温度 t,必须用式 $E_{AB}(t,0)=E_{AB}(t,t_0)+E_{AB}(t,t_0)$ 进行修正,式中,$E_{AB}(t,0)$ 是自由端温度为 0 ℃而工作端温度为 t 时的热电动势;$E_{AB}(t,t_0)$ 是自由端温度为 t_0 而工作端温度为 t 时的热电动势;$E_{AB}(t_0,0)$ 是自由端温度为 0 ℃时应加的矫正值。

3. 仪表机械调零法

仪表机械调零法指测温系统未工作前,将显示仪表的机械零点调至 t_0 处,相当于在输入热电偶热电动势之前就给显示仪表输入了电动势 $E(t_0,0)$,此方法只适用于自由端温度比较稳定、对测量结果要求不高的场合。

4. 补偿电桥法

补偿电桥法利用不平衡电桥(又称自由端补偿器)产生的不平衡电压,来自动补偿热电偶因自由端温度变化而引起的热电动势变化,相当于在热电偶的测量线路中附加一个电动势。

如图 2-7 所示，补偿电桥由电阻 R_1、R_2、R_3（均为锰铜丝绕制的电阻）和 R_{Cu}（铜丝绕制的电阻）4 个臂和电源组成，电桥产生的不平衡电压串联在热电偶测温回路中，R_{Cu} 与热电偶自由端温度相同，R_{Cu} 的电阻值随温度变化。当热电偶自由端温度 $t_0=0$ ℃时，将电桥调至平衡状态，a、b 两点电位相等，电桥输出为 0，电桥对仪表读数无影响。当热电偶自由端温度 t_0 上升时，热电动势值将减小，但 R_{Cu} 电阻值增加，电桥失去平衡，a 和 b 间显现电位差 U_{ab}，如果适当选取桥臂电阻，便可使 U_{ab} 正好等于减小的热电动势值，仪表读出的热电动势值便不受自由端温度变化的影响，即起到了自动补偿的作用。

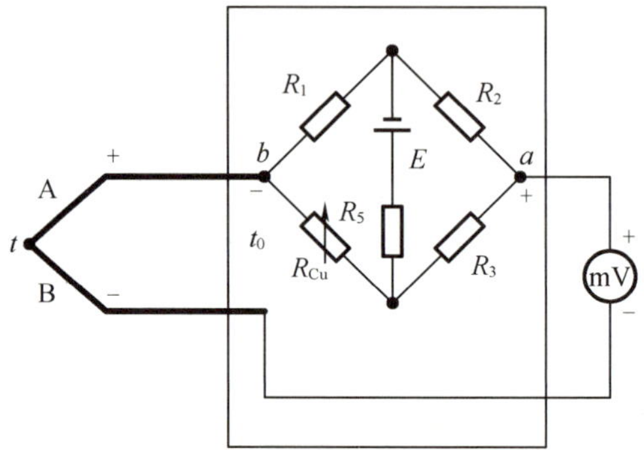

图 2-7　热电偶自由端温度补偿电桥

此方法一般在热电偶自由端处温度波动较大时采用，广泛应用于热电偶变送器自由端温度补偿。采用补偿电桥法应注意两点：一是补偿器接入测量系统时正、负极性不可接反；二是显示仪表的机械零位应调整到自由端温度补偿器设计时的平衡温度。

5. 软件补偿法

除了采用硬件电路进行热电偶自由端温度补偿外，还可用软件方法实现自由端温度补偿。当自由端温度变化时，计算机可按照计算公式对自由端温度变化进行温度自动补偿。若要对多个热电偶自由端温度进行补偿时，为了避免占用通道数太多，可用补偿导线将所有热电偶自由端延伸到同一温度环境，这样只用一个温度传感器通过一个通道送入计算机即可。

6. 利用半导体集成温度传感器测量冷端温度

温度传感器具有体积小、集成度高、准确度高、线性好、输出信号大、不需要进行温度标定、热容量小和外部电路简单等优点。只要将温度传感器置于热电偶自由端附近，将温度传感器的输出电压做简单的换算，就能得到热电偶的自由端温度，从而用计算修正法进行自由端温度补偿。典型的半导体温度传感器有 AD590、AD7414、AD22100、LM35、LM74、LM76、LM77、LM83、DS1820、MAX6675、TMP03 和 TMP35 等系列。

【任务实施】

用热电偶测量轧钢炉温度

根据轧钢炉的测温范围及使用要求，结合热电偶的相关知识，选用性价比最优的镍铬-镍硅（K 型）热电偶作为测温传感器，该热电偶测温范围为 0～1 200 ℃，准确度为±2 ℃。温度在 0～600 ℃时，其最大非线性误差为 1%，线性度较好，并且在高温下抗氧化能力强。

热电偶测温电路产生的电压很小，其值为每摄氏度几十微伏，因此要采用低失调运算放大器进行电压放大。同时，热电偶又存在非线性的特点，因此使用热电偶时，都要进行线性化处理。所以选用的热电偶测量电路必须具有测量放大、温度补偿和非线性校正等多种功能。图 2-8 是 K 型热电偶的测温电路图。

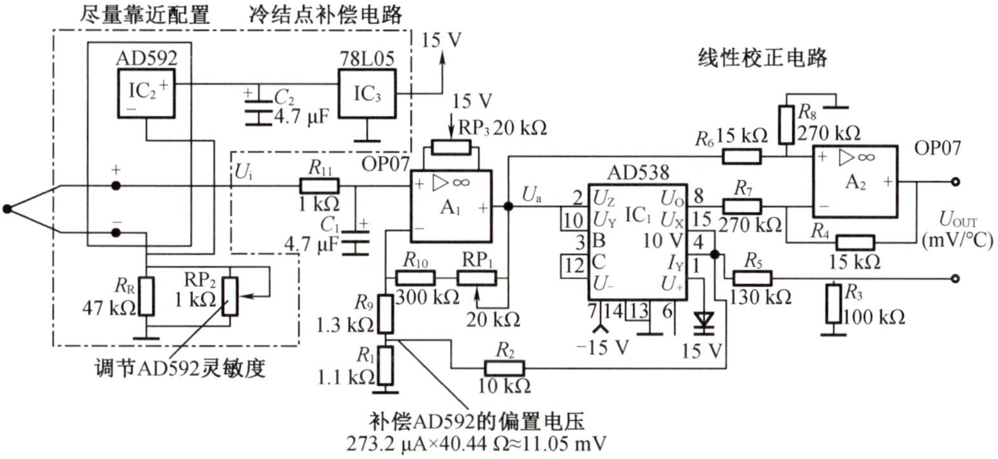

图 2-8　K 型热电偶的测温电路图

如图 2-9 所示，将热电偶的热端插入炉内检测炉温 T，自由端通过补偿导线与测量仪表的输入铜导线相连，并插入冰瓶，保证 $T_0=0$ ℃，此时通过测量仪表测得的热电动势即可确定炉内的实际温度。

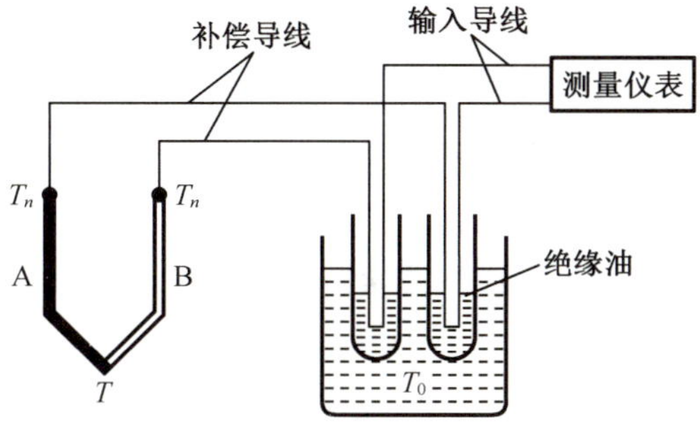

图 2-9　测量轧钢加热炉炉温示意图

【任务评价】

对本任务的完成情况进行综合评价、总结与反思。

评价单自行打印,详情见附录。

任务2 基于金属热电阻的工业管道温度检测

【任务背景】

工业生产管道中的气体、石油、水等介质无不与人们的生活密切相关。管道输送介质的温度高低与输送压力一样,也直接影响介质输送的安全。高温管道除在泄漏后易造成烫伤事故外,其管道与设备表面也有可能因温度过高而需采用隔热措施。一般管道在隔热后,其防烫温度为60 ℃。输送介质温度的变化还将对管道材料产生较大影响,过高的介质温度会使管道材料强度降低、屈服极限下降并可能产生蠕变(缓慢变形)。在工业生产中,通常碳钢温度在300~350 ℃、低合金钢温度在400~450 ℃时应考虑蠕变问题。温度过低的材料将产生脆变,容易造成管道的脆性断裂,引发事故。不同的材质具有不同的使用温度下限值。此外,在使用法兰垫圈等附件时,也受到介质温度高低的影响,对温度不同的介质则应选用不同的管道附件。

工业管道的介质温度变化范围很大,有的工业管道的介质温度可高达600 ℃,也有的介质温度可低至-200 ℃。因此,在管道设计时应合理选材,正确计算,根据管道温度的检测范围,可选择金属热电阻传感器进行管道温度测量,从而采取可靠的安全保护措施,以保证管道与设备的安全运行。

【相关知识】

让我们来认识一下金属热电阻吧!

一般把由金属导体(铂、铜、银等)制成的测温元件称为热电阻,又叫金属热电阻,一般可在-200~500 ℃的范围内使用。金属热电阻的输出信号较大,比相同温度范围的热电偶温度计具有更高的灵敏度和测量准确度,而且无自由端温度补偿问题;电阻信号便于远传,较电动势信号易于处理,且抗干扰能力强。其缺点是连接导线的电阻值易受环境温度的影响而产生测量误差,所以必须采用三线制接法。

一、金属热电阻的测温原理

金属热电阻利用金属的电阻值随温度的升高而增大这一特性来检测温度。在金属中,载流子为自由电子。当在金属导体两端加上电压后,导体内部杂乱无章的自由电子开始有规律地运动。随着温度升高,金属内部原子晶格的振动加剧,获得较多的能量,能从定向运动中挣脱出来,从而使金属内部的自由电子通过金属导体时的阻碍增大,宏观上表现出电阻率变大,电阻值增加,称之为正温度系数,即电阻值与温度的变化趋势相同。通过测量金属导体的电阻变化情况就可以得到温度变化情况。

作为热电阻的金属材料一般要求:具有尽可能大且稳定的温度系数、电阻率要大(在同样灵敏度下减小传感器的尺寸)、在使用的温度范围内具有稳定的化学和物理性能、材料的复性好、电阻值随温度的变化要有单值函数关系(最好呈线性关系)。

二、金属热电阻的结构和分类

金属热电阻按其结构可分为普通型、铠装型、端面型、隔爆型、薄膜型。

1. 普通型金属热电阻

普通型金属热电阻由电阻体(金属电阻丝)、绝缘套管、引线、保护套管及接线盒等基本部分组成,如图 2-10 所示。

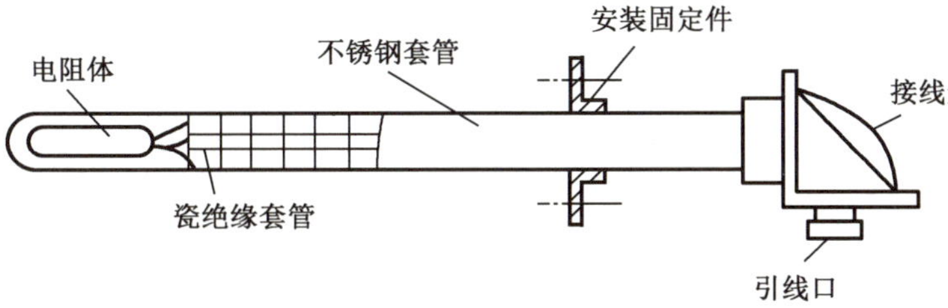

图 2-10　普通型金属热电阻的结构

金属热电阻的感温元件主要以铂电阻和铜电阻为主。铂的电阻率较大,相对机械强度也较大。通常铂丝的直径为(0.03~0.07)mm±0.005 mm,可单层绕制。若铂丝太细,电阻体可做得较小,但强度低;若铂丝粗,虽然电阻体强度大,但电阻体积大,热惰性也大,成本高。铜的机械强度较低,电阻丝的直径需大些。一般由 0.1 mm±0.005 mm 的漆包铜线或丝包线分层绕在骨架上,并涂上绝缘漆制成。

热电阻是绕制在骨架上的,骨架用来支持和固定电阻丝。骨架应使用电绝缘性能好、机械强度高、体积膨胀系数小、物理化学性能稳定且对热电阻无污染的材料,常用的有云母、石英、陶瓷、玻璃及塑料等。

引线的直径应当比热电阻丝大几倍,以便最大限度地减小引线的电阻,增加引线的机械强度和连接的可靠性。对于工业用铂热电阻,一般采用 1 mm 银丝作为引线;对于标准的铂热电阻,可采用 0.3 mm 的铂丝作为引线;对于铜热电阻,则常用 0.5 mm 的铜线作为引线。在骨架上绕制好热电阻丝并焊好引线之后,在其外面加上云母片进行保护,然后装入外保护套管,并与接线盒或外部导线相连接,即得到热电阻传感器。

保护套管不仅用来保护热电阻感温元件免受被测介质化学腐蚀和机械损伤,还具有导热功能,将被测介质温度快速传导至热电阻。

2. 铠装型金属热电阻

铠装型金属热电阻是由电阻体、引线、高绝缘氧化镁、不锈钢套管经多次一体拉制而成的坚实体。这种结构在安装、弯曲时,不会损坏热电阻元件。与普通型金属热电阻相比,它具有体积小,内部无空气隙,热惯性小,测量滞后小,机械性能好、耐振,抗冲击,能弯曲,便于安装,耐腐蚀,使用寿命长等优点。铠装型金属热电阻如图 2-11 所示。

3. 端面型金属热电阻

端面型金属热电阻的感温元件由特殊处理的电阻丝绕制,紧贴在温度计端面。它与一般轴向热电阻相比,能更正确和快速地反映被测端面的实际温度,适用于测量轴瓦和其他机件的端面温度,其外形如图 2-12 所示。

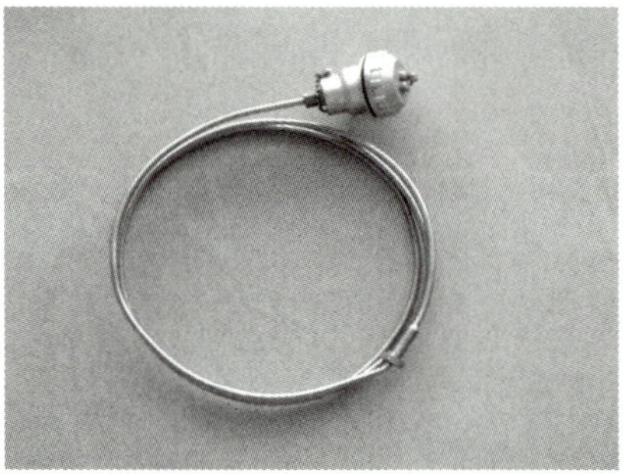

图 2-11　铠装型金属热电阻

图 2-12　端面型金属热电阻

4. 隔爆型金属热电阻

隔爆型金属热电阻通过具有隔爆外壳的接线盒,把其外壳内部可能产生爆炸的混合气体因受到火花或电弧等影响而发生的爆炸局限在接线盒内,阻止向周围的生产现场传爆,一般用于有爆炸危险场所的温度测量。隔爆型金属热电阻如图 2-13 所示。

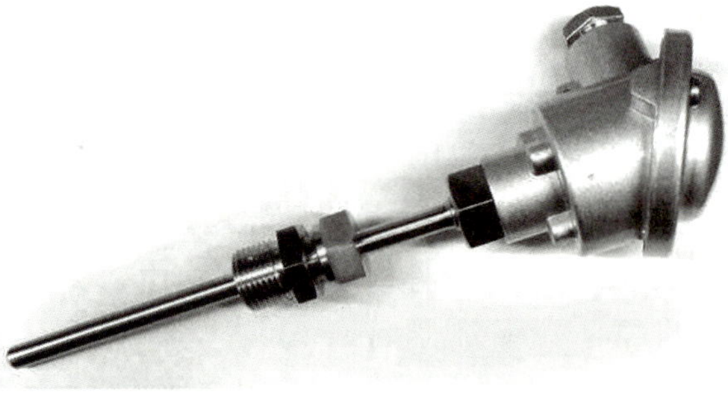

图 2-13　隔爆型金属热电阻

5. 薄膜型金属热电阻

目前生产的薄膜型金属热电阻是利用真空镀膜法或糊浆印刷烧结法使金属薄膜附着在耐高温基底上制成的。其尺寸可以小到几平方毫米,可粘贴在被测高温物体上来检测局部温度,这种方法具有测温迅速的特点。薄膜型金属热电阻如图 2-14 所示。

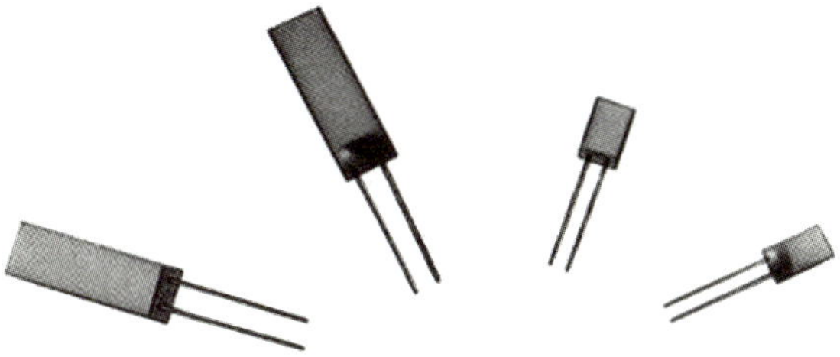

图 2-14　薄膜型金属热电阻

三、常用金属热电阻

金属热电阻线性度好、精度高、测温范围广，在工业温度测量中得到了广泛应用。从电阻随温度的变化来看，大部分金属导体都有这种性质，但并不是都能用作测温热电阻。比较适合的材料有铂、铜、铁和镍等，它们的电阻值随温度的升高而增大，具有正温度系数。

工业上常见的金属热电阻有铂热电阻和铜热电阻两类。其中铂热电阻是热电阻中测量准确度最高的一种，不仅广泛应用于工业测温，而且被制成标准的基准仪器。常用铂热电阻有两种：分度号分别为 Pt100 和 Pt10，其中 100、10 表示温度 $t=0$ ℃时的电阻值分别为 100 Ω 和 10 Ω。常用铜热电阻有两种：分度号分别为 Cu100 和 Cu50，其中 100、50 表示温度 $t=0$ ℃时的电阻值分别为 100 Ω 和 50 Ω。其中 Pt100 和 Cu50 的应用更为广泛。

除铂和铜两种材料外，镍和铁的电阻温度系数大，电阻率高，可制成体积大、灵敏度高的热电阻。但由于容易氧化、化学稳定性差、不易提纯、重复性和线性度差，目前应用还不多。

近年来在低温和超低温测量方面，开始采用一些较为新颖的热电阻，如铑铁电阻、铟电阻、锰电阻、碳电阻等。铑铁电阻是以含 0.5%（质量分数）铑原子的铑铁合金丝制成的，常用于测量 0.3~20 K（1 ℃=274.15 K）范围内的温度，具有灵敏度较高和稳定性、重复性较好等优点。铟电阻是一种高精度低温热电阻，在 4.2~15 K 温域内其灵敏度比铂高 10 倍，故可用于铂电阻不能使用的测温范围。

四、热电阻的测量电路

热电阻传感器的测量电路一般使用电桥电路，热电阻是把温度变化转换为电阻变化的一次元件，通常需要把电阻信号通过引线传递到计算机控制装置或者其他二次仪表上，由于工业用热电阻安装在生产现场，距离控制室较远，因此热电阻的引线对测量结果有较大影响。

目前，热电阻引线方式有二线制、三线制、四线制 3 种，如图 2-15 所示。

1. 二线制

在热电阻 R_t 的两端各连接一根导线来引出电阻信号 R_i 的方式称为二线制，如图 2-15(a)所示。这种引线方式最简单，但由于连接导线必然存在引线电阻 r，r 的大小与导线的材料和长度等因素有关。很显然，图中的 $R_i \approx R_t+2r$。因此，这种引线方式只适用于测量精度要求较低的场合。

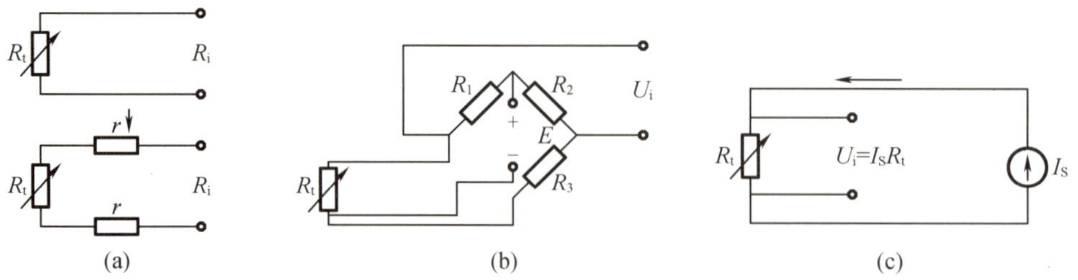

图 2-15　热电阻的引线方式

2. 三线制

在热电阻的根部一端连接一根导线，另一端连接两根引线的方式称为三线制，如图 2-15(b)所示。这种方式通常与电桥配套使用。与热电阻 R_t 连接的 3 根导线，粗细、长短相同，电阻值相等。当电桥设计满足一定条件时，连接导线的线电阻可以完全消去，导线电阻的变化对热电阻毫无影响。必须注意，只有在全等臂电桥(4 个桥臂电阻相等)，而且是在平衡状态下才是如此，否则不可能完全消除导线电阻的影响。但分析可见，采用三线制连接方法会使它的影响大大减小，因此，三线制是工业过程中最常用的引线方式。

3. 四线制

在热电阻的根部两端各连接两根导线的方式称为四线制，如图 2-15(c)所示。其中两根引线为热电阻提供恒定电流 I_S，把 R_t 转化为电压信号 U_i，再通过另两根引线把 U_i 引至二次仪表。可见这种引线方式可以完全消除引线电阻的影响，主要用于高精度的温度检测。

【任务实施】

分析工业管道的特点和温度测量范围，确定金属热电阻的型号和结构

方案一：

选择端面型金属热电阻温度传感器作为测温元件。这种传感器的热电阻感温元件紧贴在温度计端面，能更正确和快速地反映被测端面的实际温度，适用于管道表面温度的测量。在管道表面安装一固定支架，再将传感器安装在支架上，使传感器端面紧贴管道表面，即可测得管道表面温度。该种传感器测量精度高、使用寿命长，但价格偏高。

方案二：

选择薄膜型金属热电阻感温元件直接贴在管道表面。将薄膜型铂电阻直接贴在管道表面上，用高温环氧胶点固，将元件引线与延长线焊接后用高温套管做好绝缘并点固，采用三线制或四线制接线方法与放大电路和报警电路进行电连接即可。选择该种测量方法测量精度高，元件价格便宜，但寿命短，为保证系统可靠性，热电阻感温元件需定期更换，感温元件在安装前要根据设计要求核对型号和规格。感温元件应该安装在便于测温、便于维护检查、不受剧烈振动或者冲击影响的地方。感温元件通常采用插入式方法安装，其保护套管直接与被测介质接触。为了减小感温元件的传热误差，应使感温元件与介质充分接触，缩短外露部分，并对外露部分保温，以减小放热系数。

应用案例:专用耐磨热电阻在水泥厂等场所的应用

耐磨热电阻是电厂循环流化床锅炉、沸腾锅炉、粉磨煤机造气炉,水泥厂窑头、窑尾、炉头罩,以及化工、冶炼等高温耐磨环境中较为理想的专用测温产品。这些场所环境温度差、温控点过高、振动较大、鼓风机风速过高和磨损严重,造成其温度检测非常困难,且温度传感器使用寿命很短暂。而耐磨热电阻因为具有抗震、耐磨、耐腐蚀、灵敏度高、稳定性好、精度高和使用寿命长等优点,被广泛应用在上述工业生产中。

【任务评价】

对本任务的完成情况进行综合评价、总结与反思。

评价单自行打印,详情见附录。

任务3　选择与安装温度检测仪表和传感器

【任务背景】

温度检测仪表的种类很多,在选用温度仪表检测的时候,应注意每种仪表的特点和适用范围,这也是确保温度检测仪表测量精度的一个关键环节。另外,温度检测仪表的正确安装,是确保仪表正常使用的另一个关键环节。

【相关知识】

选择和安装温度检测仪表

1. 测温仪表的选择

热电偶及热电阻等测温元件在测量温度时,必须同被测对象接触才能感受被测温度的变化,这种测量仪表称为接触式温度测量仪表。这类仪表若不注意合理选择和正确安装,则不能达到经济有效的测量温度的目的。如图2-16所示为一般工业用测温仪表的选型原则。

2. 测温元件的安装

①与工艺管道垂直安装时,取源部件中心线应与工艺管道轴线垂直相交,如图2-17(a)所示;在工艺管道的拐弯处安装时,应逆着介质流向,取源部件中心线应与工艺管道中心线相重合,如图2-17(b)所示;与工艺管道成安装时,应逆着介质流向,取源部件中心线应与工艺管道中心线相交,如图2-17(c)所示。应保证测温元件的感温点处于管道中流速最大处,测温元件应有足够的插入深度,以减小测量误差。

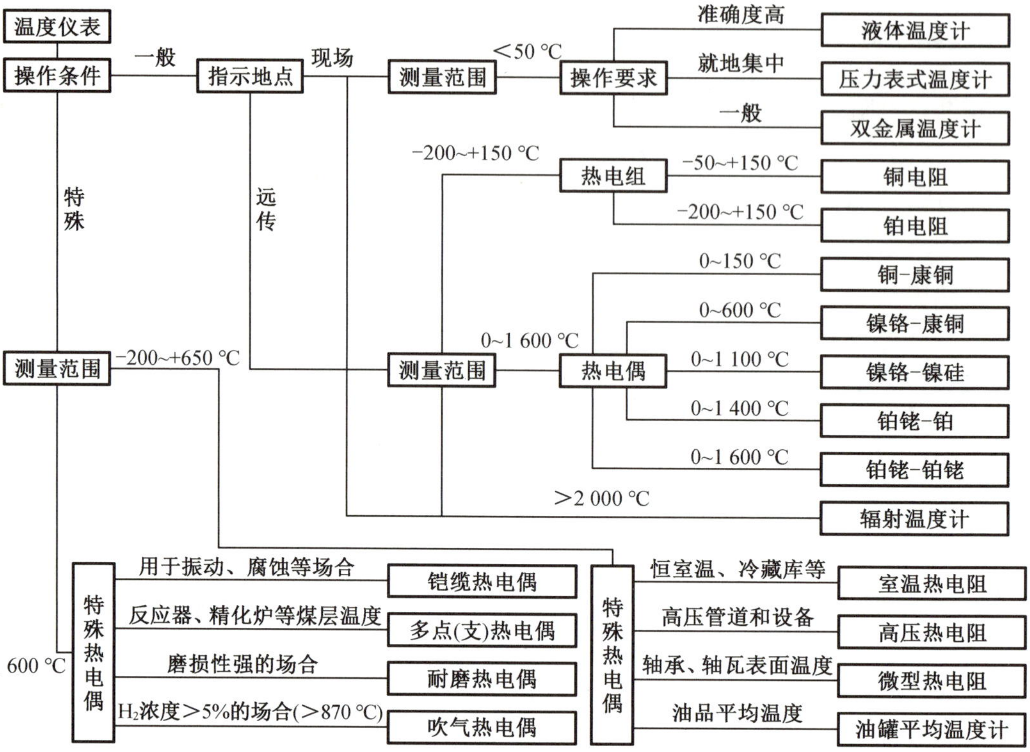

图 2-16　一般工业用测温仪表的选型原则

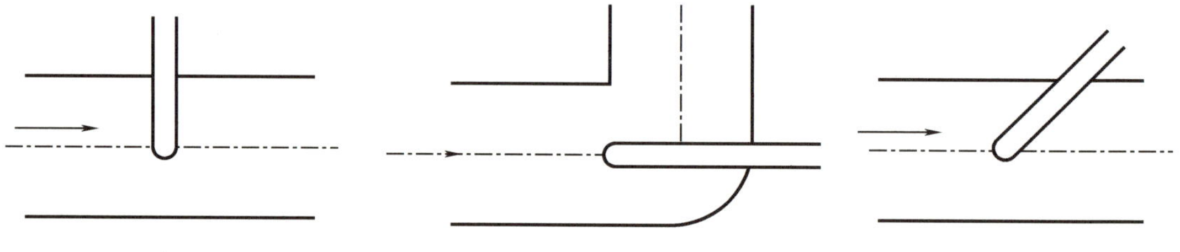

(a)垂直安装　　(b)拐弯处安装　　(c)45°斜安装

图 2-17　测温元件的安装位置

②若工艺管道过小(安装时各类玻璃液体温度计直径小于 50 mm,热电偶、热电阻、双金属温度计直径小于 80 mm 的管道),安装测温元件处应安装扩大管,如图 2-18 所示。

③热电偶、热电阻的接线盒面盖应向上,以避免雨水或其他液体、脏物进入接线盒影响测量,如图 2-19 所示。

④为了防止热量损失,测温元件应插在有保温层的管道或设备处。

⑤将测温元件安装在负压管道中时,必须保证其密封性,以防外界冷空气进入,使读数降低。

3. 测温元件的布线要求

①按照规定的型号配用热电偶的补偿导线,注意热电偶的正、负极与补偿导线的正、负极的正确连接,不要接错。

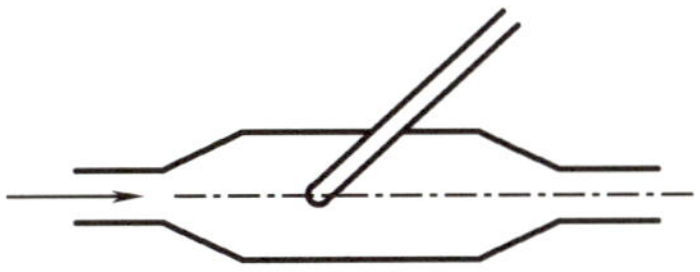

图 2-18　测温元件处安装扩大管

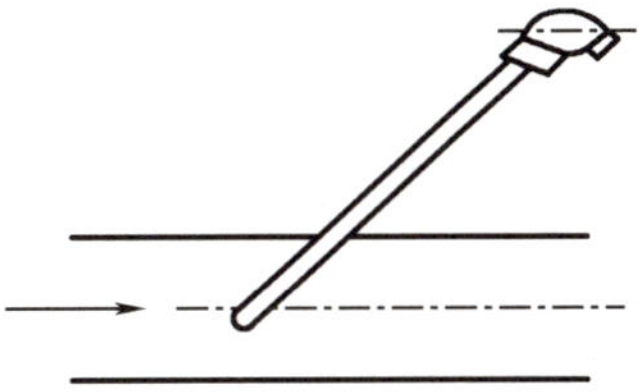

图 2-19　接线盒面盖向上安装

②热电阻的线路电阻一定要符合所配二次仪表的要求。

③为了保护连接导线与补偿导线不受外来的机械损伤,应把连接导线或补偿导线穿入钢管或线槽板。

④导线应尽量避免有接头,应具有良好的绝缘性能,尽量避开交流动力线,禁止与交流输电线合用一根穿线管,以免引起电磁感应。

⑤补偿导线不应有中间接头,否则应加装接线盒。另外,补偿导线最好与其他导线分开敷设。

【任务实施】

选择和安装热电偶及金属热电阻

一、热电偶的选型、质量检测和安装注意事项

1. 热电偶的选型

热电偶主要用在工业生产中,用作集中显示、记录和控制过程中的温度检测。应该根据被测介质的温度、压力、介质性质、测温时间长短来选择热电偶和保护管。在工业生产中,热电偶常与毫伏表联合使用或与电子电位差计联合使用,后者准确度较高,且能自动记录。另外也可通过温度变送器放大后再接指示仪表,或作为控制用的信号。

(1)测量精度和温度测量范围的选择

使用温度在 1 300~1 800 ℃,要求精度又比较高时,一般选用 B 型热电偶;要求精度不高、气氛又允许时,或使用温度高于 1 800 ℃时,一般选用钨铼热电偶;使用温度在 1 000~1 300 ℃,要求精度又比较高时,可用 S 型热电偶和 N 型热电偶;使用温度在 1 000 ℃以下一时,般用 K 型热电偶和 N 型热电偶;使用温度低于 400 ℃时,一般用 E 型热电偶;使用温度在 250 ℃下以及负温测量时,一般用 T 型电偶,在低温时 T 型热电偶稳定且精度高。

(2)使用气氛的选择

S 型、B 型、K 型热电偶适合在强氧化和弱还原气氛中使用,J 型和 T 型热电偶适合在弱氧化和还原气氛中使用。若使用气密性比较好的保护管,对气氛的要求就不太严格。

(3)耐久性及热响应性的选择

线径大的热电偶耐久性好,但响应较慢一些。热容量大的热电偶,响应就慢。测量梯度大的温度时,在有温度控制的情况下,控温就差。要求响应时间快又要求有一定的耐久

性，选择铠装热电偶比较合适。

(4)测量对象的性质和状态影响热电偶的选择

运动物体、振动物体、高压容器的测温要求机械强度高，有化学污染的气氛要求有保护管，有电气干扰的情况下要求绝缘性比较好。

选型流程：型号—分度号—防爆等级—精度等级—安装固定形式—保护管材质—长度或插入深度。

2. 热电偶的质量检测

热电偶由两种不同导体焊接构成，其一端焊接起来，另一端通过补偿导线连接测量仪表，检测热电偶好坏可按以下两步进行。

第一步：测量热电偶的电阻。万用表拨至 $R\times1\ \Omega$ 挡，红黑表笔分别接热电偶的两根补偿导线，如果热电偶及补偿导线正常，测得的电阻值较小，若电阻值无穷大，则为热电偶或补偿导线开路。

第二步：测量热电偶的热电转换效果，万用表拨至最小的直流电压挡，红黑表笔分别接热电偶的两根补偿导线，然后将热电偶的热端接触温度高的物体，如果热电偶正常，万用表表针会指示一定的电压值，随着热端温度上升，表针指示电压值会慢慢增大，用数字万用表测量时，电压值变化比较明显，如果电压值为 0，说明热电偶无法进行热电转换。则表明热电偶已经损坏或者失效。

3. 热电偶的安装

热电偶主要用于工业生产中集中显示、记录和控制用的温度检测，在现场安装时要注意以下问题。安装热电偶时应考虑有利于测温准确，安全可靠和维修方便，且不影响设备运行和生产操作。在安装热电偶时要注意以下几点问题。

(1)安装部位

为了使热电偶的测量端与被测介质之间有充分的热交换，应合理选择测量点位置，尽量避免在网门、弯头、管道和设备的死角附近装设热电偶或热电阻。

(2)插入深度

带有保护套管的热电偶有传热和散热损失，为了减少测量误差，热电偶应该有足够的插入深度。

对于测量管道中心流体温度的热电偶，一般都应将其测量端插入管道中心处(垂直安装或倾斜安装)；对于高温、高压和高速流体的温度测量(如主蒸汽温度)，为了减小保护套对流体的阻力和防止保护套在流体作用下发生断裂，可采取保护管浅插方式或采用热套式热电偶。浅插式的热电偶保护套管，其插入主蒸汽管道的深度应不小于 75 mm，热套式热电偶的标准插入深度为 100 mm；当测量原件插入深度超过 1 m 时，应尽可能垂直安装，或加装支撑架和保护套管。

(3)变形要求

为了防止高温下保护管变形，应尽量垂直安装，在有流速的管道中必须倾斜安装，有条件的情况下应尽量在管道的弯管处安装，并且安装的工作端要迎向流速方向。若需水平安装，则应采用支架支撑。

4. 热电偶的定期校验

热电偶在使用一段时间后，应该进行校验，以保证热电偶的准确性。校验的方法是将标准热电偶与被校验的热电偶装在同一校验炉中进行对比，误差超过规定允许值的为不合格，如图 2-20 所示为热电偶校验装置示意图，最佳校验方法可查阅有关标准。

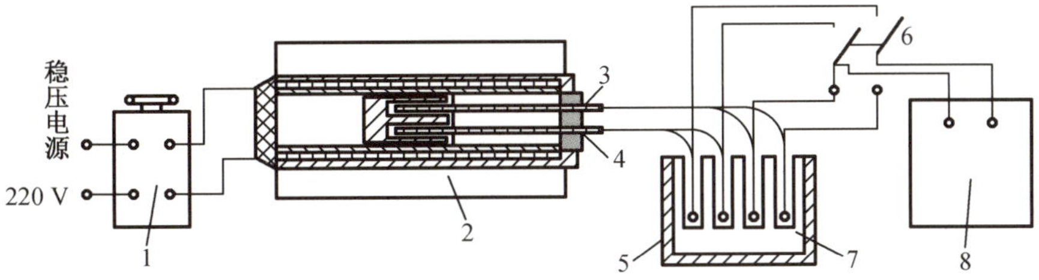

1—调压变压器；2—管式电炉；3—标准热电偶；4—被校验热电偶；5—冰瓶；6—切换开关；7—试管；8—测试仪表。

图 2-20　热电偶校验装置示意图

5. 热电偶的配套仪表

由于我国生产的热电偶均符合 1990 年国际温标（ITS-90）标准，所以国家又规定了与每种标准热电偶配套的仪表，下面介绍其中的一种配套仪表：SG-808 系列智能型温控仪表。

SG-808 系列智能型温控仪表中包含有 20 多种传感器的控制功能，用户可以根据需要选择对应量程的传感器连接到仪表上，再在仪表的菜单中设置相应的传感器分度号，无须对仪表选型。仪表的主控输出为三相移相触发调压双向可控硅（SCR）或可控硅模块信号，也就是说需要在仪表外接 3 个双向可控硅或 6 个单向可控硅作为执行器。

在工业控制上，又把传感器叫作一次仪表，而把控制仪表叫作二次仪表。二次仪表的主要作用是对现场传感（变送）器传递来的信号进行干扰滤除、放大、非线性校正等处理后，尽可能以精确和直观的形式将信号还原至温度、压力、流量、位移等物理值，供用户及时了解现场各种参量的当前值和变化过程。同时根据需要，将现场信号值与设定值进行比较运算等处理，输出相应的无源触点切换、电流、电压或驱动脉冲等调节、控制信号给执行器。基于热电偶的温度检测（控制）系统示意图如图 2-21 所示。

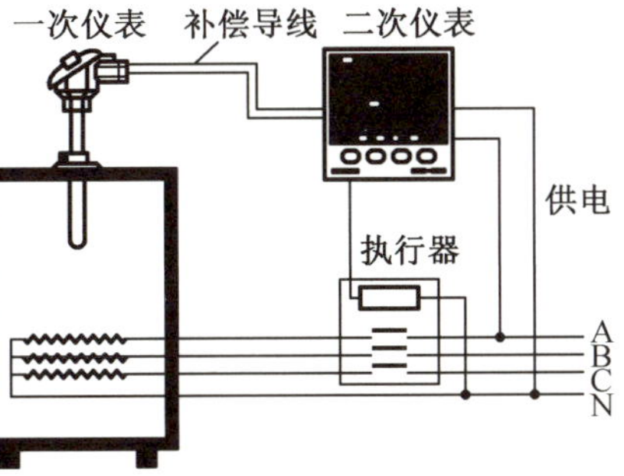

图 2-21　基于热电偶的温度检测（控制）系统示意图

二、金属热电阻的选型、质量检测和安装注意事项

1. 金属热电阻温度传感器选择的注意事项

(1)在要检测的温度范围内,热电阻温度传感器的物理和化学性能要稳定。

(2)构成温度传感器的热电阻温度系数要大,即灵敏度要求比较高。

(3)构成温度传感器的电阻的温度特性要尽可能地接近线性。

(4)要尽量选择价格比较低廉的热电阻温度传感器。

2. 金属热电阻温度传感器感温元件的安装

热电阻传感器在安装时,会因为安装场所、测量精度、机械强度、密封等因素而对安装提出各种具体要求,应根据实际情况具体分析,采取相应措施加以解决,以下是需要注意的几点:

(1)温度传感器的安装地点应选择在便于安装、维护且不易受到外界损坏的位置。

(2)温度传感器的插入方向应与被测介质流向相逆或垂直,避免与被测介质流向一致。

(3)在管道上安装电阻温度传感器时,应使传感器敏感元件的端头处于流速最大的管道中心线,插入深度不小于 300 mm,或应大于管道直径的 1/3。

(4)传感器的电阻感温元件插入部分越长,测量误差越小,应争取较大的插入深度,一般安装在管道弯处增加插入深度,或斜插,或扩张。

(5)为防止热量损耗,感温元件暴露在设备外面的部分要尽量短,在露出部分加保温层。

(6)温度传感器安装在负压管道或容器中时,要保证安装的密封性良好。

(7)在对高的腔体温度进行测量时,热电阻传感器安装完成后,应进行气密检查。

(8)温度传感器装在具有固体颗粒和流速很高的介质中时,为防止感温元件长期受到冲刷而损坏,可在感温元件之前加装保护板。

通过观察、查阅资料、小组讨论,完成以下内容:

【任务评价】

对本任务的完成情况进行综合评价、总结与反思。

评价单自行打印,详情见附录。

项目三　选择与应用力、压力传感器及仪表

【引导案例】

聚偏氟乙烯(PVDF)压电薄膜是一种具有独特的介电效应、压电效应和热电效应的高分子压电材料。在监测生命特征方面,压电薄膜拥有独一无二的特性,非常适合应用于在人体皮肤表面或植入人体内部进行生命信号监测。

压电薄膜或压电电缆传感器可以安装在床垫上探测患者的心跳、呼吸和身体运动。患者坐或躺在监护床上时,传感器可以隔着衣服准确测量并收集患者的生命特征信息。柔性开关用于采集静态信号,患者所有的动态信号都由压电薄膜采集并转换成相应的电信号在显示器上进行显示。患者的心率和呼吸速率不正常,或患者擅自下床时,系统可以提前报警。

将利用压电薄膜开发的婴儿呼吸监控仪的传感器夹在纸尿片贴近婴儿腰部的位置,其可监控婴儿心跳,在设定的时间内如果没有探测到婴儿的活动,振动蜂鸣器将被启动,轻轻地拨动婴儿,刺激其呼吸。如果在此后的一段时间内婴儿仍没有反应,报警器将报警。

类似的传感器已在睡眠紊乱研究中用于探测胸部、腿部、眼部肌肉和皮肤的运动。另外,压电薄膜传感器可以凭借探测肌肉(如拇指和食指之间的肌肉)对电击的反应作为检验麻醉效果的指示器(神经肌肉传导)。

【学习目标】

知识目标:

1. 能够了解常用的力、压力检测仪表与压力传感器的种类、选用方法;
2. 能够掌握电阻应变式传感器的工作原理、测量电路及应用;
3. 能够掌握压电式传感器的工作原理、测量电路及应用;
4. 能够掌握常用的力、压力检测仪表和压力传感器的安装和使用方法。

能力目标:

1. 能够选用力、压力检测仪表与传感器解决简单的力、压力检测的问题;
2. 会使用电阻应变式传感器、压电式传感器进行力的测量;
3. 能够对常用的力、压力检测仪表和传感器进行安装调试。

职业素质目标：

1. 培养学生的自主学习能力、现代化信息技术应用素养；
2. 培养学生的精益求精、勇于创新、百折不挠的工匠精神；
3. 培养学生爱岗敬业、诚实守信的工作态度及责任意识。

任务 1　基于电阻应变式传感器的电子地磅秤测重

【任务背景】

高速公路是现代化的标志，然而高速公路造价昂贵，一旦损坏维修将耗费大量的人力物力，同时也会给交通运输等带来诸多不便和负面影响。车辆超载是导致路面凹陷、桥梁断裂、疲劳，从而大大缩短高速公路使用年限的重要原因之一，此外，车辆超载也是引发交通事故的最主要原因，因此国内外对高速公路行驶车辆的允许载重均做出一定限制，并在高速公路入口处安设车辆载重检测系统。可以说，正是高速公路上发生的一幕幕惨剧和高昂的维修费用促使着行驶车辆称重设备的快速发展。当载重卡车驶过动态称重设备时，称重传感器和电子衡将立即进行检测判断，同时给出信号以控制交通信号灯。称重行业的发展离不开电阻式传感器的发展和广泛应用。目前，较为先进的称重仪器当属数字式称重仪器，这是将电阻应变式传感器与微电子技术、微型计算机技术集成发展起来的一种新型电子称重技术。

目前，数字式电子地磅秤因其明显优势被广泛应用在车辆载重检测领域中，较为先进的数字式电子地磅秤利用多个称重传感器实现对动态车辆载重的测量，且能对温度系数、非线性、滞后和蠕变等实现自动的数字化补偿，从而准确高效地测得车辆的质量，限制超载违规车辆的行驶，这不仅保证了车辆的安全运行，同时也大大延长了高速公路的使用寿命。

【相关知识】

让我们来认识一下电阻应变式传感器吧！

一、弹性敏感元件

大多数的力传感器都需要弹性敏感元件或其他敏感元件的转换。

弹性敏感元件是一种在力的作用下产生形变，当外力去掉后又能完全恢复其原来状态的元件。弹性敏感元件常用的材料有特种钢、合金等。

弹性敏感元件可以把力(除压力外，下同)、压力、力矩、振动等被测量变换成应变量或位移量，然后再由转换电路将应变量或位移量变换成电量。弹性敏感元件是力传感器中一个关键性的部件，应具有良好的弹性、足够的精度，应保证长期使用和温度变化时的稳定性。

弹性敏感元件可分为两种：将力变换为应变量或位移量的变换力的弹性敏感元件；将压力变换为应变量或位移量的变换压力的弹性敏感元件。

1. 变换力的弹性敏感元件

常用的变换力的弹性敏感元件有：实心圆柱式、空心圆柱式、矩形柱式、等截面圆环式、等截面悬臂梁式、变截面悬臂梁式、扭转轴式等，如图 3-1 所示。

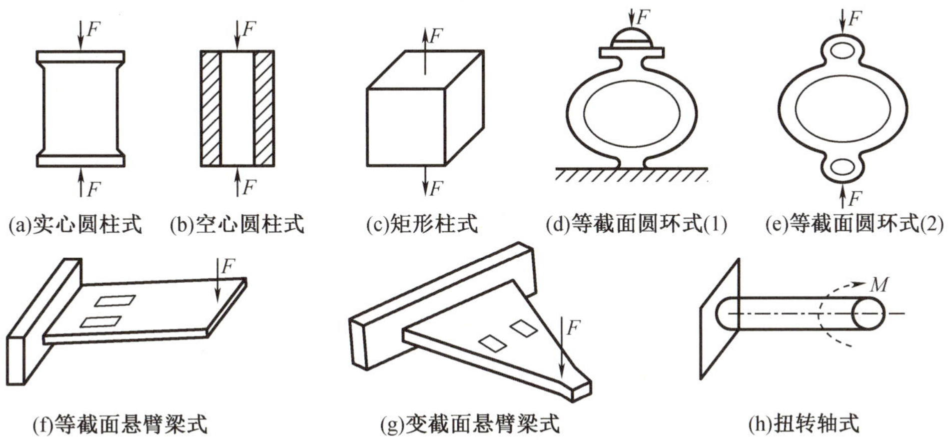

图 3-1　变换力的弹性敏感元件

圆柱式弹性敏感元件：结构简单，可承受较大的力，便于加工，应力变化均匀。实心圆柱式弹性敏感元件适于测量大于 10 N 的力，空心圆柱式弹性敏感元件适于测量 1～10 N 的力。

圆环式弹性敏感元件：比圆柱式弹性敏感元件输出的位移量大，具有较高的灵敏度，适用于测量较小的力，但工艺性较差，加工时不易得到较高的精度，各部位应力不均匀，采用应变片测力时，应将应变片贴在其应变最大的位置上。

悬臂梁式弹性敏感元件：一端固定，一端自由，机构简单，加工方便，应变和位移较大，适用于测量 1～5 N 的力。

扭转轴式弹性敏感元件：专门测量扭矩。扭矩是一种力矩，大小用转轴与作用点的距离和力的乘积来表示。扭转轴式弹性敏感元件主要用来制作扭矩传感器，利用扭矩轴弹性体把扭矩变换为角位移，再把角位移变换为电信号输出。

2. 变换压力的弹性敏感元件

将流体（气体、液体）的压力变换为应变或位移的弹性敏感元件主要有：弹簧管、波纹管、波纹膜片、膜盒、薄壁圆筒、薄壁半球等，如图 3-2 所示。

弹簧管：又叫布尔登管。它是弯成各种形状的空心管，管子的截面形状有许多种，但使用最多的是 C 形弹簧管。C 形弹簧管的一端密封但不固定，称为自由端，另一端连接在管接头上且固定。当流体压力通过管接头进入弹簧管后，在压力 P 作用下，弹簧管的横截面力图变成圆形截面，截面的短轴力图伸长，使弹簧管趋向于伸直，一直伸长到管弹力与压力的作用相平衡为止，这样自由端便产生了位移。通过测量位移的大小，便可得到压力的大小。

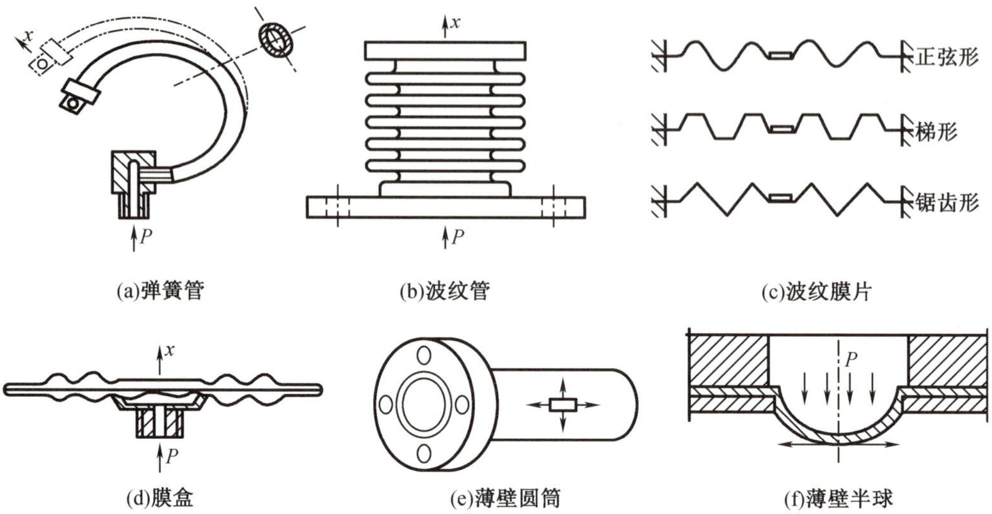

图 3-2　变换压力的弹性敏感元件

波纹管：许多同心环状褶皱的薄壁圆管，波纹管的轴向在流体压力作用下极易变形，有较高的灵敏度。在变形范围内，管内压力与波纹管的伸缩力成正比，利用这一特性，可以将压力变换为位移量。波纹管是主要用于测量和控制压力的弹性敏感元件，灵敏度高，常用于小压力和差压的测量。

波纹膜片：平膜片在压力或其他力的作用下位移量小，因而常把平膜片加工制成具有环状同心波纹的圆形薄膜，这就是波纹膜片，如图 3-2(c)所示，常用材料是锡青铜。

膜盒：膜片中心有一个平面，可焊上一块金属片，便于同其他部件连接。当膜片两面受到不同压力时，膜片弯向压力低的一面，其中心产生位移，为了增加位移，将两个膜片焊接在一起组成膜盒，它的位移是单个膜片的位移的两倍，提高了输出的灵敏度。

膜片和膜盒多用于动态压力的测量。

薄壁圆筒：当筒内腔受到流体压力时，筒壁均匀受力，均匀向外扩张，在筒壁的轴线方向会产生拉伸力和应变。灵敏度取决于圆筒的半径和壁厚，与圆筒长度无关。

二、电阻应变式传感器

1. 概述

电阻应变式传感器是一种利用电阻材料的应变效应，将工程结构件的内部变形转换为电阻变化的传感器。此类传感器是在弹性元件上运用特定工艺粘贴电阻应变片制成的。电阻应变式传感器可用于能转化成变形的各种非电物理量的检测，如力、压力、加速度、力矩、质量等，在机械加工、计量、建筑测量等行业中应用十分广泛。

如图 3-3 所示，电阻应变式传感器通过一定的机械装置将被测量转化成弹性元件的变形，然后由电阻应变片将变形转换成电阻的变化，再通过转换电路进一步将电阻的变化转换成电压或电流信号输出。

被测量 —机械装置→ 弹性元件的变形 —电阻应变片→ 电阻的变化 —转换电路→ 电压或电流信号

图 3-3　电阻应变式传感器的工作过程

2. 电阻应变片

电阻应变片把导体的机械应变转换成电阻的变化。电阻应变片的典型结构由敏感栅、基底、覆盖层和引线等部分组成，如图 3-4 所示。

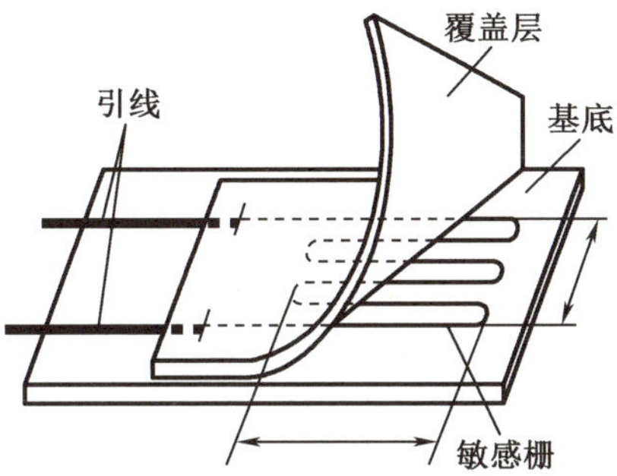

图 3-4　电阻应变片的结构

敏感栅是以直径为 0.01～0.05 mm 的高电阻率的合金电阻丝绕成的。敏感栅是应变用的覆盖层，两端焊接引出导线。敏感栅常用的材料有铜镍合金（俗称康铜）、镍铬合金及镍铬改良性合金、铁铬铝合金、镍铬铁合金及铂金。

基底的作用是固定敏感栅，并使敏感栅与弹性元件相互绝缘。基底要将被测体的应变准确地传递到敏感栅上，因此它很薄，一般为 0.03～0.06 mm，从而使它与被测体及敏感栅能牢固地黏接在一起。对基底材料的要求是挠性好，具有一定的机械强度，黏接性能和绝缘性能好，蠕变和滞后小，不吸潮，热稳定性能好等。常用的基底材料有纸、胶膜和玻璃纤维布等。

覆盖层的作用是保护敏感栅，使其避免受到机械损伤或防止高温氧化及防潮、防蚀、防损等。保护片的材料常采用做基底的胶膜或浸含有机液（如环氧树脂、酚醛树脂等）的玻璃纤维布，也可以用在敏感栅上涂覆制片时所用的胶黏剂作为保护层。

引线是连接敏感栅和测量电路的丝状或带状的金属导线。一般要求引线具有低的、稳定的电阻率及小的电阻温度系数。引线一般采用焊接方便的镀锡软铜线。敏感栅由直径为 0.01～0.05 mm、高电阻系数的细丝弯曲成栅状。

3. 电阻应变片的工作原理

电阻应变片的工作原理基于金属和半导体材料的应变效应。金属和半导体材料的电阻值随它承受的机械变形大小的不同而发生变化，这种现象称为应变效应。如图 3-5 所示，电阻丝受到拉力 F 时，其电阻值发生变化。一是由于受力后材料几何尺寸发生变化；二是由于受力后材料的电阻率也发生了变化。大量实验表明，在拉伸极限内，电阻值的相对变化与应变成正比。因此，可以通过测量电阻值的变化得知金属材料应变的大小。

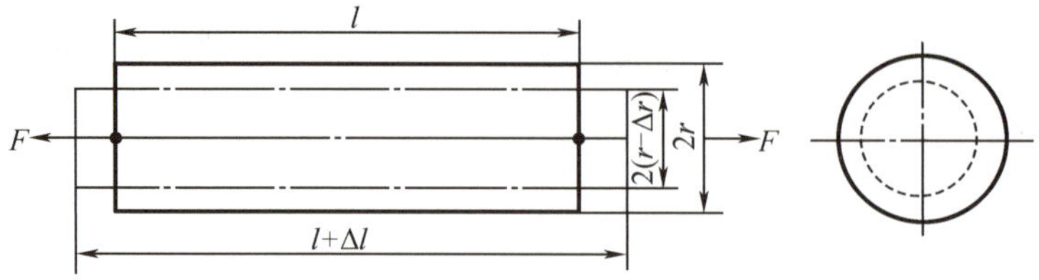

(a)纵向截面　　(b)横截面

图 3-5　材料电阻的截面

4. 电阻应变式传感器的测量电路

电阻应变式传感器的测量电路主要由 4 部分组成。

(1)电桥

电桥用于将应变片的电阻值变化转换为电压信号。电阻应变式传感器输出电阻的变化较小，一般变化的数量级通常在毫欧(mΩ)到欧姆(Ω)之间。要精确地测量出这些微小电阻的变化，常采用桥式测量电路。根据所用电源的不同，电桥可分为直流电桥和交流电桥。4 个桥臂均为纯电阻时，用直流电桥精度高；若有桥臂为阻抗时，必须用交流电桥。电桥接入的是电阻应变片时，即为应变桥。当 1 个桥臂、2 个桥臂乃至 4 个桥臂被接入应变片时，相应的电桥为惠斯通电桥、半桥(开尔文电桥)和全臂电桥。

(2)振荡器

振荡器用于为电桥提供正弦波交流电压，该电压作为载波电压，由信号电压对它进行调幅，输出一个窄频带的调幅电压信号，送入放大器，同时为相敏检波器提供参考电压。

(3)放大器

电桥输出的信号非常微弱，一般在几十微伏到几毫伏之间，必须经过放大器将电桥送来的调幅电压信号进行失真放大，输出足够的功率以推动指示仪表或记录器。

(4)相敏检波器

相敏检波器既具有检波的作用，又能完成辨别信号相位。

5. 电阻应变式传感器的直流电桥测量电路

应变片的机械应变的数量级通常在微应变(με)级别，而应变灵敏度 K 值较小，因此针对电阻的相对变化量这样微弱的变化。这样的测量电路最常见的有直流电桥和交流电桥。下面以直流电桥为例简要介绍其工作原理和相关特性。

如图 3-6 所示，直流电桥电路的 4 个桥臂由 R_1、R_2、R_3、R_4 组成，其中 a、c 两端接直流电压 U_i，而 b、d 两端为输出端，其输出电压为 U_o。

$$U_o=\frac{R_1R_3-R_2R_4}{(R_1+R_2)(R_3+R_4)}U_i \tag{3-1}$$

如图 3-7 所示，根据可变电阻在电桥电路中的分布方式，电桥的工作方式有 3 种类型。

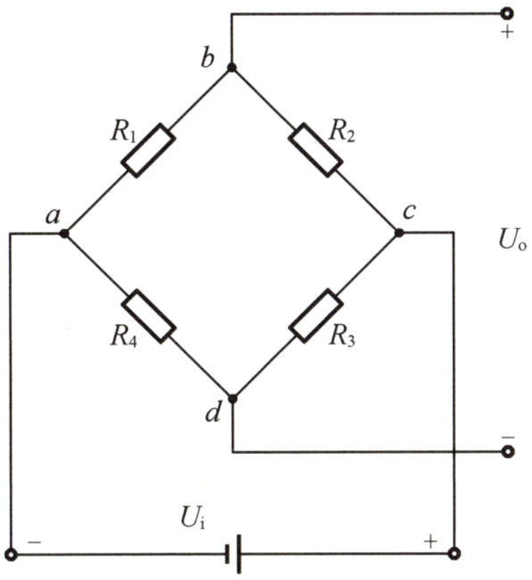

图 3-6 直流电桥电路原理图

(1)单臂直流电桥

电桥电路中只有 1 个应变片接入,工作时,其余 3 个桥臂电阻没有变化,如图 3-7(a)所示。当 $\Delta R_1 \ll R_1$ 时,设 $R_1=R_2=R_3=R_4=R$,$\Delta R_1=\Delta R$,电桥的输出电压为

$$U_o=\frac{1}{4}\frac{\Delta R}{R}U_i \tag{3-2}$$

此时灵敏度 $K=\frac{U_i}{4}$。

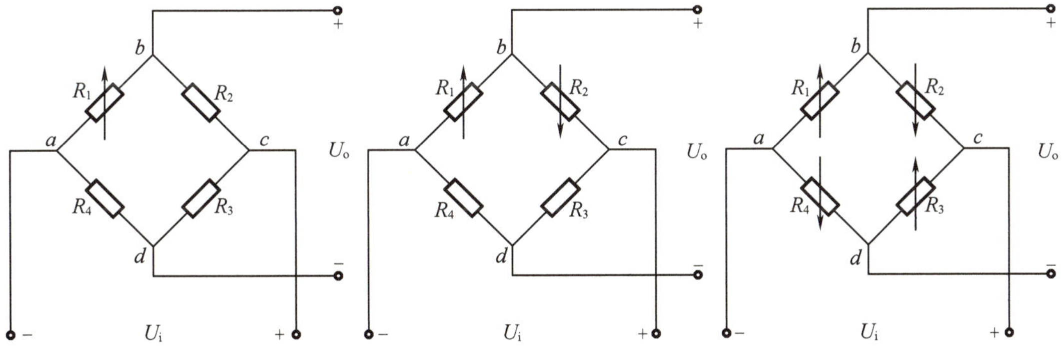

(a) 单臂直流电桥 (b) 双臂直流电桥 (c) 四臂直流电桥

图 3-7 3 种直流电桥测量电路

(2)双臂直流电桥(半桥)

电桥电路中相邻桥臂接入 2 个应变片,工作时,1 个受拉,1 个受压,如图 3-7(b)所示。R_1、R_2 为应变片,若 $R_1=R_2=R_3=R_4=R$,$\Delta R_1=\Delta R_2=\Delta R$,电桥的输出电压为

$$U_o=\frac{1}{2}\frac{\Delta R}{R}U_i \tag{3-3}$$

此时灵敏度 $K=\frac{U_i}{2}$。双臂电桥无非线性误差,比单臂电桥电压灵敏度提高一倍,同时具有温度补偿作用。

(3)四臂直流电桥(全桥)

将电桥4臂都接入应变片,2个受拉,2个受压,将2个应变符号相同的应变片接到相对桥臂上,构成全桥差动电路,电桥的4个桥臂的电阻都发生变化,如图3-7(c)所示,R_1、R_2、R_3、R_4为应变片,若$R_1=R_2=R_3=R_4=R$,$\Delta R_1=\Delta R_2=\Delta R_3=\Delta R_4=\Delta R$,电桥的输出电压为

$$U_o=\frac{\Delta R}{R}U_i \tag{3-4}$$

此时灵敏度$K=U_i$。双臂电桥不仅无非线性误差,而且灵敏度是单臂电桥的4倍,同时具有温度补偿作用。

【任务实施】

一、电阻应变式传感器使用的注意事项

1. 实际应用中电桥电路的调零

即使是相同型号的电阻应变片,其电阻值也有细小的差别,电桥的4个桥臂电阻也不完全相等,桥路可能不平衡(即有电压输出),这必然会造成测量误差。在电阻应变式传感器的实际应用中,采用在原基本电路基础上如图3-8所示的调零电路。调节电位器RP最终可以使电桥趋于平衡,U_o被预调到0 V,这个过程称为电阻平衡调节或直流平衡调节。图3-8中R_5是用于减小调节范围的限流电阻。

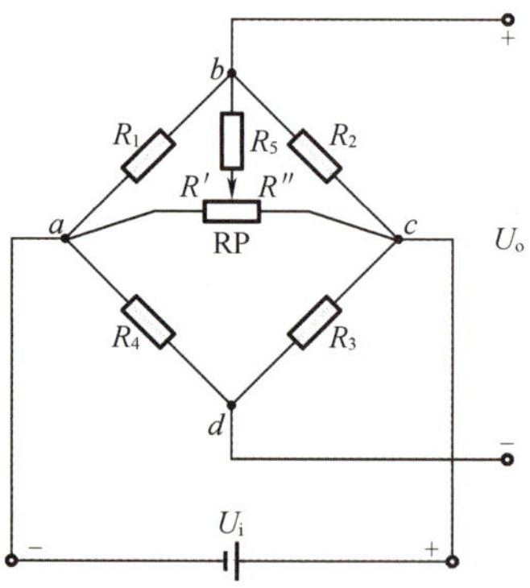

图3-8 直流电桥电路原理图

2. 温度补偿

电阻应变式传感器是靠电阻值来度量应变的,所以希望它的电阻只随应变而变,不受任何其他因素影响。但实际上,虽然用作电阻丝材料的铜、康铜的温度系数很小,但与应变电阻的变化比较仍属同一量级,如不补偿,会引起很大误差。应变片的温度误差是测量现场环境温度的变化给测量带来的误差。

产生电阻应变片温度误差的原因:电阻应变片敏感栅的金属丝的电阻本身随温度变化(主要原因);被测试件的材料与应变片材料的线膨胀系数不一致,使应变片产生附加变形,从而造成电阻变化(主要原因);另外,温度变化也会影响黏结剂传递变形的能力,从而对应

变片的工作特性产生影响,过高的温度甚至因使黏结剂软化而使其完全丧失传递变形的能力,也会造成测量误差(次要原因)。

在电阻应变式传感器的实际应用中,如果不采取一些补偿措施,温度的变化对传感器输出值的影响是比较大的,必将产生较大的测量误差。应变片的温度补偿方法通常有两种,即线路补偿和应变片自补偿。线路补偿的方法是指当桥路是双臂半桥或全桥形式时,电桥相邻两臂的电阻随温度变化的幅度和方向均相同,可以相互抵消,从而达到桥路温度自补偿的目的。应变片自补偿的方法是指利用自身具有补偿作用的应变片(称之为温度自补偿应变片)来补偿的。这种自补偿应变片制造简单,成本较低,但必须在特定的构件材料上才能使用,不同材料试件必须用不同的应变片。

二、应变片的选择

现代应变片已发展成一个很大的品种系列,尺寸长的有几百毫米,短的仅 0.1 mm。美国维希公司仅箔式应变片一项产品,即有 4 万余种,可见面对种类繁多的应变片,如何选用是一个重要问题。

在所有应变片中,金属丝式应变片属于最基本的传统结构。在我国由于箔式应变片原材料和工艺等问题,目前金属丝式应变片(尤其是高温和低温片)还占有比较重要的地位。箔式应变片因其特有的优点,应用日益增多。在有些国家箔式应变片几乎全部取代金属丝式应变片,是应变式传感器用片的主要品种。薄膜片是目前高精度传感器中很有发展前途的新型电阻应变片,这种片的优点是其电阻值比箔式应变片高,形状和尺寸也比箔式应变片更小、更精确;没有箔式应变片由于腐蚀而引入的误差。薄膜片制成的结构导热良好,对于较宽的工作温度范围也可达到较完善的补偿;尤其突出的是,陶瓷绝缘代替了胶接,既避免了复杂的分选和粘贴,又避免了由胶接引入的漂移及疲劳等,制成的传感器可以达到较高的水平。应变片的各项指标是按规定在较大应变(1 000~3 000 $\mu\varepsilon$)下给出的,而在实际使用时,应变较小,往往无法直接引用。所以在选择应变片时,必须注意传感器的特点,否则即使利用等级很高的应变片,也完全有可能得不到性能优良的传感器。

一般情况下,选用应变片时应根据试件的材质、受力状态、工作环境条件、测量精度要求等因素,权衡后而定。试件的材质主要应考虑材料的弹性模量、材质的均匀程度等。对于弹性模量高的均质材料,可选小标距应变片;对弹性模量低或试件较薄的材料,由于应变片端部附近产生应力集中(即加强效应),应考虑其对测试精度的影响;对材质不均的材料,宜选用大标距的应变片,工作环境条件主要是考虑温度、湿度、压力、电磁场、核辐射等的影响。例如,潮湿环境中可选用酚醛树脂或聚酰亚胺胶基应变片;核辐射环境中应选用聚酰亚胺或无机黏结剂及康铜或镍铬合金制成的应变片;强磁场中应选用半导体材料或铂钨合金制成的应变片。试件的应变状态主要考虑应变梯度的大小,以及应变性质(是静态应变还是动态应变)等,使所测得的平均应变尽量反映测点的实际应变。在应变梯度大的应变场中,应尽量选用小标距应变片,同时要考虑小标距应变片受横向效应影响,进行适当补偿或修正。在进行大应变测量时应选用应变极限高的应变片或大应变片;在进行微小应变测量时应选灵敏度高的应变片;在进行动态应变测量时一般选择具有高灵敏度和快速响应特性的应变片。从保证测试精度的角度来看选用康铜、镍铬合金等材料制成的箔式应变片为宜。若考虑到价格低廉、粘贴方便，纸基应变片也可使用。应变片电阻值选择通常为 120 Ω，以便与目前生产的仪器相配合；在进行动态应变测量时，为提高输出信号，电阻值也可选得较大，可根据具体需要在电阻值系列中灵活选用。应变片通常选灵敏度 $K=2$ 的，以便与仪器相配合。当然，为得到大的输出，也可选用灵敏度大的应变片。

三、应变片的黏结剂及粘贴

应变片是用黏结剂粘贴到被测件上的。黏结剂形成的胶层必须迅速地将被测件的应变传递到敏感栅上。黏结剂的性能及粘贴工艺的质量直接影响着应变片的工作特性，如零漂、蠕变、滞后、灵敏度等。可见选择正确的黏结剂和黏结工艺与应变片的测量精度有着极其重要的关系。

1. 黏结剂材料的选择

黏结剂的主要功能是要在切向准确传递试件的应变。因此，黏结剂材料应具有以下特点：黏结强度好，固化内应力小（固化收缩小且膨胀系数与被测件相接近等）；机械强度好，挠性好，即抗剪弹性模量要大，一般抗剪强度应大于 9.8×10^6 Pa；良好的电绝缘性；耐老化性好，耐湿、耐油，动态应力测量时耐疲劳性好；弹性模量大，蠕变、滞后小，温度和力学性能参数要尽量与被测件相匹配；对被黏结的材料不起腐蚀作用；对使用者没有毒害或毒害很小；有较大的使用温度范围。

一般情况下，粘贴与制作应变片的黏结剂是可以通用的。但是，粘贴应变片时受到现场加温、加压条件的限制，在实际应用中很难找到一种黏结剂能同时满足上述全部要求。所以，在选用黏结剂时要根据基片材料、工作温度、潮湿程度、稳定性、是否加温加压、粘贴时间等因素合理选择。通常在室温下工作的应变片多采用常温常压固化条件的黏结剂；非金属基应变片若在高温下工作，则可将其先粘贴在金属基底上，然后再焊接在试件上。

常用的黏结剂可分为有机黏结剂和无机黏结剂两大类。有机黏结剂通常用于低温、常温和中温。无机黏结剂用于高温。常用的黏结剂类型有硝化纤维素型、氰基丙烯酸型、聚酯树脂型、环氧树脂类和酚醛树脂类等。主要黏结剂牌号有：万能胶、501、502、914、509、J06-2、JSF-2、1720、J-12、30-14、GJ-14、LN-3、P10-6 等。

2. 应变片的粘贴

粘贴工艺包括被测件粘贴表面处理（研磨和清洗）、贴片位置的确定、贴片、干燥固化、贴片质量检查、引线的焊接与固定，以及防护与屏蔽等。

应变片的粘贴工艺步骤为：

（1）应变片的检查与选择

首先要对采用的应变片进行外观检查，观察应变片的敏感栅量，电阻值选取合适将给传感器的平衡调整带来方便。

（2）试件的表面处理

为了获得良好的黏合强度，必须对被测件表面进行处理，可以采用喷砂法处理被测件表面，这样不但能得到比抛光更大的表面积，而且可以获得质量均匀的结果。为了进行表面的清洁，可用化学清洗剂如氯化碳、丙酮、甲苯等进行反复清洗，也可采用超声波清洗。值得注意的是，为避免氧化，应变片的粘贴应尽快进行。如果不立刻贴片，则可涂上一层凡土林暂作保护。

(3)底层处理

为了保证应变片能牢固地贴在被测件上,并具有足够的绝缘电阻,改善胶接性能,可在粘贴位置涂上一层底胶。

(4)贴片

将应变片底面用清洁剂清洗干净,然后在被测件表面和应变片底面各涂上一层薄而均匀的黏结剂。待稍干后,将应变片对准画线位置迅速贴上,然后盖一层玻璃纸,用手指或胶锟加压,挤出气泡及多余的胶水,保证胶层尽可能薄而均匀。

(5)固化

黏结剂的固化是否完全,直接影响胶的物理机械性能。关键是要掌握好温度、时间和循环周期。无论是自然干燥还是加热固化都要严格按照工艺规范进行。为了防止强度降低、绝缘破坏以及电化学腐蚀,在固化后的应变片上应涂上防潮保护层,一般可采用稀释的黏合胶。

(6)粘贴质量检查

首先是从外观上检查粘贴位置是否正确,黏合层是否有气泡、漏粘、破损等。然后检查应变片敏感栅是否有断路或短路现象,测量敏感栅的绝缘电阻以及线和被测件之间的绝缘电阻。一般情况下,绝缘电阻为 50 MΩ 即可,有些高精度测量,绝缘电阻则需要在 200 MΩ 以上。

(7)引线焊接与组桥连线

检查合格后即可焊接引出导线,引线应适当加以固定。应变片之间通过粗细合适的漆包线连接组成桥路。连接长度应尽量一致,且不宜过长。

(8)防护和屏蔽

为了保证应变片工作的长期稳定性,应采取防潮、防水等措施,如在应变片及其引出线上涂以石蜡、石蜡松香混合剂、环氧树脂、有机硅、清漆等形成保护层。

应用案例 1:利用全桥电路测量桥梁的上下表面应变

如图 3-9 所示,将应变片对称地粘贴在桥梁的上下表面,设初始应变片的电阻 $R_1=R_2=R_3=R_4=R$,当桥梁上受到外力作用时,R_1、R_3 与 R_2、R_4 感受到的应变绝对值相等、符号相反,构建四臂全桥电路,根据电路的输出电压测出桥梁的应变。

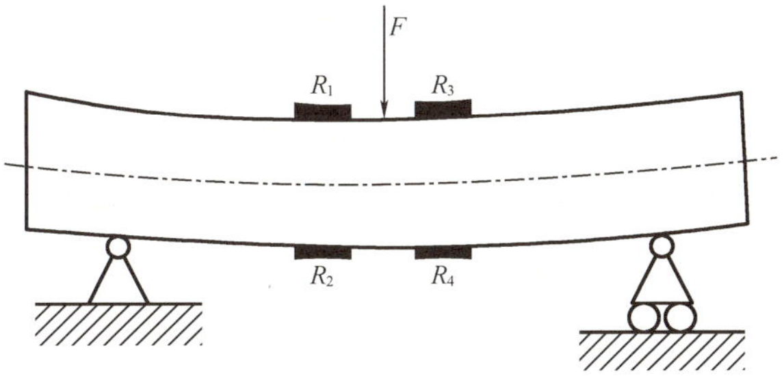

图 3-9　全桥电路测量桥梁的上下表面应变结构图

应用案例 2：应变式加速度传感器

如图 3-10 所示为应变式加速度传感器的结构示意图，物体运动的加速度与作用在它上面的力成正比，与物体质量成反比（$F=ma$），把传感器固定在被测部位，当被测物产生加速度运动，悬臂梁自由端受惯性力 $F=ma$ 的作用，质量块向加速度相反的方向相对于基座运动，使悬臂梁发生弯曲变形，应变片电阻也发生变化，产生输出信号，输出信号大小与加速度大小成正比。

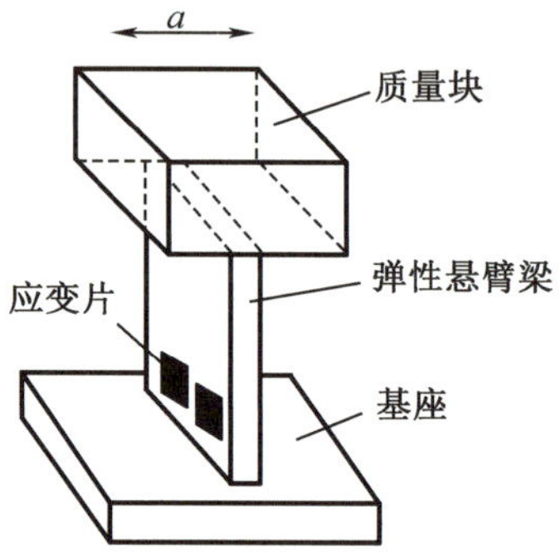

图 3-10　应变式加速度传感器的结构示意图

【任务评价】

对本任务的完成情况进行综合评价、总结与反思。

评价单自行打印，详情见附录。

任务 2　基于压电式传感器的桥墩水下部位缺陷的检测

【任务背景】

由于各种原因，桥墩水下及地表以下部位会产生一些缺陷，而这些缺陷是很难被发现的，但又直接威胁桥梁的安全，因此使用压电式加速度传感器检测桥墩对振动的响应，并进行频谱分析，就可判定桥墩的内部缺陷。如图 3-11 所示为压电式加速度传感器。

压电式传感器具有体积小、质量轻、频率宽、灵敏度高、结构简单等特点，因此在各种动态力、机械冲击、振动的测量，以及声学、医学、力学、宇航等领域中得到广泛应用。

图 3-11 压电式加速度传感器

【相关知识】

让我们来认识一下压电式传感器吧！

一、压电式传感器的工作原理

压电式传感器是一种典型的自发电式传感器，它是由压电传感元件和测量转换电路组成的。压电传感元件以某些电介质的压电效应为基础，在外力作用下，电介质的表面产生电荷，通过测量转换电路就可实现非电量电测。

压电效应可以分为压电正向效应和压电逆向效应。

1. 压电正向效应

如图 3-12 所示，某些晶体受一定方向外力作用而发生机械变形时，相应地在一定的晶体表面会产生符号相反的电荷，外力去掉后，电荷消失。力的方向改变时，电荷的符号也随之改变，这种现象称为压电正向效应。

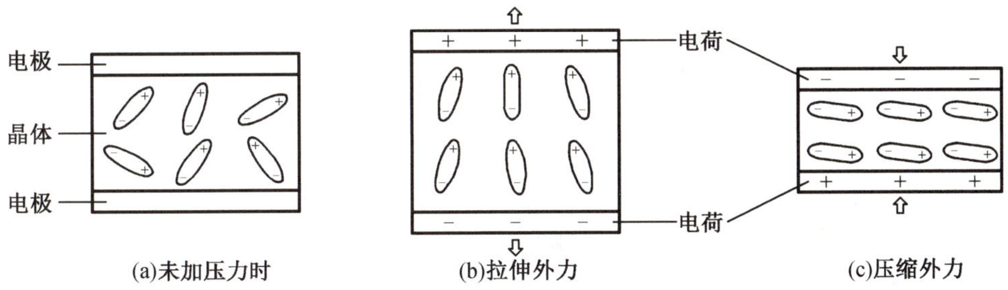

图 3-12 压电正向效应示意图

2. 压电逆向效应

压电材料还具有与压电正向效应相反的效应，如图 3-13 所示，即在电介质的极化方向施加交变电场时，它会产生机械变形。若去掉外加电场，电介质变形随之消失，这种现象称为压电逆向效应（电致伸缩效应）。

压电效应的实质是机械能和电能的相互转化，压电正向效应是机械能转化为电能；压电逆向效应是电能转化为机械能。

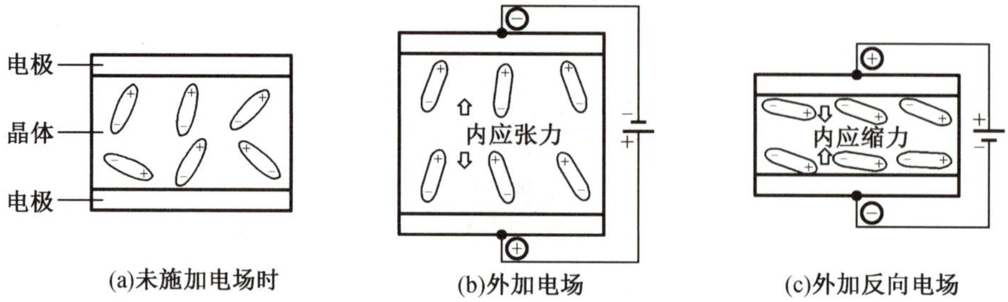

图 3-13　压电逆向效应示意图

二、常见的压电材料

1. 石英晶体

石英晶体有天然和人工制造两种类型。人工制造的石英晶体的物理、化学性质与天然石英晶体并无多大区别，因此目前广泛应用成本较低的人造石英晶体。在几百摄氏度的温度范围内，它的压电系数不随温度变化。石英晶体的居里点为 573 ℃，即到 573 ℃时，它将完全丧失压电性质。它有很高的机械强度和稳定的机械性能，没有热释电效应；但它的灵敏度很低，介电常数小，因此逐渐为其他压电材料所代替。

2. 水溶性压电晶体

这类压电晶体有酒石酸钾钠、硫酸锂、磷酸二氢钾等。水溶性压电晶体具有较高的压电灵敏度和介电常数，但易于受潮，机械强度也较低，只适用于室温和湿度低的环境下。

3. 铌酸锂晶体

铌酸锂晶体是一种透明单晶，熔点为 1 250 ℃，居里点为 1 210 ℃，具有良好的压电性能和时间稳定性，在耐高温传感器上有广泛的用途。

4. 压电陶瓷

压电陶瓷是一种应用最普遍的压电材料，具有烧制方便、耐湿、耐高温、易于成型等特点。

(1)钛酸钡($BaTiO_3$)压电陶瓷

钛酸钡是由 $BaCO_3$ 和 TiO_2 在高温下合成的，具有较高的压电系数和介电常数。但它的居里点较低，为 120 ℃，此外机械强度不如石英。

(2)锆钛酸铅系[$Pb(Zr,Ti)O_3$]压电陶瓷(PZT)

锆钛酸铅是 $PbTiO_3$ 和 $PbZrO_3$ 组成的固溶体，具有较高的压电系数和居里点(300 ℃以上)。

(3)铌酸盐系压电陶瓷

如铌酸铅具有很高的居里点和较低的介电常数。铌酸钾的居里点为 435 ℃，常用于水声传感器中。

(4)铌镁酸铅压电陶瓷(PMN)

这是一种由三元素组成的新型陶瓷。它具有较高的压电系数和居里点，能够在较高的压力下工作，适合作为高温下的力传感器。

5. 压电半导体

有些晶体既具有半导体特性又具有压电性能，如 ZnS、CaS 等。因此既可利用它的压电特性研制传感器，又可利用它的半导体特性以微电子技术制成电子器件。两者结合起来，就出现了集转换元件和电子线路为一体的新型传感器，它的前途是非常远大的。

6. 高分子压电材料

某些合成高分子聚合物薄膜经延展拉伸和电场极化后，具有一定的压电性能，这类薄膜称为高分子压电薄膜。目前出现的压电薄膜有聚二氟乙烯、聚氟乙烯、聚氯乙烯等。这是一种柔软的压电材料，不易破碎，可以大量生产和制成较大的面积。如果将压电陶瓷粉末加入高分子化合物，可以制成高分子-压电陶瓷薄膜。它既保持了高分子压电薄膜的柔软性，又具有较高的压电系数，是一种很有希望的压电材料。

7. 聚合物-压电陶瓷复合材料

这类材料柔韧性良好，可用于制作极薄的组件。压电陶瓷的加入可以弥补高分子压电材料的压电常数小、极化电场高的不足。

三、压电元件的常用结构形式

在压电式传感器中，常将两片或多片压电元件组合在一起使用。由于压电材料是有极性的，因此接法也有两种，如图 3-14 所示。图 3-14(a)为并联接法，其输出电容 C'为单片的 n 倍，即 $C'=nC$，输出电压 $U'=U$，极板上的电荷量 Q'为单片电荷量的 n 倍，即 $Q'=nQ$。图 3-14(b)为串联接法，这时有 $Q'=Q$，$U'=nU$，$C'=C/n$。

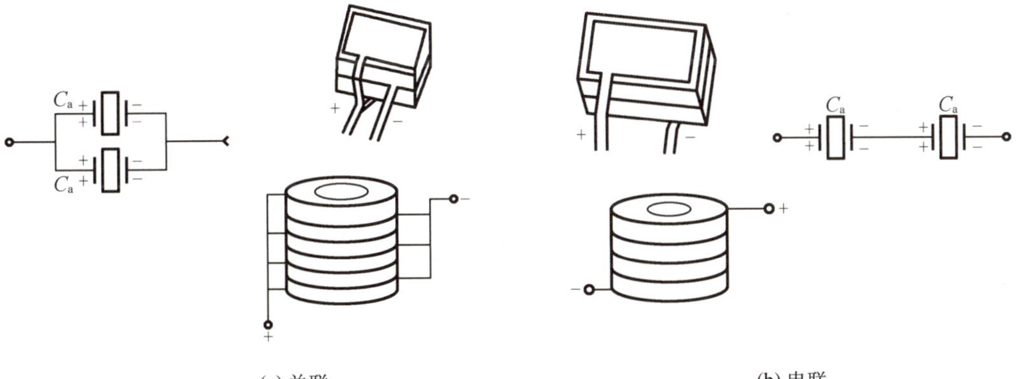

图 3-14　压电元件的串、并联

在以上两种连接方法中，并联接法输出电荷大，本身电容大，因此时间常数也大，适用于测量缓变信号，并以电荷量为输出的场合。串联接法输出电压高，本身电容小，适用于以电压为输出量以及测量电路输入阻抗很高的场合。

四、压电式传感器的等效电路与测量电路

1. 压电式传感器的等效电路

理想状态下，压电式传感器可等效为图 3-15(a)所示的电荷源，也可以等效为图 3-15(b)所示的电压源。

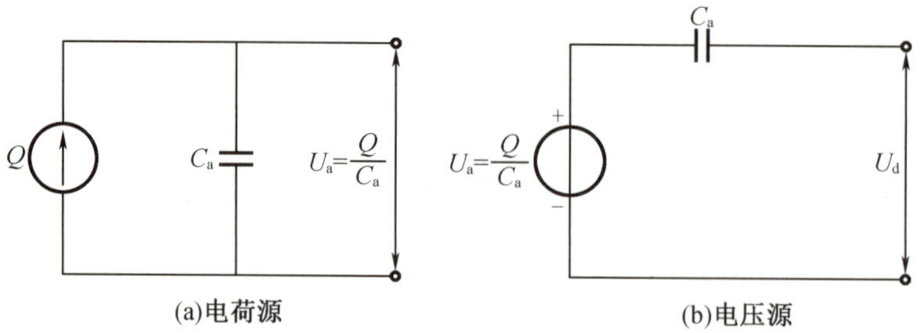

图 3-15　压电式传感器电压源和电荷源等效电路

压电式传感器与测量电路连接时，实际还应考虑连接线路的分布电容 C_c，放大电路的输入电阻 R_i、输入电容 C_i 以及压电传感器的内阻 R_a。考虑上述因素后，压电式传感器的实际等效电路如图 3-16 所示。

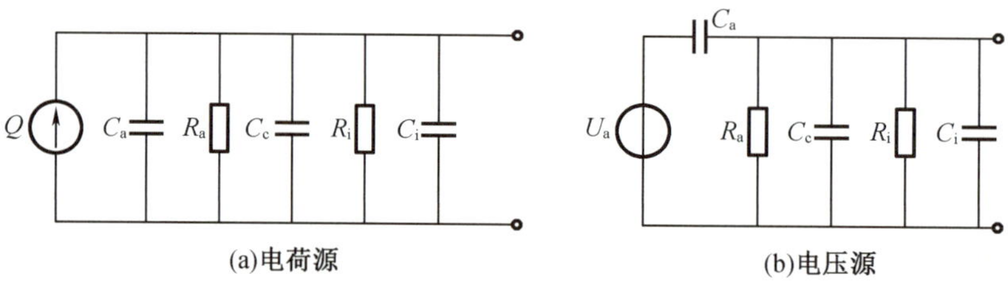

图 3-16　压电式传感器的实际等效电路

2. 压电式传感器的测量电路

压电式传感器的内阻抗很高，输出的信号很微弱，因此一般不能直接显示和记录。压电式传感器要求测量电路的前级输入端要有足够高的阻抗，这样才能防止因电荷迅速泄漏而使测量误差减小。通常先把压电式传感器的输出信号输入高输入阻抗的放大器，再经过滤波放大电路，然后将信号输入二次仪表进行显示或者记录。

压电式传感器的前置放大器可以把传感器的高阻抗输出变换为低阻抗输出，又可以对传感器的微弱信号进行放大。通常，压电式传感器的前置放大器有两种形式：一种是用带电阻反馈的电压放大器，其输出电压与输入电压（即传感器的输出）成正比；另一种是用带电容反馈的电荷放大器，其输出电压与输入电荷成正比。现在多采用电荷放大器来将压电式传感器输出的电荷转换为电压，属于 Q/U 转换器，但并无放大电荷的作用，只是一种习惯叫法。

（1）电压放大器

压电式传感器接电压放大器的等效电路如图 3-17 所示。压电式传感器与前置放大器之间的连接电缆不能随意更换，使用时如果要改变电缆的长度或更换电缆，必须重新校正电压灵敏度，否则会造成测量误差。

（2）电荷放大器

压电式传感器接电荷放大器的等效电路如图 3-18 所示。电荷放大器的输出电压与输入电荷量成正比，与电缆电容均无关，因此电缆可以很长，可以达数百米甚至上千米，灵敏度却无明显损失，可以用于远距离电荷放大。

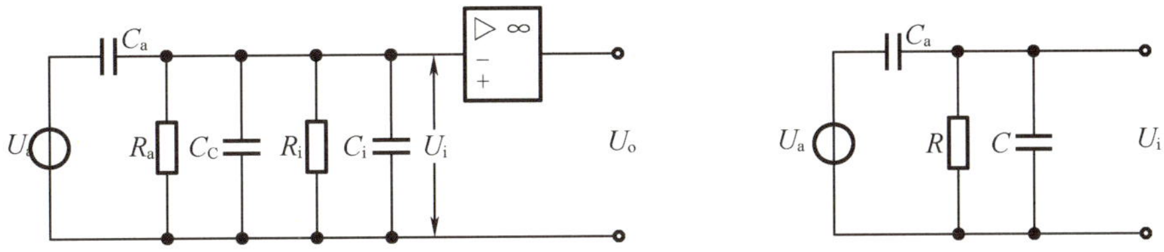

(a)电压放大器电路　　(b)等效电路

图 3-17　电压放大器电路和其等效电路

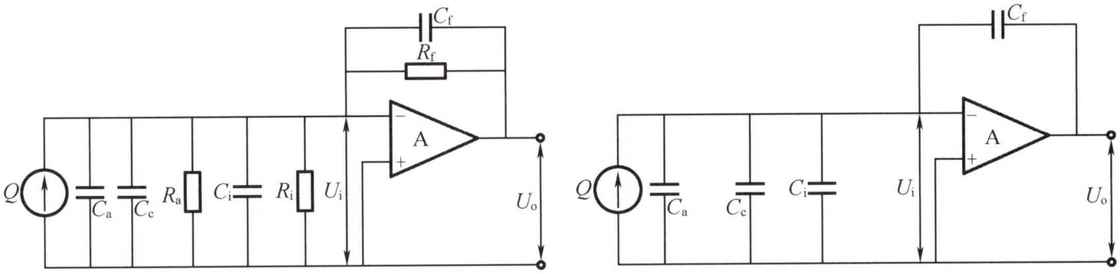

(a) 电荷放大器电路　　(b) 等效电路

图 3-18　电荷放大器电路和其等效电路

【任务实施】

正确使用压电式传感器

压电式传感器的基本原理是利用压电材料的压电效应的特性，即当有力作用在压电元件上时，传感器就有电荷（或电压）输出。由于外力作用在压电材料上产生的电荷只有在无泄漏的情况下才能保存，故需要测量回路具有无限大的输入阻抗，但实际上是不可能的，因此压电式传感器不能用于静态测量。如果压电材料在交变力的作用下，电荷可以不断补充，以供给测量回路一定的电流，故适用于动态测量。

1. 合理选择压电式传感器

检测桥墩水下及地表以下部位的缺陷是通过放置在桥墩上的传感器来感受桥墩的振动，从而检测桥墩内部有无缺陷的，因此可以选用压电式加速度传感器。

2. 正确使用压电式加速度传感器

（1）压电式加速度传感器的工作原理

如图 3-19 所示是一种压电式加速度传感器的结构图。

压电式加速度传感器主要由压电元件、质量块、预压弹簧、基座及外壳等组成。整个部件装在外壳内，并用螺栓加以固定。

当传感器感受到振动时，质量块感受到与传感器基座相同的振动，并受到与加速度方向相反的惯性力的作用，此时质量块就有一正比于加速度的交变力作用在压电片上。由于压电片的压电效应，两个表面上就产生了交变电荷，当振动频率远低于传感器的固有频率时，传感器的输出电荷（电压）与作用力成正比，亦即与被测件的加速度成正比。

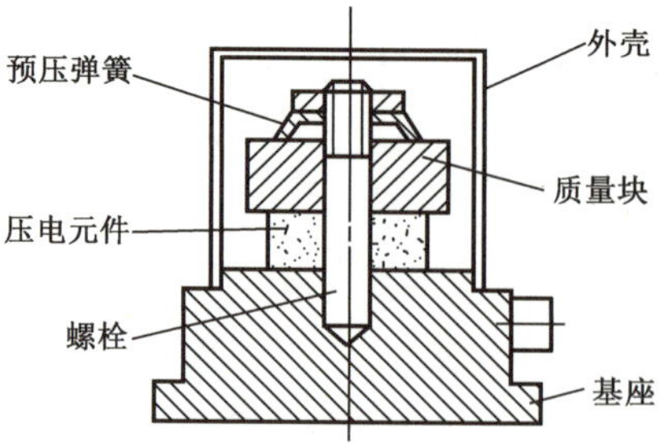

图 3-19　压电式加速度传感器的结构图

输出电量由传感器输出端引出，输入前置放大器后就可以用普通的测量仪器测出被测件的加速度，如在放大器中加入适当的积分电路，就可以测出被测件的振动速度或位移。

(2)压电式加速度传感器检测桥墩缺陷

测量时，将压电式加速度传感器基座与桥墩固定在一起，并通过放电炮的方式使放在桥墩上的水箱振动，桥墩承受垂直方向的激励，传感器基座同时承受振动，内部质量块也产生相同的振动，并受到与加速度方向相反的惯性力作用，这样质量块就有一正比于加速度的交变力作用在压电片上。由于压电片的压电效应，两个表面上就产生了交变电荷，当振动频率远低于传感器的固有频率时，传感器的输出电荷与作用力成正比，亦即与被测件的加速度成正比。经电荷放大器放大后，输入数据记录仪，再输入频谱分析仪。经频谱分析后就能知道桥墩有无缺陷。

若桥墩是一个没有缺陷的坚固整体，则其相当于一个大质量块，振荡激励后只有一个谐振点，频谱曲线呈现单峰。若桥墩有缺陷，则其相当于两个或整数个质量-弹簧系统，具有多个谐振点，那么频谱曲线呈现双峰或多峰。

应用案例 1：玻璃打碎报警装置

将高分子压电薄膜振动感应片粘贴在玻璃上，玻璃在遭暴力打碎的瞬间，会产生几千赫兹甚至更高频率的振动，压电薄膜感受到这一振动，产生压电效应，将这一振动转换成电压信号并传送给报警系统。这种压电薄膜振动感应片透明且小，不易被察觉，所以可用于贵重物品、展馆、博物馆等橱窗的防盗报警。

应用案例 2：压电式周界报警系统(重要位置出入口、周界安全防护等)

将压电电缆埋在泥土的浅表层，可起分布式地下麦克风或听音器的作用；可在几十米范围内探测人的步行，对轮式或履带式车辆也可以通过信号处理系统分辨出来。

【任务评价】

对本任务的完成情况进行综合评价、总结与反思。

评价单自行打印，详情见附录。

任务3 选择与安装压力检测仪表和传感器

【任务背景】

力检测仪表和力传感器促进了自动化控制技术的发展,在称量配料、管道压力测试等方面得到了广泛应用,对各个行业都起到了极大的推动作用,显著地提高了工作效率。力检测仪表和力传感器的选型、安装与维护直接关乎压力测量的准确性,为此要对其高度重视。

【相关知识】

压力检测仪表的选用

一、压力检测仪表的选用

压力检测仪表的选用是一项重要的工作,如果选用不当,不仅不能正确、及时地反映被测对象压力的变化,还可能引起事故。选用压力检测仪表时应根据生产工艺对压力检测的要求、被测介质的特性、现场使用的环境条件,本着节约的原则,合理地考虑仪表的量程、精度、类型等。

就地指示压力表的选用:

压力为-40~40 kPa 的一般介质,宜选用膜盒压力表。其表壳可为圆形或矩形,精度等级为2.5级,连接件规格为M20×1.5或ϕ8 mm软接头。

压力为40 kPa以上的一般介质,可选用弹簧管压力表。精度等级为1.5或2.5级,连接件规格为M20×1.5,刻度表壳直径为100 mm或150 mm,就地指示一般选用径向不带边,就地盘装一般选用轴向带边。

压力为-0.1~2.4 MPa的一般介质,应选用压力真空表。精度等级为1.5或2.5级,连接件规格为M20×1.5,刻度表壳直径为100 mm或150 mm。

对于黏度较高的原油测量,应选用隔膜式压力表、膜片式压力表或采取灌隔离液措施的一般压力表。精度等级为1.5或2.5级,连接件规格为M20×1.5,刻度表壳直径为100 mm或150 mm。

另外,对于一些特殊情况做如下处理:对炔、烯、氨及含氨介质的测量,应选用乙炔压力表和氨用压力表;对氧气的测量,应选用氧气压力表;对硫化氢及含硫介质的测量,应选用抗硫压力表;对剧烈振动介质的测量,应选用耐振压力表;对腐蚀性介质(如硝酸、醋酸、部分有机酸或其他无机酸和碱类)的测量,宜选用耐酸压力表或膜盒式压力表(防腐型);对强腐蚀性且高黏稠、易结晶、含有固体颗粒状物质的测量,宜选用膜片式压力表(防腐型),或采用吹气、吹液法测量;对温度高于或等于300 ℃油品的压力测量,必须设隔离器(或弯管),必要时可选用耐酸压力表;小型压力表可用于就地指示仪表气源和信号的压力,表壳直径为 40 mm 或 60 mm,连接件规格为 M10×1 或 M10×1.5。

二、压力报警仪表的选用

一般场合的压力、真空的报警或联锁宜分别选用带电结点的压力表、真空表及压力真空表或压力开关,表壳直径为 150 mm,精度等级为 1.5 级,连接件规格为 M20×1.5。在爆炸等危险场合,应选用防爆型。

氨及含氨介质的压力、真空的报警或联锁应分别选用氨用电结点压力表、真空表及压力真空表;氧气介质的压力、真空的报警或联锁应分别选用氧用电结点压力表、真空表及压力真空表;腐蚀性介质的压力、真空的报警或联锁应分别选用耐酸电结点压力表、真空表及压力真空表。压力开关应根据火灾、爆炸危险场所的划分和使用要求来选择。压力开关在全量程范围内设定值应是可调的。就地安装的无指示压力调节器、变送器、压力开关、减压阀宜配置直接测量工艺介质的压力表。

三、远传压力仪表的选用

要求采用统一的标准信号时,应选用压力变送器。变送器的精度应不低于 0.5 级。

对于爆炸和火灾危险场所,应选用气动压力变送器和防爆型电动压力变送器;对于微压力的测量,可采用微差压变送器;对于黏稠(如黏度较高的原油)、含有固体颗粒或腐蚀性介质压力的测量,可选用法兰膜片式压力变送器(温度不高于 200 ℃),如采用灌隔离液、吹气或打冲洗液等措施,也可采用一般的压力变送器。

四、仪表量程的选用

仪表的量程是指该仪表按规定的精度对被测量进行测量的范围,它根据操作中需要测量的参数的大小来确定。为了保证敏感元件能在其安全的范围内可靠工作,也考虑到被测对象可能发生的异常超压情况,对仪表量程的选择必须留有足够的余地。

在被测压力较稳定的情况下,最大工作压力不应超过仪表满量程的 3/4;在被测压力波动较大或测振动压力时,最大工作压力不应超过仪表满量程的 2/3;在测量高压压力时,最大工作压力不应超过仪表满量程的 3/5,为了保证测量准确度,最小工作压力不应低于满量程的 1/3;当被测压力变化范围大,最大和最小工作压力可能不能同时满足上述要求时,选择的仪表量程应首先要满足最大工作压力条件。

根据被测压力,计算得到仪表上、下限后,还不能以此直接作为仪表的量程,目前我国出厂的压力(包括差压)检测仪表有统一的量程系列,它们是 1 kPa、1.6 kPa、2.5 kPa、4.0 kPa、6.0 kPa 以及它们的 $10n$ 倍数(n 为整数)。因此,在选用仪表量程时,应选用相应规程或者标准中的数值。

五、仪表精度的选择

压力检测仪表的精度主要根据生产允许的最大误差来确定,即要求实际被测压力允许的最大绝对误差应小于仪表的基本误差。另外,在选择时应坚持节约的原则,只要测量精度能满足生产的要求,就不必追求过高精度的仪表。

我国压力表的精度等级分别为:0.005,0.02,0.03,0.05,0.1,0.16,0.2,0.35,0.5,1.0,1.5,2.5,4.0 等,工业用仪表的精度一般在 0.5 以下。一般就地指示用弹性压力表选用 1.0,1.5 或 2.5 级,压力变送器类精度为 0.2~0.5 级。

六、仪表类型的选择

根据工艺要求正确选用仪表类型是保证仪表正常工作及安全生产的主要前提,压力检测仪表类型的选择主要应考虑以下几个方面。

1. 仪表的材料

压力检测的特点是压力敏感元件往往要与被测介质直接接触,因此在选择仪表材料的时候要综合考虑仪表的工作条件。例如,对腐蚀性较强的介质应使用像不锈钢之类的弹性元件或敏感元件;氨用压力表则要求仪表的材料不允许采用铜或铜介质,因为氨气对铜的腐蚀性极强。又如氧用压力表在结构和材质上可以与普通压力表相同,但要禁油,因为油进入氧气系统极易引起爆炸。

2. 仪表的输出信号

对于只需要观察压力变化的情况,应选用如弹簧管压力表甚至液柱式压力计那样的直接指示型的仪表;如果需将压力信号远传到控制室或其他电动仪表,则可选用电气式压力检测仪表或其他具有电信号输出的仪表;如果控制系统要求能进行数字量通信,则可选用智能式压力检测仪表。

3. 仪表的使用环境

对于爆炸性较强的环境,应选择防爆型压力仪表;对于温度特别高或特别低的环境,应选择温度系数小的敏感元件及其他变换元件。

【任务实施】

压力表、变送器的安装

一、一般压力测量仪表的安装

无论选用何种压力仪表和采用何种安装方式,在安装过程中都应注意以下几点。

(1)压力仪表必须经检验合格后才能安装。

(2)压力仪表的连接处,应根据被测压力的高低和被测介质性质,选择适当的材料作为密封垫圈,以防泄漏。

(3)压力仪表尽可能安装在室温条件下,相对湿度小于 80%、振动小、灰尘少、没有腐蚀性物质的地方,对于电气式压力仪表应尽可能避免受到电磁干扰。

(4)压力仪表应垂直安装。一般情况下,安装高度应与人的视线平齐,对于高压压力仪表,其安装高度应高于一般人的头部。

(5)测量液体或蒸汽介质压力时,应避免液柱产生的误差,压力仪表应安装在与取压口同一水平的位置上,否则必须对压力仪表的示值进行修正。

(6)导压管的粗细应合适,一般为 6~10 mm,长度尽可能短,否则会引起压力测量的迟缓。

(7)压力仪表与取压口之间应安装切断阀,以便维修。

二、差压变送器的安装

差压变送器也属于压力测量仪表,因此差压变送器的安装要遵循一般压力测量仪表的安装原则。然而,差压变送器与取压口之间必须通过引压管连接,才能把被测压力正确地传递到变送器的正负压室,如果取压口选择不正确,或者引压管有堵塞、渗漏现象,或者差压变送器的安装和操作不正确,都会引起较大的测量误差。

三、取压口的选择

取压口的选择与被测介质的特性有很大关系,取压口的位置应符合如下规定,如图 3-20 所示。

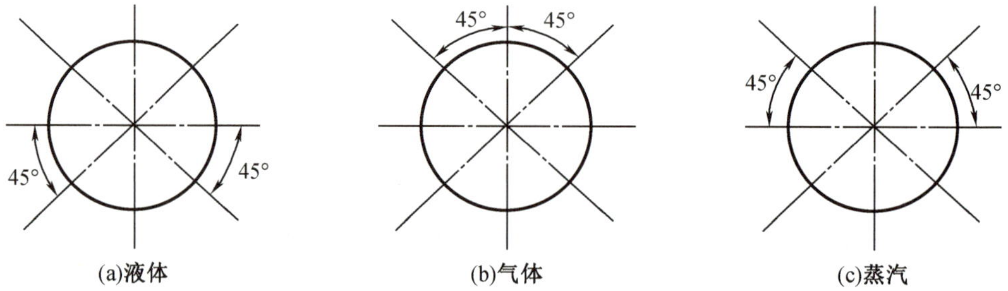

图 3-20 测量不同介质时取压口方位规定示意

被测介质为液体时,取压口应位于管道下半部且与管道水平线成 0°~45°,如图 3-20(a)所示。取压口位于管道下半部的目的是保证引压管内没有气泡,这样由两根引压管内液柱附加在差压变送器正、负压室的压力相互抵消;取压口不宜从底部引出,是为了防止液体介质中可能夹带的固体杂质沉积在引压管中而引起堵塞。

被测介质为气体时,取压口应位于管道上半部且与管道垂直中心线成 0°~45°,如图 3-20(b)所示,其目的是保证引压管中不积聚和滞留液体。

被测介质为蒸汽时,取压口应位于管道上半部且与管道水平线成 0°~45°,如图 3-20(c)所示。常见的接法是从管道水平位置接出,并分别安装凝液罐,这样两根引压管内部都充满冷凝液,而且液体高度相同。

四、引压管的安装

引压管应按最短距离敷设,引压管内径的选择与引压管长度有关,参考表 3-1。引压管的管路应保持垂直,或者与水平线之间不小于 1∶10 的倾斜度,必要时要加装气体、凝液、微粒收集器等设备,并定期排放收集物。

表 3-1　引压管内径与引压管长度

被测介质	引压管内径/mm		
	引压管长度小于 1.6 m	引压管长度在 1.6 m 和 4.5 m 之间	引压管长度在 4.5 m 和 9 m 之间
水、水蒸气、干气体	7~9	10	13
湿气体	13	13	13
低中黏度油品	13	19	25
脏液体	25	25	33

五、压力表的安装

压力表有就地式安装和控制室安装两种。如图 3-21 所示,就地安装应做到:

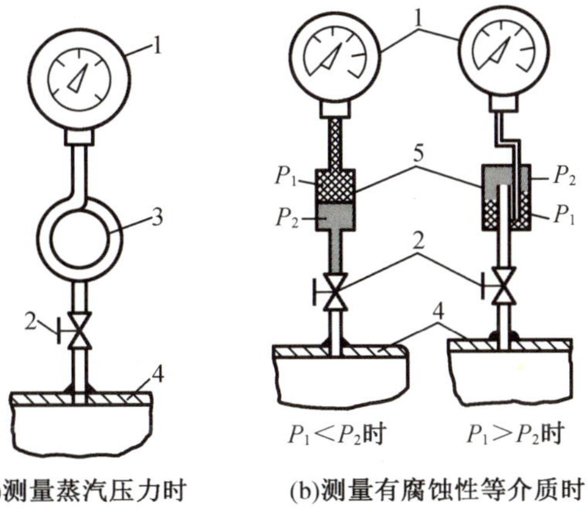

1—压力计;2—切断阀;3—凝液管;4—取压容器;5—隔离罐。

图 3-21　压力计安装示意图

(1)压力表应安装在能满足仪表使用环境条件,振动小、灰尘少、相对湿度小、温度为 0~40 ℃的地方,电气式压力表还要求电磁干扰小,并且应安装在易观察、易检修的地方。

(2)压力表的连接处应加装密封垫片,一般在 80 ℃及 2 MPa 以下时用石棉纸板或铝片;温度及压力更高时(50 MPa 以下)用退火紫铜或铅垫。选用垫片材质时,还要考虑介质的影响。例如在测量氧气压力时,不能使用浸油垫片、有机化合物垫片;在测量乙炔压力时,不能使用铜质垫片。否则它们均有发生爆炸的危险。

(3)仪表必须垂直安装,若装在室外,还应加装保护箱。

(4)当被测压力较小,而压力计与取压口又不在同一高度上时,对由此高度引起的测量误差,应进行修正。

(5)取压点的设置必须有代表性,应选在能正确且及时反映被测压力实际数值的地方。例如,设置在被测介质流动平稳的部位,不应太靠近有局部阻力或其他受干扰的地方。取压管内端面与设备连接处的内壁应保持平齐,不应有凸出物或毛刺,以免影响流体的平稳流动。

(6)在测量蒸汽压力时,应加装冷凝管,以避免高温蒸汽与测压元件接触。对于有腐蚀性或黏度较大、有结晶、沉淀等介质,可安装适当的隔离罐,罐中充以中性隔离液,以防腐蚀或堵塞导压管和压力计。

(7)取压口到压力计之间应装有切断阀,以备检修压力计时使用,切断阀应装设在靠近取压口的地方。需要进行现场检验或经常冲洗导压管的地方,切断阀可改用三通阀。

(8)在测量波动频繁和剧烈的压力时,应加装针型阀、缓冲器,必要时还应加装阻尼器。总之,要针对具体的情况采取相应的防护措施。

六、差压变送器的安装

引压导管接至差压计或变送器前,必须安装切断阀 1、2 和平衡阀 3,构成三阀组,如图 3-22 所示。差压变送器是用来测量差压的,但如果正、负引压管上的两个切断阀不能同时打开或者关闭,就会造成差压变送器单向受很大的静压力,有时会使仪表产生附加误差,严重时会使仪表损坏。为了防止差压计单向受很大的静压力,必须正确使用平衡阀。在启用差压变送器时,应先打开平衡阀 3,使正负压室接通,受压相同,然后再打开切断阀 1、2,最后关闭平衡阀 3,变送器即可投入运行。在差压变送器需要停用时,应先打开平衡阀,然后关闭切断阀 1、2。当切断阀 1、2 关闭,平衡阀 3 打开时,即可以对仪表进行零点校验。

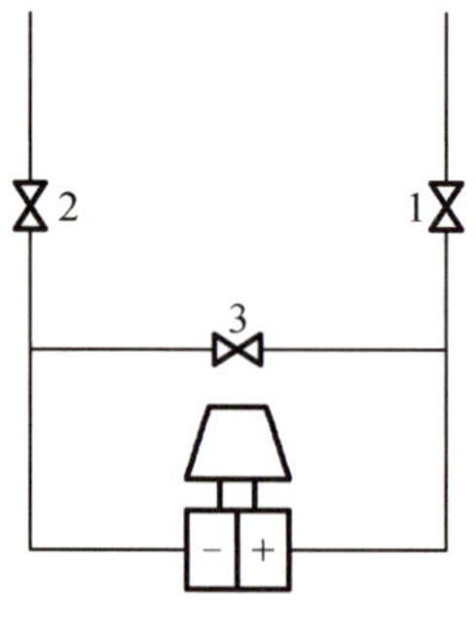

1、2—切断阀;3—平衡阀。

图 3-22　差压变送器的安装示意图

【任务评价】

对本任务的完成情况进行综合评价、总结与反思。

评价单自行打印,详情见附录。

项目四　选择与应用流量传感器及仪表

【引导案例】

和温度、压力一样，流量也是过程控制中的重要参数。在连续生产过程中，流量是判断生产状况、衡量设备效率和经济效益的重要指标，对流量的检测是企业能源和物料管理的重要手段。例如在火电厂的热力过程中，为了有效地进行生产操作和工艺控制，需要连续监测水、汽、煤和油等的流量或总量；在锅炉运行中，对瞬时给水流量的检测也十分关键，瞬时给水流量减少或中断可能会造成爆管或干锅等严重事故。另外，流量也是产品计量和经济核算的重要手段。

流量测量历史久远。古代埃及人用尼罗河流量计来预报年成的好坏；古罗马人修渠引水，采用孔板测量流量。到 20 世纪 50 年代，工业中使用的主要流量计有孔板、皮托管、浮子流量计 3 种，被测介质的范围较窄，测量精度只满足低水平的生产需要。随着第二次世界大战后国际经济和科学技术的突飞猛进，流量测量技术及仪表也迅速发展起来。为满足不同种类流体特性、不同流动状态下的流量测量需求，人们不断研制、开发、投入使用新的流量检测传感器及仪表。

【学习目标】

知识目标：

1. 能够了解常用流量检测仪表与传感器的种类和选用方法；
2. 能够掌握超声波传感器的工作原理和典型应用；
3. 能够掌握光纤传感器的测量原理和典型应用；
4. 能够掌握常用流量检测仪表与传感器的安装和使用方法。

能力目标：

1. 能够选用常用的流量检测仪表和传感器解决简单的流量检测问题；
2. 会使用超声波传感器、光纤传感器进行流量的测量；
3. 能够对常用流量检测仪表进行安装调试。

职业素质目标：

1. 培养学生的现代化信息技术应用素养、严谨求实的科学态度；

2. 培养学生团结协作、爱岗敬业的职业精神；

3. 培养学生的创业精神与创新创业意识。

任务 1　基于超声波传感器的流量检测

【任务背景】

在工业生产中，经常会使用各种密闭容器存储和运输高温、有毒、易挥发、易燃、易爆、强腐蚀性等液体介质，对这些容器或管道的流量检测必须使用非接触测量，一般采用超声波传感器。超声波传感器利用超声波的特性研制而成。超声波是由换能晶片在电压的激励下发生振动而产生的，具有频率高、波长短、绕射现象弱、方向性好、能够定向传播等特点。其对液体、固体的穿透本领大，尤其是在不透明的固体中，它可穿透几十米的深度。超声波碰到杂质或分界面会反射形成回波，碰到活动物体能产生多普勒效应。

超声波流量计具有不阻碍流体流动的特点，可测多种流体，如非导电的流体、高黏度的流体、浆状流体，只要能传输超声波的流体都可以进行测量。超声波流量计可用来对自来水、工业用水、农业用水等进行测量。超声波流量计既可用于测量大管径的流体流量，也可用于测量不易接触和观察的流体流量，现被广泛应用于石油、化工、冶金、电力、给排水等领域。

【相关知识】

让我们来认识一下超声波传感器吧！

一、超声波基本知识

1. 超声波

振动在弹性介质内的传播称为波动，简称波。频率在 20 Hz～20 kHz、能为人耳所闻的机械波，称为声波。如图 4-1 所示，根据频率的不同，声波可以分为次声波、可闻声波与超声波。

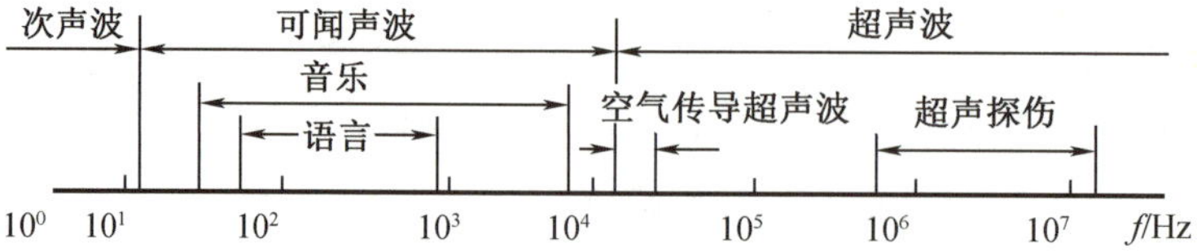

图 4-1　声波的频率分布界限

次声波是频率低于 20 Hz 的声波，人耳听不到，但可与人的器官发生共振，7~8 Hz 的次声波会引起人的恐惧感，使人动作不协调，甚至导致心脏停止跳动。

可闻声波是频率在 20 Hz~20 kHz 的声波。

超声波是频率超过 20 kHz 的声波。人耳感觉不到超声波，但许多动物都能感受到，如海豚、蝙蝠以及某些昆虫，都能很好地感受并可发出超声波。

超声波对液体、固体的穿透能力很强，尤其是对不透光的固体，它可以穿透几十米的深度。超声波可以被聚焦，具有能量集中的特点。

2. 超声波的基本特性

超声波的传播方式有纵波、横波、表面波。质点的振动方向与波的传播方向一致的波称为纵波。纵波能在固体、液体和气体中传播。质点的振动方向与波的传播方向垂直的波称为横波。横波只能在固体中传播。质点的振动介于纵波与横波之间，沿着表面传播，振幅随深度的增加而迅速衰减的波称为表面波。表面波只能在固体中传播。

如图 4-2 所示，当超声波在两种介质中传播时，在它们的界面上部分被反射回原介质中，为反射波；另一部分能透过界面，在另一介质中继续传播，为折射波。在自动检测中，经常采用超声波在两介质的界面上所产生的折射和反射现象进行测量。

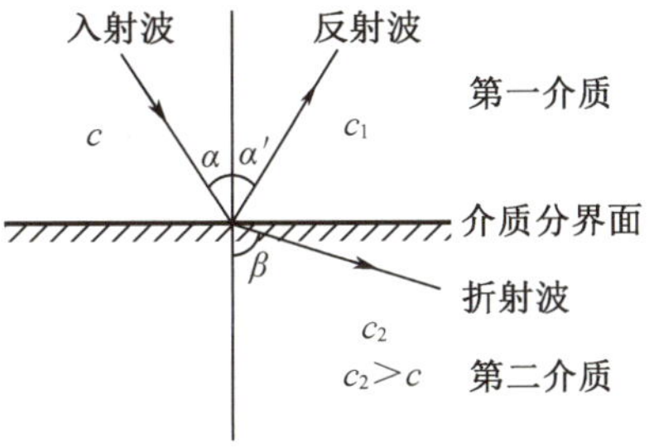

图 4-2　超声波的反射和折射

反射定律：入射角的正弦与反射角的正弦之比等于入射波在所处介质中的波速（c）与反射波在所处介质中的波速（c_1）之比，即

$$\frac{\sin\alpha}{\sin\alpha'}=\frac{c}{c_1} \tag{4-1}$$

当入射波和反射波的波形一样、波速一样时，入射角即等于反射角。

折射定律：入射角的正弦与折射角的正弦之比等于入射波及折射波在所处介质中的波速（c、c_2）之比，即

$$\frac{\sin\alpha}{\sin\beta}=\frac{c}{c_2} \tag{4-2}$$

超声波从第一介质垂直入射到第二介质中时，透射声压与入射声压之比称为透射率。超声波的反射声压与入射声压之比称为反射率。超声波从密度小的介质入射到密度大的介质中时，透射率较大，反之，超声波从密度大的介质入射到密度小的介质中时，透射率就较小，反射率较大。超声波的这一特性在金属探伤、测厚中得到了很好的应用。例如，超声

波进入钢板并传播一段距离到达钢板底面时，若底部是钢与水的界面，则出射到水中的声压只有原声压的 6.5%，而由底部钢与水的界面反射回钢板的反射率却高达 93.5%。若底部是钢与空气的界面，反射率就更大。

超声波在介质中传播时，声波的散射或漫射及吸收等会导致能量的衰减，随传播距离的增加，声波的强度逐渐减弱。介质中的能量衰减程度与超声波和介质密度有很大关系。气体的密度很小，因此衰减很快，尤其对于高频率超声波而言，衰减更快。因此，在空气中测量时，要采用较低频率的超声波，一般低于数十 kHz，而在固体中则应该采用频率高的超声波，一般应该在 MHz 数量级以上。

二、超声波传感器

1. 超声波传感器的原理

若以超声波为检测手段，则必须有能够产生超声波和接收超声波的设备。实现这种功能的装置就是超声波传感器，习惯上称之为超声波换能器，或超声波探头。如图 4-3 所示为超声波发生器及超声波探头外形图。

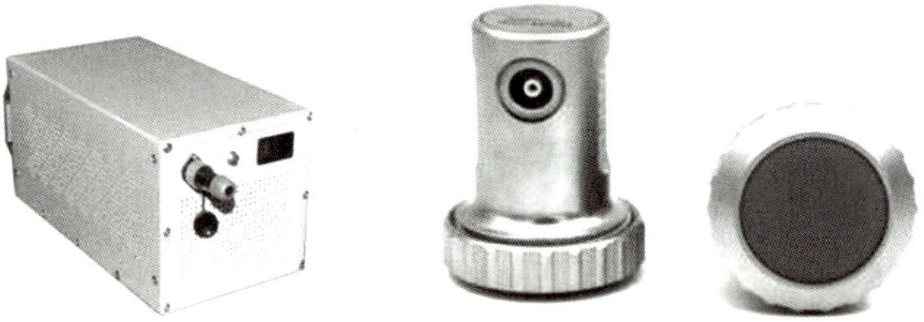

图 4-3　超声波发生器及超声波探头外形图

超声波传感器根据其工作原理不同可分为压电式、磁致伸缩式和电磁式等。在检测技术中主要采用压电式。压电式超声波探头常用的材料是压电晶体和压电陶瓷，它是利用压电材料的压电效应来工作的。利用逆压电效应将高频电振动转换为高频机械振动，从而产生超声波，可用作发射探头；而利用正压电效应，将超声振动波转换为电信号，可用作接收探头。

超声波换能器由于其结构不同，又可分为直探头、斜探头、双探头、表面探头、聚焦探头、水浸探头、空气传导探头以及其他专用探头等。压电式超声波单晶直探头换能器结构如图 4-4 所示，主要由压电晶体、阻尼吸收块、保护膜等组成。压电晶体多为原板形，厚度为 δ，超声波频率 f 与其厚度 δ 成反比。压电晶体的两面镀有银层，作为导电极板。阻尼吸收块的作用是降低晶片的机械品质，接收声能量。如果没有阻尼吸收块，当激励的电脉冲信号停止时，压电晶体将会继续振荡，加大超声波的脉冲宽度，使分辨率变差。

双晶直探头由两个单晶直探头组合而成，装配在同一个壳体中。其中一片晶片发射超声波，另一片晶片接收超声波。虽然其结构比单晶探头复杂，但其检测精度相对较高，且其超声波信号的反射和接收的控制电路较为简单。

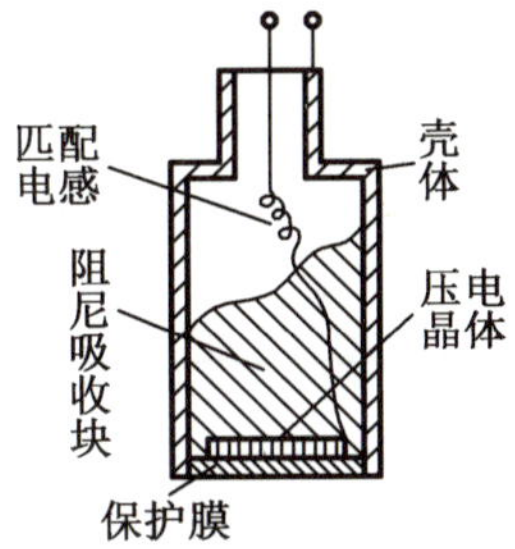

图 4-4　压电式超声波单晶直探头换能器结构

2. 超声波传感器的特性

超声波传感器的性能指标主要有以下 3 项。

(1)工作频率

工作频率就是压电晶体的共振频率,当加到超声波传感器两端的交流电压的频率与压电晶体的共振频率相等时,其输出的能量最大,灵敏度也最高。

(2)工作温度

压电材料的居里点一般比较高,诊断用超声波探头的使用功率较小,所以工作温度比较低,可以长时间工作而不失效。但是某些治疗用超声波探头的温度比较高,所以还需要单独的制冷设备。

(3)灵敏度

灵敏度主要取决于制造晶体本身,机电耦合系数大,灵敏度高;反之,灵敏度低。

3. 超声波传感器的耦合剂

超声波探头一般不能直接放在被测介质(特别是粗糙金属)表面来回移动,以防摩擦。更重要的是,由于超声波探头与被测介质接触时,在介质表面不平整的情况下,探头与被测物体表面间必然存在一层空气薄层。空气密度很小,将引起三种介质两个界面强烈的杂乱反射波,造成严重的测量干扰,而且空气还会造成超声波的严重衰减。因此必须将接触面之间的空气排掉,使超声波能够顺利地入射到被测介质中。

在工业测量中,经常使用一种被称为耦合剂的液体物质来排除空气。耦合剂充满在接触层中,能起到传递超声波的作用。常用的耦合剂有水、机油、甘油、水玻璃、胶水、化学糨糊等,通常根据不同的被测介质来选定。耦合剂的厚度应该尽量薄一些,以减小耦合损耗。

三、超声波流量传感器

1. 超声波流量传感器的测量原理

超声波测量流体流量是利用超声波在流体中传输时,在静止流体和流动流体中的传播速度不同的特点,从而测得流体的流速和流量。超声波流量传感器的测量方法是多样的,如传播速度变化法、波速移动法、多普勒效应法、流动听声法等。但目前应用较广的主要是超声波传输时间差法和频率差法。

(1)超声波传输时间差法测量流量原理

超声波传输时间差法测量流量原理如图 4-5 所示。超声波在静止流体和流动流体中的传输速度是不同的,利用这一特点可以求出流体的速度,再根据管道流体的截面积,便可知道流体的流量。

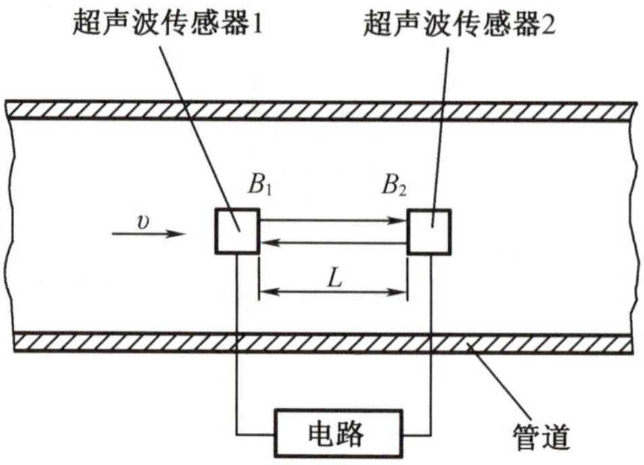

图 4-5　超声波传输时间差法测量流量原理

(2)超声波传输频率差法测量流量原理

频率差法是在时间差法和相差法的基础上发展起来的，是目前最常用的方法。如图 4-6 所示，探头 1 和探头 2 是安装在管壁外面相同的超声探头，通过电子开关的控制，交替作为超声波发射器与接收器使用。首先由探头 1 发射出第一个超声脉冲，它通过管壁、流体及另一侧管壁被探头 2 接收，此信号经放大后再次触发探头 1 的驱动电路，使探头 1 发射第二个超声脉冲，以此类推。设在一个时间间隔 t_1 内，测得探头 1 共发射了 n_1 个脉冲，脉冲重复频率 $f_1=n_1/t_1$。紧接着，在另一个相同的时间间隔 $t_2(t_1=t_2)$ 内，与上述过程相反，由探头 2 发射超声脉冲，而探头 1 作为接收器，同理可测得探头 2 的脉冲重复频率 $f_2=n_2/t_2$。

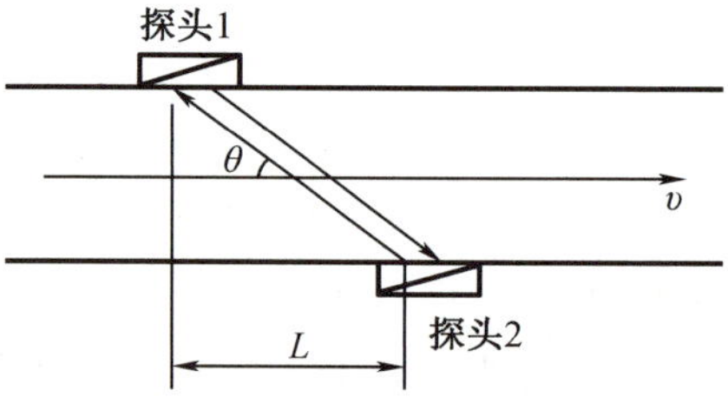

图 4-6　超声波传输频率差法测量流量原理

设流体静止时声速为 c，流体的流速为 v，探头 1 与管道轴线的夹角为 θ，两个传感器之间的距离为 L，经推导，顺流发射频率 f_1 与逆流发射频率 f_2 的频率差 Δf 可求，频率差 Δf 与被测流体的流速 v 成正比，而与声速 c 无关，所以频率差法的温漂较小。发射探头和接收探头也可以安装在管道的同一侧。

2. 超声波流量计的组成和分类

(1)超声波流量计的组成

如图 4-7 所示，超声波流量计由超声波发射换能器和转换器组成，换能器和转换器之间由专用的信号传输电缆连接，在固定测量的场合需在适当的地方装接线盒。超声波发射换能器将电能转换为超声波能量，并将其发射到被测流体中，该信号被超声波接收器接收，再经电子线路放大，并将其转换为代表流量的电信号，供给显示和计算仪表进行显示、计算。这样就实现了流量的检测和显示。

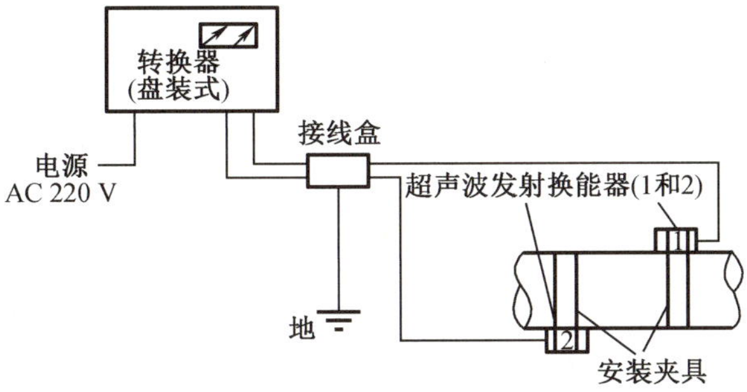

图 4-7　超声波流量计的组成

(2)常用超声波流量计

超声波流量计的种类和型号很多,可以从不同角度对超声波流量计进行分类。

①按照测试原理分类一般有速度差式超声波流量计和多普勒式超声波流量计。

②按照被测介质分类有气体用超声波流量计和液体用超声波流量计。

③按照使用场合分类有固定式超声波流量计和便携式超声波流量计。

④按照超声波换能器供电方式分类有外夹式超声波流量计、插入式超声波流量计和管段式超声波流量计。

【任务实施】

超声波流量计安装维修方便,可直接安装于管道上;通用性好,与管道口径无关;测量范围广,不受流体物理性质、化学性质的影响,可以对任何流体进行测量;采用非接触式测量,可对不易接触和观察的流体进行测量。

超声波流量计的选用技巧

超声波流量计类型众多,应在熟悉流量计的特点,掌握被测流体性质、流速分布情况、管路安装地点及对测量准确度的要求等因素的基础上进行选择。

1. 常用超声波流量计的特点

(1)多普勒式超声波流量计

这种流量计只能测量含有适量悬浮颗粒或气泡的流体,对被测介质要求较苛刻,既不能是洁净水,同时杂质含量要相对稳定,且不同厂家的仪表性能和要求也不完全一样。

(2)便携式超声波流量计

此流量计适用于临时性测量,主要用于校对管道上已安装的其他流量仪表的运行状态、进行某区域内的流体状况测试、检查管道的当时流量等。此时选用便携式超声波流量计既方便又经济。

(3)时差式超声波流量计

它主要用来测量洁净流体和杂质含量不高(杂质质量浓度小于 10 g/L,粒径小于 1 mm)的均匀流体,如纯净水、污水等流量的计量。

(4)管道式超声波流量计

它的精度最高,而且不受管道材质、衬里的限制,适用于流量测量精度要求高的场合。但随着管径的增大,成本也会增加,选用中小口径的管道式超声波流量计较为经济。

(5)插入式超声波流量计

如果有足够的安装空间,使用插入式超声波流量计代替外贴式换能器,可彻底消除管材、结垢及管壁对超声波信号衰减的影响,测量稳定性更高,也大大减少了维护工作量。而且,插入式超声波流量计也可以实现不断流安装,其应用范围正在不断扩大。

2. 被测流体的性质

要了解被测流体是水还是其他介质,搞清其黏度系数和透射声波的能力,是否含有气泡和固定微粒及其含量是多少。对于固体微粒和气泡含量大的流体,应选用多普勒式超声波流量计,否则应选用时差式超声波流量计。

3. 流道条件及其对测量精度的要求

对于管道、管渠、明渠和河流应分别选择对应的流量计。对于有长平直段的流道或对测量较高时,可选用多声道流量计。测量精度还与测量原理、仪器布置位置有关,时间差法一般比多声道流量计测量精度低,若安装调试过程不细致,会使测量精度更差。

4. 超声波流量计的使用目的和功能要求

用于固定流量监测或收费计量场合的超声波流量计,要具有确切的测量精度,不因停电而失去累积流量记录功能和连续运行能力,一般选用平行多声道或带标准测量管道的单声道超声波流量计,流量计存储单元具有停电后保持测量结果的能力;对测量精度要求不高、移动使用的超声波流量计,可选用带外贴式超声波流量计的便携式流量计;用于压力管道漏水监测的超声波流量计,只要求有较好的相对测量精度,对绝对测量精度没有要求。

应用案例 1:超声波测厚

双晶直探头中的压电晶片发射超声振动脉冲,超声脉冲到达被测件底面时,被反射回来,并被另一只压电晶片接收。只要测出从发射超声波脉冲到接收超声波脉冲所需的时间 t,再乘以被测件的声速常数 c,就是超声脉冲在被测件中所经历的来回距离,以此除以 2,就可得到被测件的厚度。

应用案例 2:超声波探伤

超声波探伤是目前应用十分广泛的无损探伤手段,主要用于检测金属板材、管材、锻件和焊缝等材料中的缺陷(如裂缝、气孔、夹渣等)、材料厚度、材料的晶粒等,配合断裂力学对材料使用寿命进行评估。它既可检测材料表面的缺陷,又可检测内部几米深(X 光探伤所达不到的深度)的缺陷。超声波探伤因为检测灵敏度高、速度快、成本低等优点,得到人们普遍的重视,并在生产实践中得以广泛应用。

应用案例 3:超声波测量液位

如图 4-8 所示,在液罐上方安装空气传导型超声发射器和接收器,根据超声波的往返时间,就可测得液体的液面。

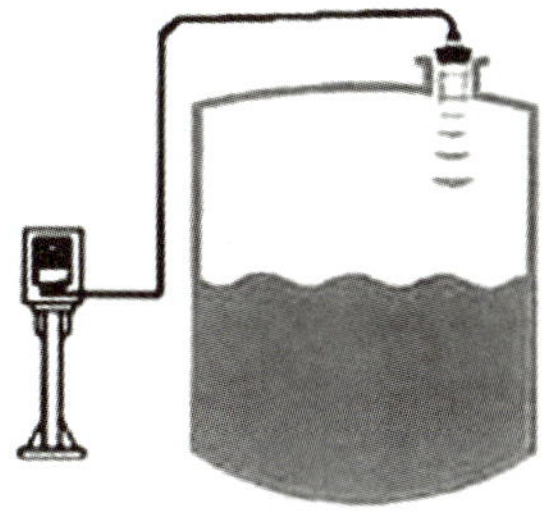

图 4-8　超声波测量液位

应用案例 4:超声防盗报警器(多普勒效应应用)

如图 4-9 所示,图中的上半部分为发射电路,下半部分为接收电路;发射器发射出频率 f=40 kHz 左右的超声波。如果有人进入信号的有效区域,相对速度为 v,从人体反射回接收器的超声波将由于多普勒效应,而发生频率偏移 f,从而感知有人闯入进行防盗报警。

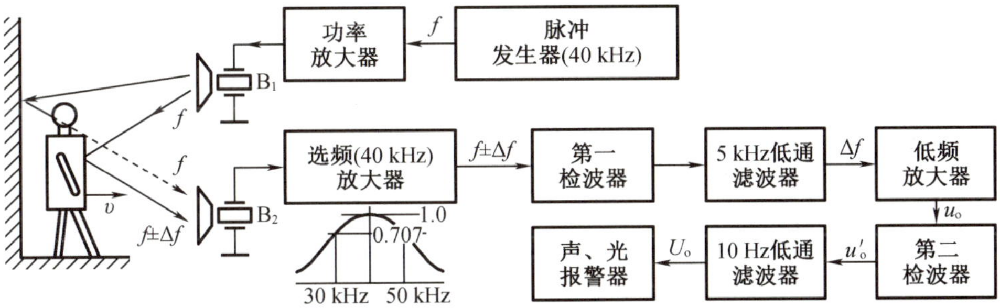

图 4-9　超声波防盗报警过程示意图

【任务评价】

对本任务的完成情况进行综合评价、总结与反思。

评价单自行打印,详情见附录。

任务 2　基于光纤传感器的流量检测

【任务背景】

光纤最早在光学行业中用于传递光和图像，在 20 世纪 70 年代产出低损耗光纤后，现在广泛应用于传递信息和各种物理量。光纤传感器是一种将被测对象的状态转变为可测的光信号的传感器。在狭小的空间及强电磁干扰、高电压的环境里，光纤传感器都显示出了独特的性能，如应用于流体测量的激光多普勒光纤流速测量系统。光纤不仅可以作为光波的传输介质，而且光波在光纤中传播时，表征光波的特征参量（振幅、相位、偏振态、波长等）因外界因素（如温度、压力、磁场、电场和位移等）的作用而直接发生变化，从而可将光纤作为传感器元件来探测各种待测量（物理量、化学量和生物量）。

随着光纤传感器技术的发展，可将反射型光纤传感器与传统的涡轮流量测量原理相结合，制造出具有双光纤传感器的涡轮流量计。

【相关知识】

让我们来认识一下光纤传感器吧！

一、光纤的结构

光纤是一种多层介质结构的圆柱体，其结构如图 4-10 所示，该圆柱体由纤芯、包层和护套组成。

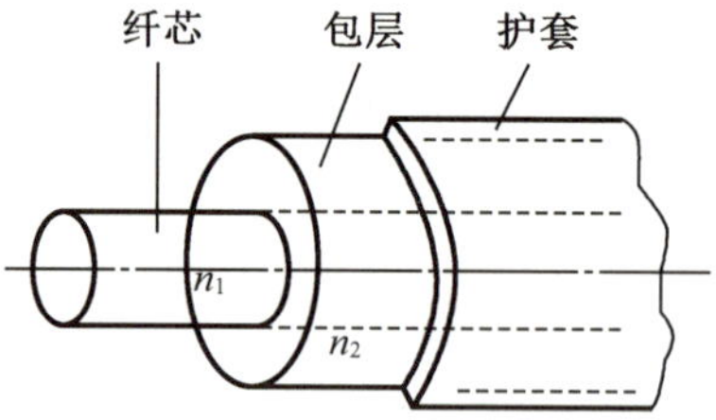

图 4-10　光纤的结构

纤芯的主体是由二氧化硅或塑料制成的很细的圆柱体，其直径为 5~75 μm。有时在主体材料中掺入极微量的其他材料，如二氧化锗或五氧化二磷等，以提高光的折射率。围绕纤芯的是一层圆柱形套层（包层），包层可以是单层，也可以是多层结构，层数取决于光纤的应用场合，但总直径控制在 100~200 μm。包层材料一般为二氧化硅（SiO_2），也有的掺入极微量的三氧化二硼或四氧化硅，包层掺杂的目的是降低其对光的折射率。包层外面还要涂上如硅酮或丙烯酸盐等涂料，以保护光纤不受外来的损害，增加光纤的机械强度。光纤最外层是一层塑料保护管(护套),其颜色用以区分光缆中各种不同的光纤。光缆是由多根光纤组成的,并在光纤间填入阻水油膏以保证光缆的传光性能。光缆主要用于通信。

二、光纤传感器的结构原理

如图 4-11 所示,以电为基础的传统传感器是一种把测量的状态转变为可测的电信号的装置。它的电源、敏感元件、信号接收和处理系统以及信息传输均用金属导线连接。光纤传感器则是一种把被测量的状态转变为可测的光信号的装置,由光发送器、敏感元件(光纤或非光纤的)、光接收器、信号处理系统以及光缆构成。

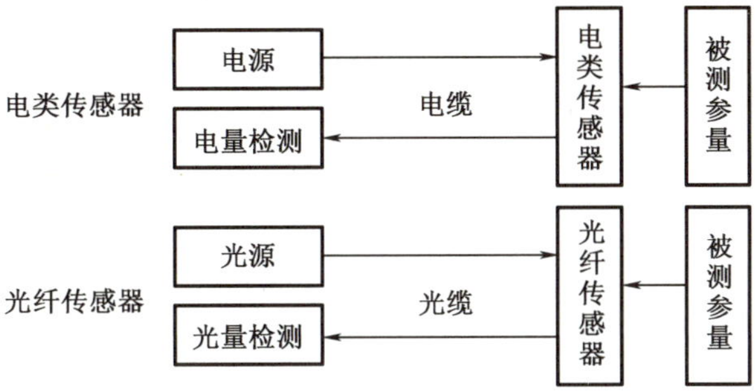

图 4-11 光纤传感器和电类传感器的对比

由光发送器发出的光源经光纤引导至敏感元件。这时,光的某一性质受到被测量的调制,已调光经接收光纤耦合到光接收器,使光信号变为电信号,最后经信号处理得到所期待的被测量。可见,光纤传感器与以电为基础的传统传感器相比较,在测量原理上有本质的差别,传统传感器是以机-电测量为基础,而光纤传感器则以光学测量为基础。

光是一种电磁波,其波长从极远红外线的 1 mm 到极远紫外线的 10 nm。它的物理作用和生物化学作用主要因其中的电场而引起,因此,谈论光的敏感测量必须考虑光的电矢量 $\boldsymbol{E}$ 的振动,即:$\boldsymbol{E}=\boldsymbol{A}\sin(\omega t+\varphi)$,式中,$\boldsymbol{A}$ 为电场 $\boldsymbol{E}$ 的振幅矢量;ω 为光波的振动频率;φ 为光相位;t 为光的传播时间。

可见,只要使光的强度、偏振态(矢量 $\boldsymbol{A}$ 的方向)、频率和相位等参量之一随被测量状态的变化而变化,或受被测量调制,那么,通过对光的强度调制、偏振调制、频率调制或相位调制等进行解调,获得所需要的被测量的信息。

三、光纤传感器的分类

按照光纤在传感器中的作用,光纤传感器可以分为三类:功能型、非功能型和拾光型。

1. 功能型光纤传感器

功能型光纤传感器是利用光纤本身的特性把光纤作为敏感元器件,被测量对光纤内传输的光进行调制,使传输的光的强度、相位、频率或偏振态等特性发生变化,再通过对被调制过的信号进行解调,从而得出被测信号,如图 4-12 所示,因此又称为传感型或物性型光纤传感器。

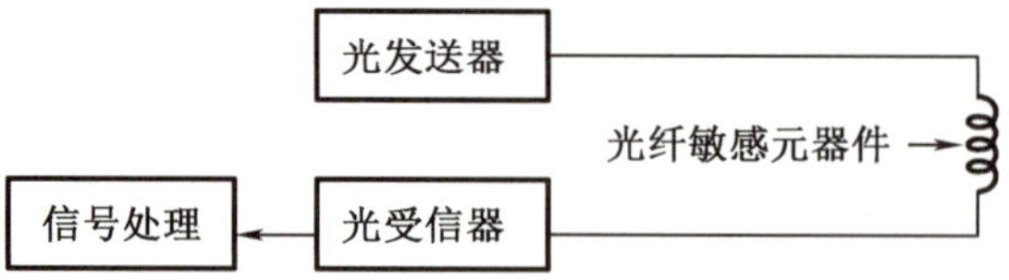

图 4-12 功能型光纤传感器结构

在功能型光纤传感器中，光纤不仅起传光作用，同时又是敏感元器件，即是利用被测物理量直接或间接对光纤中传送光的光强（振幅）、相位、偏振态、波长等进行调制而构成的一类传感器。其中包括光强调制型、光相位调制型、光偏振调制型等。

功能型光纤传感器的光纤本身就是敏感元器件，结构紧凑、灵敏度高。因此，加长光纤的长度可以得到很高的灵敏度，尤其是利用干涉技术对光的相位变化进行测量的光纤传感器，具有极高的灵敏度。但是，制造这类传感器的技术难度大，须用特殊光纤，成本高，结构复杂，调整较困难。其典型例子为光纤陀螺、光纤水听器等。

2. 非功能型光纤传感器

非功能型光纤传感器是利用其他敏感元器件感受被测量的变化，光纤仅作为信息的传输介质，如图 4-13 所示，因此又称为传光型或结构型光纤传感器。

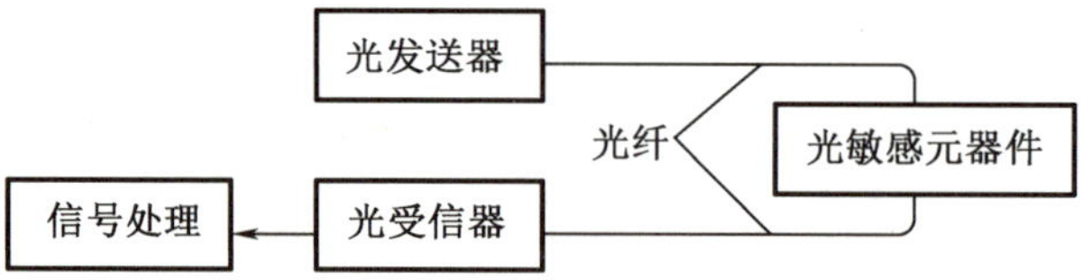

图 4-13 非功能型光纤传感器结构

由于非功能型光纤传感器中光纤不是敏感元器件，只是作为传光元器件，一般是通过在光纤的端面或在两根光纤中间放置光学材料及敏感元器件来感受被测物理量的变化，从而使透射光反射光强度随之发生变化来进行检测。这里光纤只作为光的传输回路，目的是使光纤得到足够大的受光量和传输的光功率。这类传感器常用数值孔径和芯径较大的光纤。

非功能型光纤传感器结构简单、可靠，无须特殊光纤及其他特殊技术，比较容易实现，成本低。但灵敏度、测量精度一般低于物性型光纤传感器。目前实用化的大都是非功能型光纤传感器。

3. 拾光型光纤传感器

拾光型光纤传感器用光纤作为探头，接收由被测对象辐射的光或被其反射、散射的光，如图 4-14 所示，典型例子如光纤激光多普勒速度计、辐射式光纤温度传感器等。

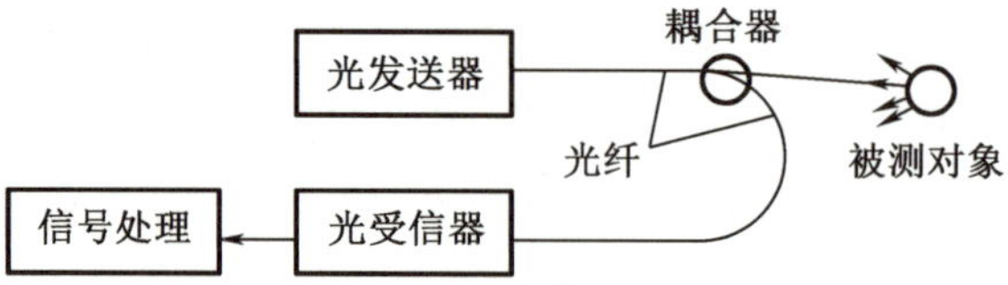

图 4-14 拾光型光纤传感器的分类

四、光纤传感器的调制方法

光纤传感器的调制方法有以下几种：

利用被测量的因素改变光纤中光的强度，再通过光强的变化来测量外界物理量，这种方法称为强度调制。强度调制是光纤传感器使用最早的调制方法，其特点是技术简单、可靠，价格低，可采用多模光纤；光纤的连接器和耦合器均已商品化。光源可采用发光二极管(LED)和高强度的白炽灯等非相干光源。探测器一般用光电二极管、光电晶体管和光电池等。

利用外界因素改变光纤中光的波长或频率，然后通过检测光纤中的波长或频率的变化来测量物理量的方法，分别称为波长调制和频率调制。

波长调制技术的解调技术比较复杂，对引起光纤或连续损耗增加的某些器件的稳定性不敏感，该调制技术主要用于液体浓度的化学分析、磷光和荧光现象分析、黑体辐射分析等方面。例如，利用热色物质的颜色变化进行波长调制，从而得到待测温度以及其他物理量。

频率调制技术主要基于多普勒效应(即物体辐射的波长因光源和观测者的相对运动而产生变化)来实现，光纤常采用传光型光纤，当光源发射出的光经过运动物体后，观测者所见到的光波频率相对于原频率发生了变化。根据此原理，可设计出多种测速光纤传感器。

除了以上介绍的光纤传感器的调制方法，还有利用外界因素改变光纤中光波的相位，通过检测光波相位变化来测量物理量的相位调制；利用外界因素调制返回信号的基带频谱，通过检测基带的延迟时间、幅度大小的变化来测量各种物理量的大小和空间分布的时分调制；利用电光、磁光、光弹等物理效应进行偏振调制等调制方法。

五、光纤传感器的特点

与传统的传感器相比，光纤传感器具有以下独特的优点。

(1)抗电磁干扰，电绝缘，耐腐蚀。由于光纤传感器是利用光波传输信息，而光纤又是电绝缘、耐腐蚀的传输介质，并且安全可靠，这使它可以方便有效地用于各种大型石油化工、矿井等强电磁干扰和易燃易爆等恶劣环境中。

(2)灵敏度高。光纤传感器的灵敏度优于一般的传感器，如测量水声、加速度、辐射、磁场等物理量的光纤传感器，测量各种气体浓度的光纤化学传感器和测量各种生物量的光纤生物传感器等。

(3)质量轻，体积小，可弯曲。光纤具有质量轻、体积小、可自由弯曲的优点，因此可以利用光纤制成不同外形、不同尺寸的各种传感器，这有利于航空航天以及狭窄空间的应用。

(4)测量对象广泛。光纤传感器是最近几年出现的新技术，可以用来测量多种物理量，比如声场、电场、压力、温度、角速度和加速度等，还可以完成现有测量技术难以完成的测量任务。目前已有不同性能的测量各种物理量、化学量的光纤传感器在现场使用。

(5)对被测介质影响小。光纤传感器与其他传感器相比具有很多优越的性能，如抗电磁干扰和原子辐射；径细、质软、质量轻等机械性能；绝缘、无感应的电气性能；耐水、耐高温、耐腐蚀的化学性能等。这些性能对被测介质的影响较小。它能够在人达不到的地方(如高温区)，或者对人有害的地区(如核辐射区)，起到人耳目的作用；而且还能超越人的生理界限，接收人的感官所感受不到的外界信息,有利于在医药卫生等环境复杂的领域中应用。

(6)便于复用和联网。光纤传感器有利于与现有光通信技术组成遥测网和光纤传感网络。

(7)成本低。有些种类的光纤传感器的成本大大低于现有的其他同类传感器。

六、光纤传感器的发展前景和应用范围

从光纤传感器的特点可以看出,它具有抗电磁干扰、轻巧、灵敏度高等优势,将信息传感与信号传输合二为一,便于构成分布式网络,易于实现远距离监控和多点实时监测,光纤的诸多优点使其在建筑桥梁、医疗卫生、煤炭化工、军事制导、地质探矿、电力工程、石油勘探、地震波检测等领域有着广阔的发展空间,且有望得到大规模应用。

光纤传感器的应用范围主要有以下几个方面:

(1)用于桥梁、大坝、油田等的干涉陀螺仪和光栅压力传感器。光纤传感器可预埋在混凝土、碳纤维增强塑料及各种复合材料中,用于测试应力松弛、施工应力和动荷载应力,从而评估桥梁短期施工阶段和长期营运状态的结构性能。

(2)在电力系统中的应用。可用于需要测定温度、电流等参数的电力系统,如对高压变压器、大型电机的定子和转子内温度的检测等。由于电类传感器易受电磁场的干扰,无法在这类场合中使用,因而只能用光纤传感器。例如分布式光纤温度传感器就是近几年发展起来的一种用于实时测量空间温度场分布的高新技术。

(3)用于易燃易爆物的生产过程与设备的温度测量。光纤传感器在本质上是防火防爆器件,它不需要采用隔爆措施,十分安全可靠。与电类传感器相比,既能降低成本又能提高灵敏度。

(4)在现代物联网技术中的广泛应用。物联网与光纤传感器有相辅相成、相互促进的作用。光纤同时具备宽带、大容量、远距离传输,可实现多参数、分布式、低能耗传感的显著优点。光纤传感器可以不断汲取光纤通信的新技术(如新的半导体光源、新型光纤)、新器件,使其在物联网中拥有广阔的应用前景,全光纤物联网有望在未来实现并成为一种新形式的物联网。

此外,光纤传感器还可以应用于铁路监控、火箭推进系统以及油井检测等方面。

【任务实施】

光纤传感器涡轮流量计

涡轮流量计在工业上的应用已有五十多年的历史,传统涡轮流量计利用放在流体中的叶轮的转速进行流量测试。如图 4-15 所示,叶轮的叶片可以用导磁材料制作,由磁电转换器内的永久磁铁、铁芯及线圈与叶轮叶片形成磁路,当叶片旋转时,磁阻将发生周期性变化,从而使线圈中感应出脉冲电压信号。该信号经放大、整形后输出作为供检测转速用的脉冲信号。

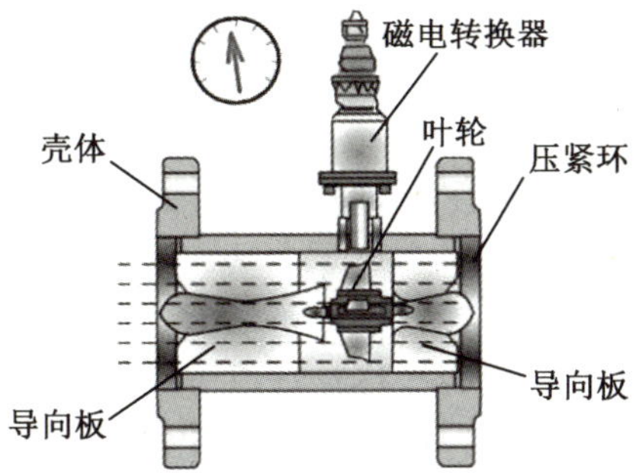

图 4-15 涡轮流量计结构图

光纤传感器涡轮流量计就是把涡轮叶片进行改造，光电转换电路检测涡轮叶片的旋转，从而测量出流量。其原理如图 4-16 所示。反射型光纤传感器一般用多模玻璃光纤，单根纤芯直径 200 μm，孔径为 0.3 mm，由两根光纤组成，包括光发射纤和光接收纤，检测端固化在一铝合金护套内，可替代内磁式传感器安装在涡轮流量计上。反射型光纤传感器的光源发射电路产生频率为 10~12 kHz 调制光，这种调制光具有特定的频率和强度特性，调制光通过光发射纤经涡轮叶片反射，再从光接收纤接收调制光的反射信号，经滤波后转换为流量脉冲信号，流量脉冲信号被传输到微处理器或其他数据处理单元，微处理器对脉冲信号进行计数和分析，根据预先建立的流量与脉冲信号的关系模型，计算出流体的流量值。最后，流量值可以通过显示屏或其他输出设备进行显示，以便用户直观地了解流体的流量情况。

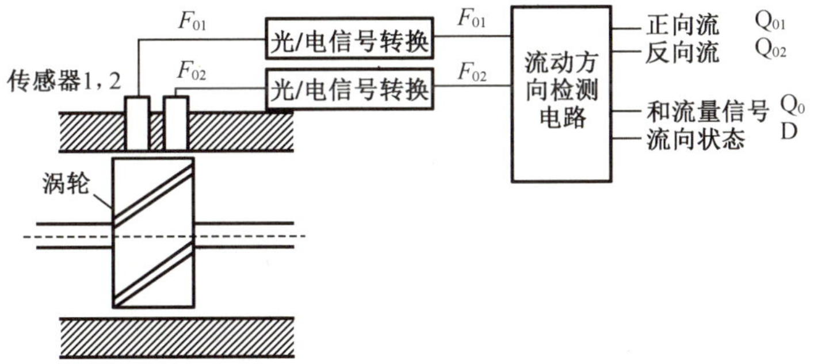

图 4-16 光纤传感器涡轮流量计原理

传统的内磁式传感器受其结构限制只能检测叶片的转速，由于反射型光纤传感器体积细小，因而将两个反射型光纤传感器并列装配在涡轮流量计上，这样两个传感器可检测同一涡轮叶片不同位置的反射信号，而两个传感器信号互不干扰，传感器输出的 f_{01} 和 f_{02} 信号经相位鉴别电路后，可输出流量计的正向流动计量信号和反向流动计量信号。

与传统的内磁式涡轮流量计相比，光纤传感器涡轮流量计具备了正、反流量测量的性能。在检测原理上，光纤传感器克服了内磁式传感器磁性引力带来的影响，有效地扩大了涡轮流量计的量程比。由于光纤传感器不存在内磁式传感器在低流速时与涡轮叶片产生磁阻而引起的误差，也克服了内磁式传感器在高流量区信号产生饱和的问题，其调制光参数还可以随总体设计的要求而变化，为涡轮的设计创造了有利条件。另外，光纤传感器具有防爆、无电气信号、直接与流量计接触的特点,因而适用于煤气、轻质油料等透明介质的流量测量。

应用案例 1:激光多普勒光纤血流传感器

光纤血流传感器是基于光学多普勒效应的频率调制型传感器,用来检测人体动脉血管中血的流速,是一种很有发展前途的医疗仪器。

频率调制光纤血流传感器如图 4-17 所示。根据光学多普勒效应,由多普勒频移公式可知,当已知光源发出光的波长 λ 和发射方向、物体运动方向和探测器方向时,通过测出的多普勒频移,即可得到血的流速。

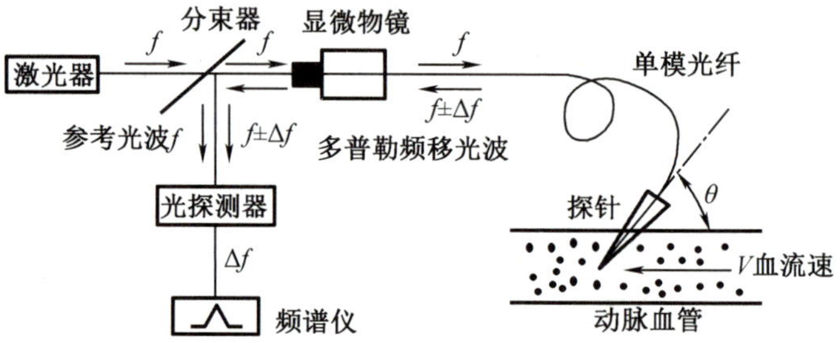

图 4-17 频率调制光纤血流传感器

应用案例 2:光纤加速度传感器

在现有的煤矿、铁矿等开采的过程中,随着开采深度的不断增加,微地震越来越多,尤其是煤矿的挖掘过程中微震会伴随着瓦斯突出,给安全生产带来极大的隐患。光纤加速度传感器具有很高的灵敏度,可以用来检测微弱的振动信号,在物探、矿产生产中可以实现对微地震的检测预警。

光纤加速度传感器的组成结构如图 4-18 所示。它是一种简谐振子的结构形式。激光束通过分光板后分为两束光,透射光作为参考光束,反射光作为测量光束。当传感器感受到加速度时,由于质量块对光纤的作用,从而使光纤被拉伸,引起光程差的改变。相位改变的激光束由单模光线射出后与参考光束会合产生干涉效应。激光干涉仪的干涉条纹的移动可由光电接收装置转换为电信号,经过信号处理电路处理后便可正确地测出加速度值。

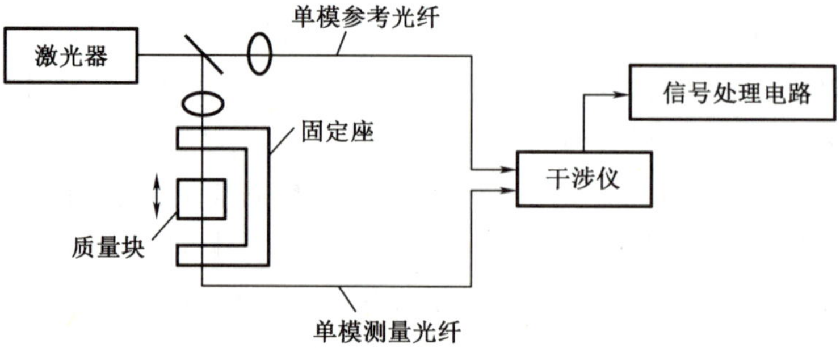

图 4-18 光纤加速度传感器的组成结构

应用案例 3:光纤陀螺

它将激光射入绕成线圈的光纤,当线圈的底座随运动物体旋转时,可以测得出射光的相位发生变化,它的灵敏度比机械陀螺高,无机械摩擦力,是一种结构简单,潜在成本低,精度很高的新型全固态惯性器件。

应用案例 4:光纤内窥镜

工业上需要使用内窥镜对管道内部缺陷或管道异物进行监测及精确定位、排查,要求选用光纤图像传感器作为敏感元件,将探头放入系统内部,用光纤作为传输介质,通过光速的传输在系统外部可以观察监视,实现将不便观察的远方图像传递到观测点。

光纤内窥镜通过高品质的光导纤维束来传送图像,使用另外一组光导纤维束来实现光源的传送,在光导纤维束的两端增加一个物镜和一个目镜及控制部分,从而形成了一个光纤内窥镜,可通过目镜直接观察。

除此之外,光纤内窥镜还被应用于医疗领域。用光导纤维做成的内窥镜又软,又细,又能弯曲,当它被插入病人胃里时,病人不会有痛苦,除了胃,光纤内窥镜还可以用于食道、直肠、膀胱、子宫等深部探查。光纤内窥镜一方面可用来检查病人的脏器是否有病变,更主要的是可以将激光能量输入体内脏器中,对病变组织进行照射,或者加以切除,起到手术刀的作用。用光导纤维连接的激光手术刀目前已在临床应用。

应用案例 5:光纤传感器在石油测井工作中的应用

在石油工业中,测井工作是非常重要的部分,并且井下的温度、压力都对该工作有很大的影响,怎样便捷、高效地获得这些信息,是保证该工作顺利进行的前提。在以前,当时的传感器在温度或者压强很高或者存在化学腐蚀和电、磁干扰时,经常会失灵,因此测井工作在这种情况下就无法顺利进行。光纤传感器的应用会使这些问题得到一定程度上的解决,能够使所得的信息更加准确。

光的传播具有速度快、能量高的特点,所以在进行信息的传播过程中,光可以作为媒介携带大量的信息来进行传导,其信息的携带量是现阶段所有信息媒介中较大的,具有很高的利用价值。光的传导速度快也是其被广泛用作信息媒介的重要原因之一,光速快的特点将使信息在传导的过程中以最快的速度进行传导,这就进一步提高了工作效率,同时也在一定的时间范围内加大工作量。在检测过程中,光纤传感器就可以在地面进行地下主要成分的监测,如果地下的石油成分较高,光纤传感器就会进行一定的提示,表示地下有石油的信息,进一步就可以进行石油的开采工作。

1. 随钻测量中的应用

地下定向钻井中,光纤传感器探头在空间的任一姿态也可用相对于地理坐标系的一系列旋转来表示,只不过旋转的角度被定义为方位角、倾角和面向角。起始时地理坐标系与探头坐标系重合(N 与 X 轴、E 与 Y 轴、D 与 Z 轴相对应),随后载体绕 Z 轴旋转 y 角,绕 Y 轴旋转 q 角,绕 X 轴旋转 j 角,就得到探头当前的姿态。在对这些物理量进行确定时,要注意一些客观的影响因素，例如温度及其他环境因素产生的误差就会使得计算结果产生较大的偏差，导致最终的结果不能够说明随钻测量的应用准确度。坐标系的选择也要根据角度的方便来进行正确的选择，只有在正确的坐标系中进行计算与分析才能使分析的过程更加快捷有效。这种准确判断以及坐标系的选择需要经过长时间的经验积累以及一定的技术水平才能够在最短的时间内进行应用计算，并且计算的结果误差能够降到最低的程度。

2. 井下温度监控

光纤传感器能够将石油井内的温度进行很好的监测，石油井中温度的细微变化都能被光纤传感器准确记录。一般石油井中温度会随着石油开采量的变化而变化，石油在开采出来的过程中将使石油井中的温度升高，地下的高温会随着石油的采出而向外界扩散，这就将引起石油井内的温度逐渐升高，所以用光纤传感器来进行温度的检测是石油开采工作十分重要的环节，只有将井内的温度变化及时向外界进行通知，才能使石油开采工作人员对石油井内的温度进行实时的监控与管理，以确保温度不会对石油的开采造成不必要的影响。光纤传感器主要就是利用光来进行信息的传播，井内的精密温度传感器将井内的温度变化进行处理，处理后的信息会快速地由光纤传感器向外界进行传导，及时地将温度信息报告给相关工作人员。

3. 井下压强监控

光纤传感器对石油井内的压强监控也是十分有效的，可以将井内任意时刻的压强变化信息进行传导。光纤传感器以光为信息的传播媒介，将井内的压强变化信息进行及时准确的传导。井内的压强会随着石油开采速度的变化而变化，在石油开采的过程中，石油的开采速度会时刻发生变化，主要由石油所剩含量来影响石油的开采速度。井内的压强会在石油开采速度快时而加大，石油开采速度慢时而减小，所以这就需要由光线传感器来对石油井内的压强进行监测，保证井内的压强得到很好的控制。在石油的开采过程中，石油井内压强的意外变化将很有可能导致石油井坍塌等危险情况的发生，由于石油井是在地下较为深层的部分，所以石油井内的压强与外界的压强差别很大，对于瞬间的压强增大与减小都将使石油井的构造发生改变，最终将使石油井发生坍塌的情况，这会使石油开采工作人员的生命健康受到严重的威胁。

4. 井下含水量监控

石油井内的含水量是影响石油开采工作的重要因素，井内的含水量一般都比较难测，水量的变化也比较大。所以进行石油井内的含水量监控就要更为精密的仪器来进行工作，光纤传感器就是在监测仪器中较为精密的一种仪器设备，所以被用来作为石油井内含水量的监测仪器。石油井内的含水量会随着地下水的流动而进行变化，有时地下水的变化会十分剧烈，所以要对石油井内的含水量进行准确判断，以保证含水量的变化对石油开采工作不造成过大的影响。光纤传感器能够将石油井内的含水量进行准确分析，第一时间将含水量的变化传导到外界。水量的及时测定对石油开采工作的效率以及石油开采工作的安全性保证有着重要的意义，石油井内的含水量会对石油开采产生严重的影响，含水量的升高会使石油开采设备造成一定程度的损坏，以至于在日后的工作中会产生一些问题，将导致石油开采不能够顺利地进行，所以对水量的控制是十分必要的。

【任务评价】

对本任务的完成情况进行综合评价、总结与反思。

评价单自行打印，详情见附录。

任务3　选择与安装流量检测仪表和传感器

【任务背景】

各种测量对象对测量的要求不同，有时要求在较宽的流量范围内保持测量的精度，有时要求在某一特定的范围内满足一定的准确度即可。一般过程控制中对流量的可靠性和重复性要求较高，而在流量结算、商贸储运中对测量的准确性要求较高。应该针对具体的测量目的有所侧重地选择流量传感器与仪表。流量传感器与仪表一般由检测元件、转换器及显示仪组成。而转换器及显示仪受环境条件影响较大，要注意测量环境温度、湿度、大气压、安全性、电气干扰等对测量结果的影响。

【相关知识】

流量检测仪表的选择和安装

一、流量检测仪表的选择

流量检测元件及仪表的选用会因工艺条件和被测介质的差异而有所不同，且检测要求也不一样，要使一类流量检测元件及仪表满足所有的检测要求是不可能的。为此，全面了解各类检测元件及流量仪表的特点和正确认识它们的性能，是合理选用检测元件及仪表的前提。

各种流量检测元件及仪表可依据流量刻度或测量范围、工艺要求和流体参数变化、安装要求、价格、被测介质或对象的不同进行选择。常用流量检测元件及仪表与被测介质特性的关系见表4-1。

表 4-1　流量检测元件及仪表与被测介质特性的关系

仪表种类		介质											
		清洁液体	沾污液体	蒸汽或气体	黏性液体	腐蚀性液体	腐蚀性浆液	含纤维浆液	高温介质	低温介质	低流速液体	部分充满管道	非牛顿液体
差压式流量计	孔板	○	●	○	●	◎	×	×	○	●	×	×	●
	文丘里管	○	●	○	●	●	×	×	●	●	●	×	×
	喷嘴	○	●	○	●	●	×	×	○	●	●	×	×
	弯嘴	○	●	○	×	◎	×	×	○	×	×	×	●
电磁流量计		○	○	×	×	○	○	○	●	×		●	
漩涡流量计		○	●		●	◎	×	×	◎	◎	×	×	×
容积流量计		○	×	○	○	●	×	×	◎	◎	◎	×	×
靶式流量计		○	◎	○	◎	◎	●	×	◎	●	×	×	●
涡轮流量计		○	●	○	◎	◎	×	×	●	◎	●	×	×
超声波流量计		○	●	×	●	●	×	×	×	●	●	×	×
转子流量计		○	●	○	◎	◎	×	×	◎	×	◎	×	×

注：○表示适用；◎表示可以用；●表示在一定条件下可以用；×表示不使用。

二、流量检测仪表的安装

各种流量计由于测量原理不同,对安装条件也提出了不同要求。

有些流量检测仪表(如差压式、涡轮式)需要长的直管段,以保证仪表进口端流动达到充分发展,而另有一些仪表(如容积式、浮子式)则无此要求或要求很低。安装条件方面需考虑的因素包括仪表的安装方向、流动方向、上下游段管道状态、阀门位置、防护性配件、脉动流影响、振动、电气干扰和维护空间等。管道安装布置方向应该遵守仪表制造厂家的规定。有些仪表水平安装和垂直安装对测量性能有较大影响;在水平管道可能沉淀固体颗粒,因此测量浆体的仪表最好装在垂直管道上。通常在仪表外壳表面标注流体流动方向,必须遵守这一流动方向,因为反向流动可能损坏仪表。为防止误操作可能引起反向流动,有必要安装止回阀保护仪表。有些仪表允许双向流动,但正向和反向之间的测量性能也可能存在差异,需要对正反两个流动方向分别校验。理想的流动状态应该是无漩涡、无流速分布畸变。大部分仪表或多或少受进口流动状况的影响,管道配件、弯管等都会引入流动扰动,可适当调整上游直管段改善流动特性。对于推理式流量计,上下游直管段长度的要求是保证测量精度的重要条件,具体长度要求参照制造厂家的建议。

流量计较准是在实验室稳定流条件下进行的,但是实际管道流量并非全是稳定流,如管路上装有定排量泵、往复式压缩机等就会产生非定常流(脉动流),增加测量误差。因此安装流量计必须远离脉动源处。

工业现场管道振动对流量计(涡街流量计、科里奥利质量流量计等)的测量准确性也有影响,可对管道进行加固支撑、加装减振器等。

仪表的口径与管径尺寸不同,可用异径管连接。流速过低会使仪表误差增加甚至无法工作,而流速过高误差也会增加,还会因使测量元件超速或压力降幅过大而损坏仪表。

环境条件因素包括环境温度、湿度、大气压、安全性、电气干扰等。仪表的电子部件和某些仪表流量检测部分会受环境温度变化的影响。湿度过高会加速大气腐蚀和电解腐蚀并降低电气绝缘,湿度过低则容易感生静电。电力电缆、电动机和电气开关都会产生电磁干扰。应用于爆炸性危险环境,按照气氛适应性,爆炸性混合物分级分组、防护电气设备类型以及其他安全规则或标准选择仪表。有可燃性气体或可燃性尘粒时必须用特殊外壳的仪表,同时不能用高电平电源。如果有化学侵蚀性气氛,仪表外壳必须具有外部防腐蚀和气密性的特点。有些场所还要求仪表外壳防水。表 4-2 给出了常用流量计在各种环境条件下的适应性。

表 4-2 常用流量计在各种环境条件下的适应性

仪表类型		温度影响	电磁干扰射频干扰影响	本质安全防爆适用	防爆型适用	防水型适用
差压式	孔板	中	最小~小	①	①	①
	喷嘴	中	最小~小	①	①	①
	文丘里管	中	最小~小	①	①	①
	弯管	中	最小~小	①	①	①
	楔形管	中	最小~小	①	①	①
	均速管	中	最小~小	①	①	①

表 4-2(续)

仪表类型		温度影响	电磁干扰射频干扰影响	本质安全防爆适用	防爆型适用	防水型适用
浮子式	玻璃锥管	中	最小	√	√	√
	金属锥管	中	小~中	√	√	√
容积式	椭圆齿轮	大	最小~小	√	√	√
	腰轮	大	最小~小	√	√	√
	刮板	大	最小~小	√	√	√
	膜式	大	最小~小	√	√	√
涡轮式		中	中	√	√	√
电磁式		最小	中	×③	√	√
旋涡式	涡街	小	大	√	√	√
	旋进	小	大	√	×③	√
超声式	传播速度差法	中~大	大	×③	√	√
	多普勒法	中~大	大	√	√	√
靶式		中	中	√	√	√
热式		大	小	√	√	√
科氏力质量式		最小	大	√	√	√
插入式(涡轮、电磁、涡街)		最小~中	中~大	②	√	√

注:√表示可用;×表示不可用;①取决于差压计;②取决于测量头类型;③国外有产品。

【任务实施】

做一做:流量计的认识和校验

1. 训练目的:通过拆装,熟悉流量计的结构组成,了解其工作过程,认识其结构形式。通过对流量计的测试和校验,掌握流量计校验方法,理解其相关特性及性能指标含义。了解电磁流量计的基本工作原理。

2. 仪器设备:电磁流量传感器、电磁流量转换计、调节阀、水泵、电流表、管道配件。

3. 注意事项:仪表安装、接线后,正式投入运行之前,应严格检查安装、接线是否正确。将传感器前后阀门打开,让传感器测量管内充满被测介质。

4. 工作步骤:

(1)将传感器和转换计导线连接正确。

(2)让传感器中充满介质。

(3)通电预热 15 min。

(4)打开水泵,改变调节阀的开度,分别记录流量转换计显示数据,记录其输出电流。

完成表格 4-3,画出输出流量-电流曲线图。

表 4-3　流量计线性测试

流量	0%	10%	20%	30%	40%	50%	60%	70%	80%	90%	100%
电流											

(5)观察曲线可看出流量计的线性情况。

【任务评价】

对本任务的完成情况进行综合评价、总结与反思。

评价单自行打印,详情见附录。

项目五　选择与应用物位传感器及仪表

【引导案例】

物位测量在生活和工业自动化系统中具有重要的地位，是保证生产连续性和设备安全性的重要参数。例如：生活中需要知晓汽车或飞机的油量；全自动洗衣机需要自动检测液位根据液位高低完成后续的自动功能；在连续生产的情况下，维持某些设备（如蒸汽锅炉、蒸发器等）中液位高度的稳定，对保证生产和设备的安全是必不可少的，比如在火力发电厂中，需要对汽包水位、除氧器水位等进行检测和控制，一旦水位超出安全范围，汽包出现“满水”或“干锅”，会导致含水蒸气冲击汽轮机或水冷壁大面积损坏事故，严重危及汽轮机或锅炉的运行安全；又如合成氨生产中铜洗塔塔底液位控制，如液位过高，精炼气就会带液，气体在离开铜洗塔时容易夹带液体，将铜液带入后续设备，铜离子等成分如果进入合成塔，会与合成氨反应所用的触媒（通常是铁触媒等）接触。这些铜离子等杂质可能会吸附在触媒表面，占据触媒的活性中心，从而使触媒的活性降低，导致合成塔触媒中毒，影响合成氨反应的进行，使合成氨的产量和质量下降。反之，如液位过低，会失去液封作用，发生高压气冲人再生系统的情况，造成严重的事故。

对物位的检测与控制是保证生活和生产过程正常进行的重要环节。

【学习目标】

知识目标：

1. 能够了解常用物位检测仪表与传感器的种类和选用方法；
2. 能够掌握电容式传感器的工作原理和典型应用；
3. 能够掌握电感式传感器的工作原理和典型应用；
4. 能够掌握常用物位检测仪表与传感器的安装和使用方法。

能力目标：

1. 能够选用常用的物位检测仪表和传感器解决简单的物位检测的问题；
2. 会使用电容式传感器、电感式传感器进行物位的测量；
3. 能够对常用物位检测仪表与传感器进行安装调试。

职业素质目标：

1. 培养学生的自主学习、现代化信息技术应用的能力；
2. 培养学生的肯于钻研、乐观向上、永攀高峰的开拓进取精神；
3. 培养学生团结协作、爱岗敬业的职业精神与创业精神、创新创业意识。

任务1　基于电容式传感器的飞机油箱油位检测

【任务背景】

飞机燃油系统主要用于存储、输送飞机飞行所需要的燃油，主要由油箱、供油和卸油管路、油量测量器件等部分组成，其中，飞机燃油量的测量及管理系统是飞机燃油系统中的一个非常重要的子系统。实时、准确地测量油箱中的剩余油量可以精确地计算飞机续航时间，保证安全飞行。同时，通过对飞机中各个油箱燃油储量的精确测量，还可以便于燃油的综合管理，调整燃油系统中各油箱的分布，实现耗油顺序的优化，确保飞机重心自动保持和调整到飞行需要的范围内，改善飞行品质。在飞机飞行的各种条件和姿态下，需准确提供飞机剩余油量及特征油量信号指示，以便飞行员能够顺利完成飞行任务。

飞机上的油箱其形状都是不规则的，这样就给油量的测量带来了许多问题。现阶段飞机上所运用的燃油测量系统就显示而言分为模拟式和数字式，但就对油量的测量方法都采用传感电容值与油量液面高度的正比关系，再结合一定的模拟运算电路，通过单一的抗干扰传输线由油箱向数据处理、显示电路传送单模交流电压信号，再由后者最终显示实时的油量。

电容式油位传感器具有数据精度高、稳定性强、使用寿命长等优点。除广泛应用在料位、液位、界位等物位的检测方面，电容式传感器还可用于位移、振动、角度、加速度、压力、差压等方面的测量。它具有结构简单、体积小、分辨率高、动态响应好，可实现非接触式测量，能适应高温、辐射及强振动等恶劣条件的优点。

【相关知识】

让我们来认识一下电容式传感器吧！

一、电容式传感器的工作原理

电容式传感器由电容量可变的电容器（电容敏感元件）和转换电路组成，将被测物理量转换为电容量的变化，再经测量转换电路转换为电压、电流或频率，其变量间的转换原理如图5-1所示。

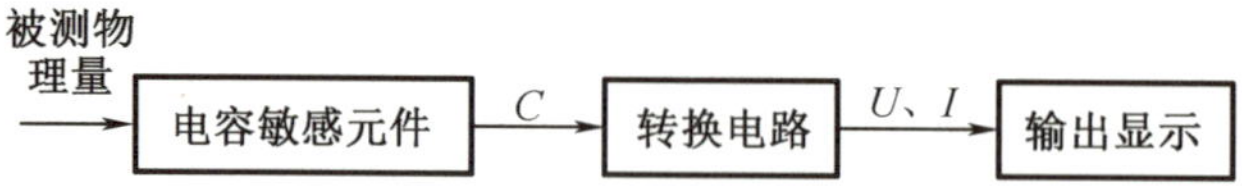

图 5-1　电容式传感器的工作过程

由电学可知，两个平行金属极板组成的电容器，如果不考虑其边缘效应，其电容为

$$C=\frac{\varepsilon \cdot A}{d} \tag{5-1}$$

式中　ε——两个极板介质的介电常数；

A——两个极板的相对有效面积；

d——两个极板间的距离。

在 A、d、ε 三个参量中，改变任意一个量，均可使电容 C 改变。由上式可知，改变电容 C 的方法有三种，一是改变介质的介电常数 ε；二是改变形成电容的有效面积 A；三是改变两个极板间的距离 d。根据被测量的变化得到电参数的输出为电容值的增量 ΔC，这就是电容式传感器的基本工作原理。

二、电容式传感器的分类

常见的电容式传感元件的各种结构类型如图 5-2 所示。

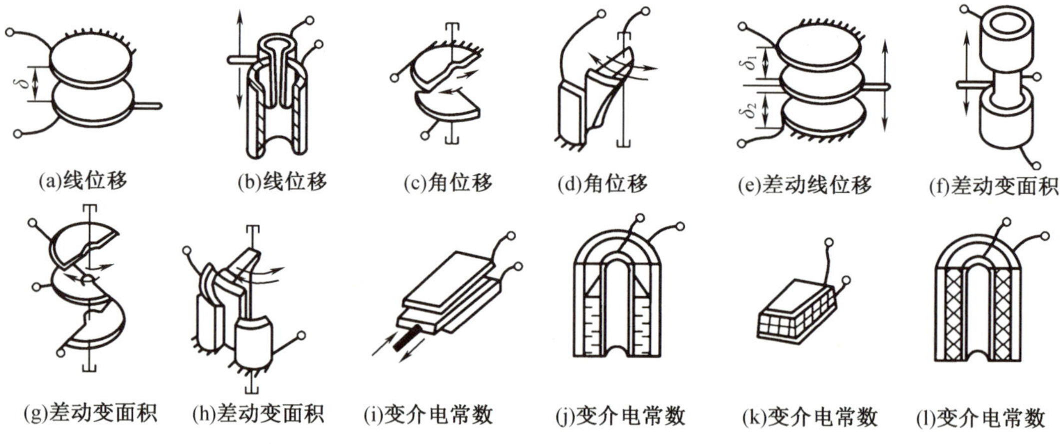

图 5-2　电容式传感元件的各种结构类型图

根据上述原理，固定三个参量中的两个改变电容 C，可以制作成三种类型的电容传感器：变面积式电容传感器、变极距式电容传感器、变介电常数式电容传感器。而他们的电极形状又有平板形、圆柱形和球平面形（很少使用）三种。

1. 变面积式电容传感器

如图 5-3 所示为几种常见的变面积式电容传感器。当定极板不动，动极板做直线位移或角位移运动时，两极板的相对面积发生改变，从而引起电容器电容量的变化。

（1）平板形

如图 5-3(a)所示，极板 1 可以左右移动，称为动极板。极板 2 固定不动，称为定极板。

设两极板原来的遮盖长度为 a_0，极板宽度为 b，极距固定为 d_0，当动极板随被测物体向左移动 x 后，两极板的遮盖面积 A 将减小，电容也随之减小，C_0 为初始电容值，电容的相对变化量为

$$\frac{\Delta C}{C_0}=-\frac{x}{a} \tag{5-2}$$

平板形变面积式电容传感器的相对变化量 $\Delta C/C_0$ 与位移 x 呈线性关系。

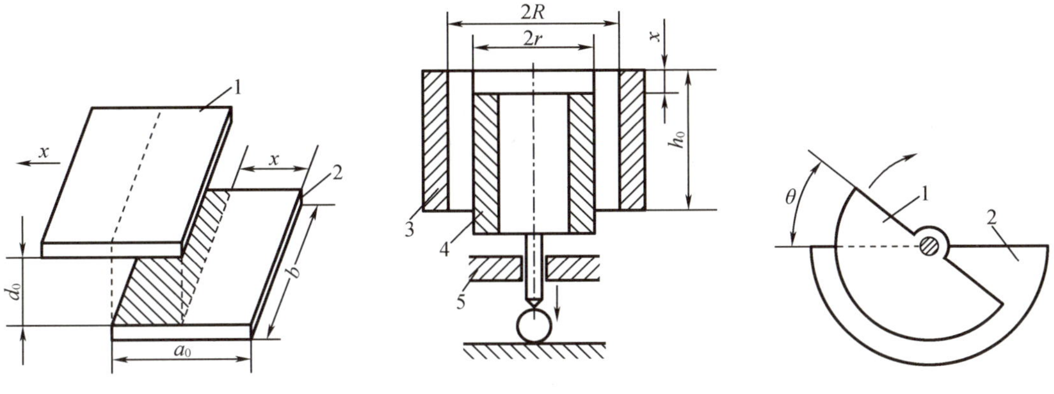

(a) 平板形　(b) 圆柱形　(c) 半圆形

1—定极板；2—动极板；3—外圆柱；4—内圆柱；5—导轨。

图 5-3　变面积式电容传感器结构

(2) 圆柱形

如图 5-3(b) 所示，外圆筒不动，内圆筒在外圆筒内做上、下直线运动。设内圆筒的外半径、外圆筒的内半径分别为 R 和 r，两者原来的遮盖长度为 h_0；当外力使电容器的动极板（内圆柱）发生位移 x 后，C_0 为初始电容值，电容的相对变化量为

$$\frac{\Delta C}{C_0}=-\frac{x}{l} \tag{5-3}$$

圆柱形变面积式电容传感器的相对变化量 $\Delta C/C_0$ 与位移 x 呈线性关系。

(3) 半圆形（角位移式）

如图 5-2(c) 所示，极板 2 的轴由被测物体带动而旋转一个角位移 θ 时，两极板的遮盖面积 A 就减小，电容量也随之减小，设两极板全重合（$\theta=0$）时的电容量为 C_0，则电容的相对变化量为

$$\frac{\Delta C}{C_0}=-\frac{\theta}{\pi} \tag{5-4}$$

半圆形变面积式电容传感器的相对变化量 $\Delta C/C_0$ 与角度 θ 呈线性关系。

变面积式电容传感器，电容的相对变化量与位移的大小成正比，但方向相反，因为面积变化总是在减小。变面积式电容传感器的输出特性在一小段范围内是线性的，灵敏度是常数，多用于检测直线位移、角位移、尺寸等参量。

如图 5-4 所示，变面积式电容传感器可以采用差动式连接，差动式结构的输出灵敏度

可提高一倍。

2. 变极距(间隙)式电容传感器

如图 5-5 所示,动极板受被测物体作用引起位移时,改变了两极板之间的距离 d,从而使电容量发生变化。实际使用时,总是使初始极距 d_0 尽量小些,以提高灵敏度,微小的位移 Δd 即可产生较大的电容变化量。

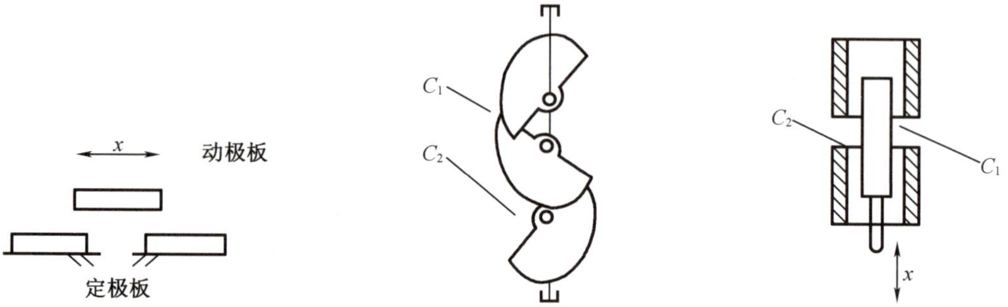

(a) 平板形差动电容器　(b) 旋转形差动电容器　(c) 圆柱形差动电容器

图 5-4　变面积式电容传感器差动式结构

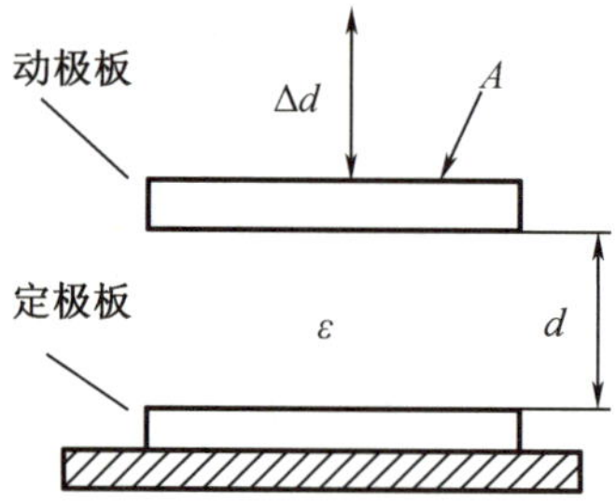

图 5-5　变极距式电容传感器结构

设 ε 和 A 不变,初始状极距为 d_0 时,电容器容量为 C_0,当板间距离减小时,则电容的相对变化量为

$$\frac{\Delta C}{C_0}=\frac{\Delta d}{d_0} \tag{5-5}$$

变极距(间隙)式电容传感器电容量的相对变化量 $\Delta C/C_0$ 与间隙的相对变化成正比。

为了提高测量的灵敏度,减小非线性误差,如图 5-6 所示,变极距(间隙)式电容传感器实际应用时常采用差动式结构。

变极距式电容传感器只能测量微小位移(微米级:25 ~200 μm);d_0 过小时,电容容易击穿,可在极板间放置云母片来改善,有了云母片,极板间起始间距可大大减小,传感器的输出线性度可得到改善。

3. 变介电常数式电容传感器

因为各种介质的相对介电常数不同,所以在电容器两极板间插入不同介质时,电容器的电容量也就不同。当电容式传感器中的电介质改变时,其介电常数变化,从而引起电容量发生变化。此类传感器的结构形式有很多种,图 5-7 所示为变介质式电容传感器。这种传感器可用来测量物位或液位、位移。

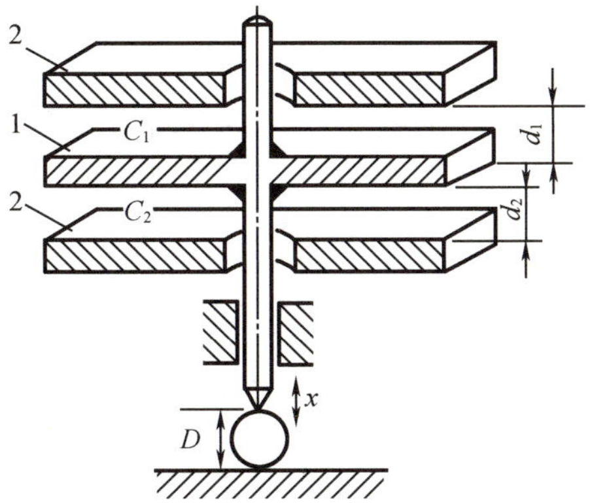

1—动极板;2—定极板。

图 5-6　变极距式电容传感器差动式结构

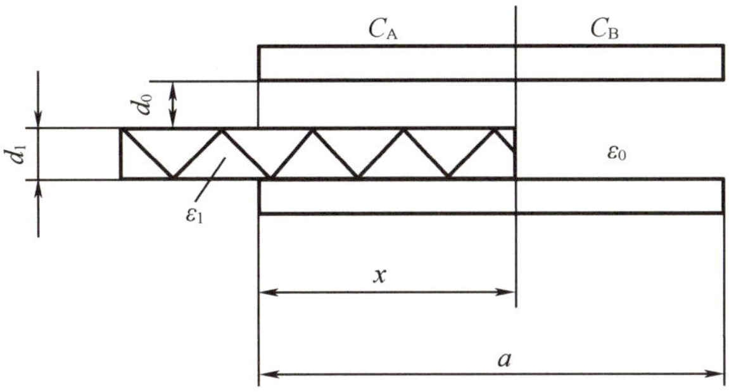

图 5-7　变介质式电容传感器

假设电容器为平板式,极板长为 a,宽为 b,极板间无介质时电容量为 C_0,当厚度为 d_1 的介质 ε_1 插入两极板 x 深度后,电容量的相对变化为

$$\frac{\Delta C}{C_0}=\frac{1-\frac{\varepsilon_0}{\varepsilon_1}}{\frac{\varepsilon_0}{\varepsilon_1}+\frac{d_0}{d_1}}\frac{x}{a} \tag{5-6}$$

变介电常数式电容传感器电容相对变化量 $\Delta C/C_0$ 与介质在极板间的位移 x 呈线性关系。

三、电容式传感器的测量转换电路

电容式传感器把被测物理量转换为电容变化后,还要经测量转换电路将电容量转换成电压或电流信号,以便记录、传输、显示、控制等。常见的电容式传感器测量转换电路有交流桥式测量电路、调频电路、运算放大器测量电路等。

1. 交流桥式测量电路

将电容式传感器接在交流电桥的一个桥臂或者两个桥臂上,其他桥臂可以是电阻、电容或电感,就可以构成单臂或者差动电桥,如图 5-8 所示。

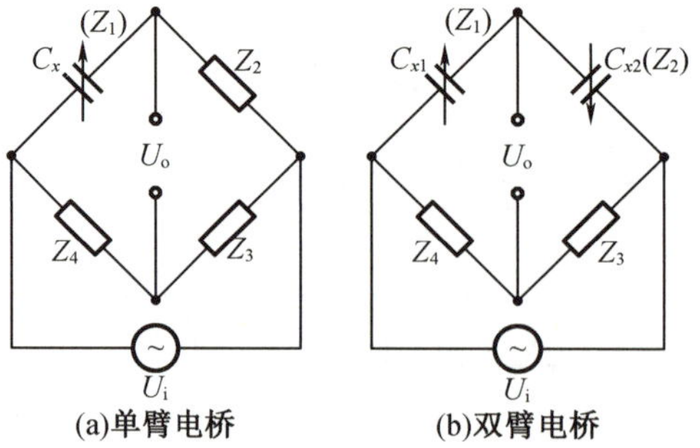

图 5-8　电容式传感器交流桥式测量电路

对于单臂电桥：

设初始状态下 $Z_1=Z_2=Z_3=Z_4=Z_0$，电桥的输出电压 $U_o=0$，C_x 为电容传感器。

当 C_x 发生变化时，电桥失去平衡，$U_o\neq0$，输出电压 U_o 为

$$U_o\approx\frac{1}{4}\frac{\Delta C}{C_0}U_i \tag{5-7}$$

电桥的输出与电容的相对变化量成正比。

对于双臂电桥：

当桥臂电容 C_{x1}、C_{x2} 发生变化时，电桥输出电压 U_o 为

$$U_o=\frac{1}{2}\frac{\Delta C}{C_0}U_i \tag{5-8}$$

电桥的输出与电容的相对变化量成正比，差动电桥输出是单臂电桥的两倍。

2. 调频电路

如图 5-9 所示，将电容式传感器接入高频振荡器的 LC 谐振回路中，作为回路的一部分。当被测量变化使传感器电容改变时，振荡器的振荡频率随之改变，即振荡器频率受传感器电容所调制，因此称为调频电路。调频振荡器的振荡频率为

$$f=\frac{1}{2\pi\sqrt{LC}} \tag{5-9}$$

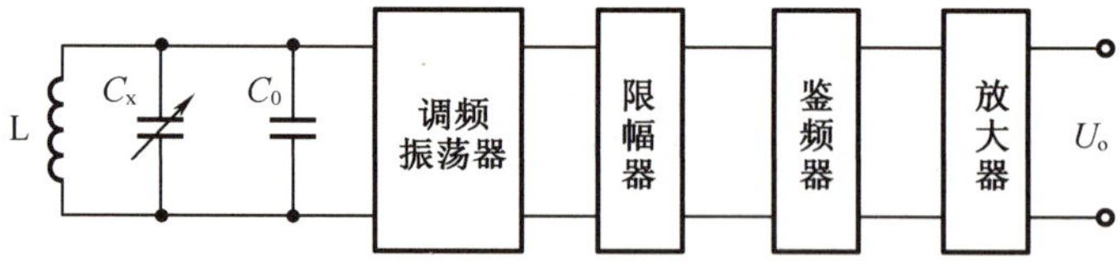

图 5-9　调频电路系统原理框图

3. 运算放大器测量电路

如图 5-10 所示，将电容式传感器接入开环放大倍数为 A 的运算放大电路中，作为电路的反馈组件，图中 U_i 是交流电源电压，C 是固定电容，C_x 是传感器电容，U_o 是输出信号电压。

由运算放大器的工作原理可得：运算放大器的输出电压为

$$U_o=\frac{C_0U_i}{\varepsilon A}d_x \tag{5-10}$$

输出电压 U_o 与动极片机械位移 d_x 呈线性关系。

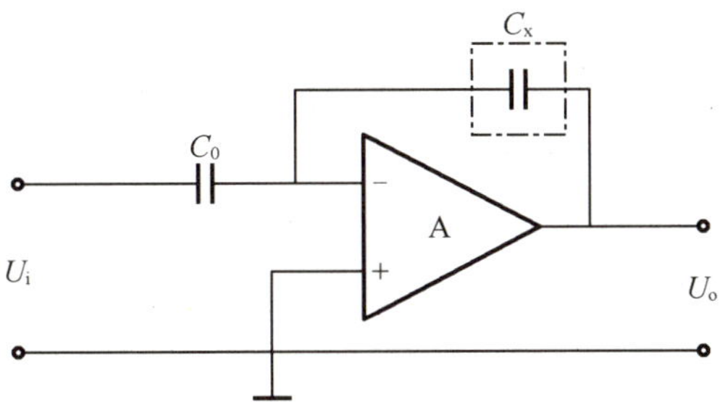

图 5-10 电容式传感器运算放大器测量电路

【任务实施】

飞机电容式油量表

如图 5-11 所示为飞机上使用的一种可以测量油箱液位的电容式油量表。它采用自动电桥平衡电路，其基本构成元件为：置于油箱中的传感器电容 C_x，它接入电桥转换电路的一个桥臂；调整电桥平衡的电位器 R_P，其电刷与刻度盘的指针同轴连接。

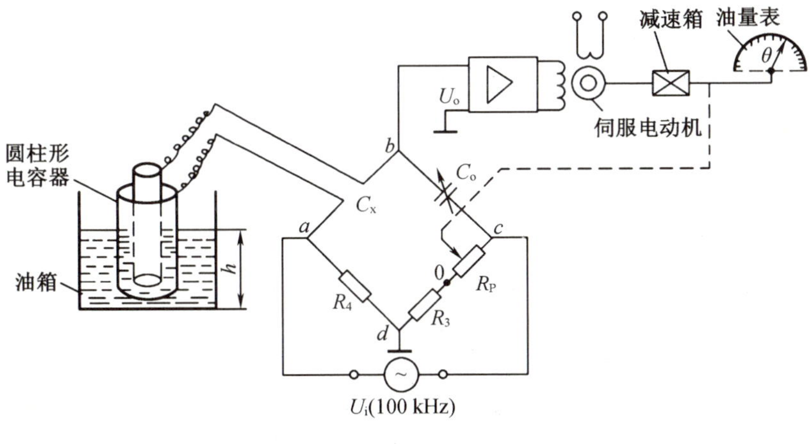

图 5-11 电容式油量表结构图

当油箱中无油时，电容传感器的电容量 $C_x=C_{x0}$，调节匹配电容 C_0 使 $C_0=C_{x0}$，调节可变电阻 R_P 的滑动臂，使 $R_3=R_4$，此时，电桥满足平衡条件，电桥输出为零，伺服电动机由于缺乏励磁电压而不转动，油量表指针偏转角 $\theta=0°$。

当油箱中注入油时，液位上升至某一高度 h 处，油箱中的传感器电容由于其极板间部分区域介质的变化，使其电容量变化，电容变为 $C_x=C_{x0}+\Delta C_x$，而 ΔC_x 与油位高度 h 成正比，此时电桥失去平衡，电桥的输出电压 U_o 经放大后驱动伺服电动机转动，再由减速箱减速后带动指针顺时针偏转，同时带动 R_P 的滑动臂移动，从而使 R_P 电阻值增大，当 R_P 电阻值达到一定值时，电桥又达到新的平衡状态，电桥的输出 $U_o=0$，于是伺服电动机停转，指针停留在某一角度 θ 处。

由于指针及可变电阻 R_P 的滑动臂同时为伺服电动机所带动，因此 R_P 的电阻值与 θ 角间存在着确定的一一对应关系（θ 角与 R_P 的电阻值成正比），而 R_P 的电阻值与液位高度 h 成正比，可直接从刻度盘上读得液位高度 h。

当油箱中的油位降低时：伺服电动机反转，指针逆时针偏转（示值减小），同时带动 R_P 的滑动臂移动，使 R_P 电阻值减小。当 R_P 电阻值达到一定值时，电桥又达到新的平衡状态，$U_o=0$，于是伺服电动机再次停转，指针停留在与该液位相对应的转角 θ 处。

应用案例 1：测量金属带材在轧制过程中的厚度

如图 5-12 所示，在被测带材的上下对称放两个平行极板，与带材组成变极距式差动电容式传感器。两块工作极板用导线连起来就成为电容器的一个极板，而带材则是电容器的另一极板，当带材的厚度发生变化时，导致带材与两个极板的间距发生变化，总电容也发生相应的改变。如果总电容量作为交流电桥的一个桥臂，电容的变化将引起电桥的输出不平衡，经过放大、检波、滤波，最后在仪表上显示出带材的厚度。

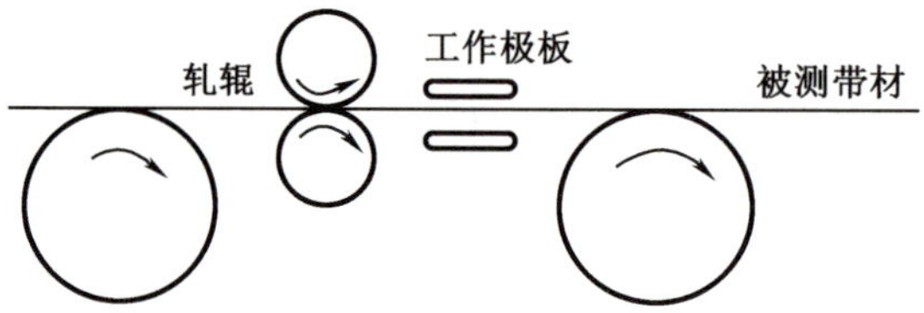

图 5-12　金属带材在轧制过程中的厚度测量示意图

应用案例 2：差动式电容压力传感器

如图 5-13 所示，膜片为动电极，两个在凹形玻璃上的金属镀层为固定电极，构成差动电容器。将两个电容分别接在电桥的两个桥臂上，构成差动电桥。当被测压力 P_1、P_2 作用于膜片上时，如果 $P_1=P_2$，则膜片不动，电桥输出为 0。当 $P_1\neq P_2$ 时，膜片产生位移，使两个电容器的电容一个增大，一个减小，电桥失去平衡，电桥的输出电压与 P_1、P_2 的压差成正比。

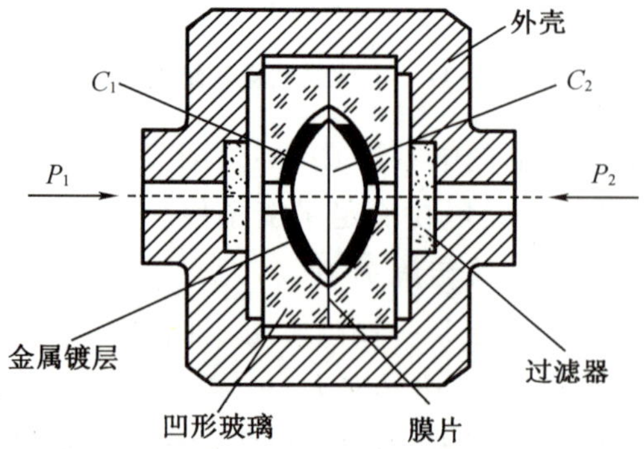

图 5-13　差动式电容压力传感器结构原理

应用案例3：差动式电容加速度传感器

如图5-14所示，两个固定电极与壳体绝缘，中间有一个用弹簧支撑的质量块，质量块的两端面经磨平抛光作为电容器的动极板与壳体相连，质量块为动极板、两个固定电极为定极板，构成差动结构。

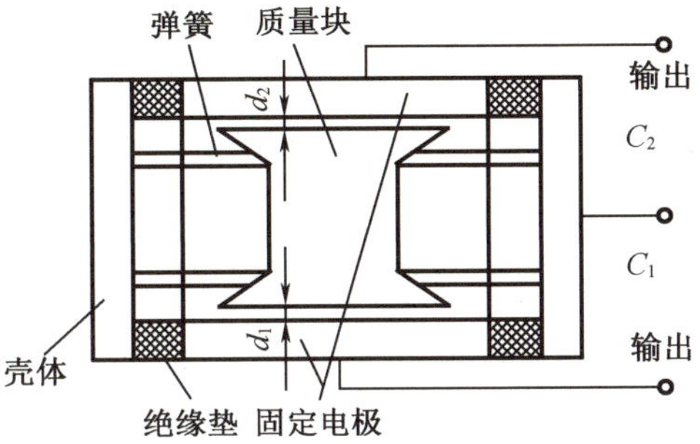

图5-14　差动式电容加速度传感器结构图

使用时，将传感器固定在被测物体上，当被测物体振动时，传感器随被测物体一起振动，质量块在惯性空间中相对静止，两个固定电极相对于质量块在垂直方向产生位移的变化。使两个电容器极板间距发生变化，电容 C_1、C_2 产生大小相等、符号相反的电容变化，将 C_1、C_2 接到差动电桥上，电桥的输出电压正比于物体加速度的大小。

【任务评价】

对本任务的完成情况进行综合评价、总结与反思。

评价单自行打印，详情见附录。

任务2　基于电感式传感器的全自动洗衣机液位检测

【任务背景】

而今，智能家居的概念不断地成熟火热，越来越多的厂商在着力开发着各种各样的智能化产品，追求给用户带来更舒适更便捷的使用体验，全自动洗衣机应该是大家最熟悉的家居电器，所谓的全自动就是在洗衣时根据自身需求在预先设定好的程序中完成设置，然后打开水龙头，启动洗衣机开关，洗衣机就可由中央控制芯片完成一系列的操作，中途无须人工管理，目前，全自动洗衣机除了可以完成对进水、排水、电机转动的自动控制外，还可以实现洗涤剂自动投放、衣物洁净程度检测、烘干等功能，这些智能操作中传感器发挥着巨大作用。

全自动洗衣机中的电子水位开关其实是一个电感式传感器。电感式传感器是一种机电转换装置，利用电磁感应定律，将被测量转换为线圈的自感或互感的变化，通过转换电路转化成电压或电流输出。因为结构简单、工作可靠、测量精度高、灵敏度高、输出功率大、抗干扰能力强等一系列优点，电感式传感器在自动控制设备中广泛应用。

【相关知识】

让我们来认识一下电感式传感器吧！

一、电感式传感器概述

电感式传感器利用电磁感应原理将被测非电量转换为电感量（自感或互感）的变化，再经测量转换电路，将电感量的变化转换为电压或电流的变化。如图 5-15 所示为电感式传感器工作原理框图。

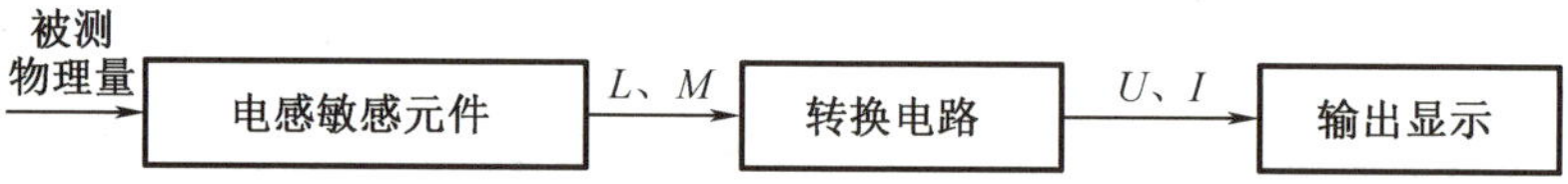

图 5-15　电感式传感器工作原理框图

电感式传感器结构简单、工作可靠、灵敏度高、分辨率大，能测出 0.1 μm 甚至更小的机械位移变化，测量精度高，线性度好，可以把输入的各种机械物理量如位移、振动、压力、应变、流量等参数转换成电量输出，在工程实践中应用十分广泛。但电感式传感器自身频响低，不适于快速动态测量。根据转换原理，电感式传感器可以分为自感式和互感式两大类。电感式传感器通常是指自感式传感器。

二、自感式传感器

如图 5-16 所示，常用的自感式传感器通常有变气隙式、变面积式、螺线管式。

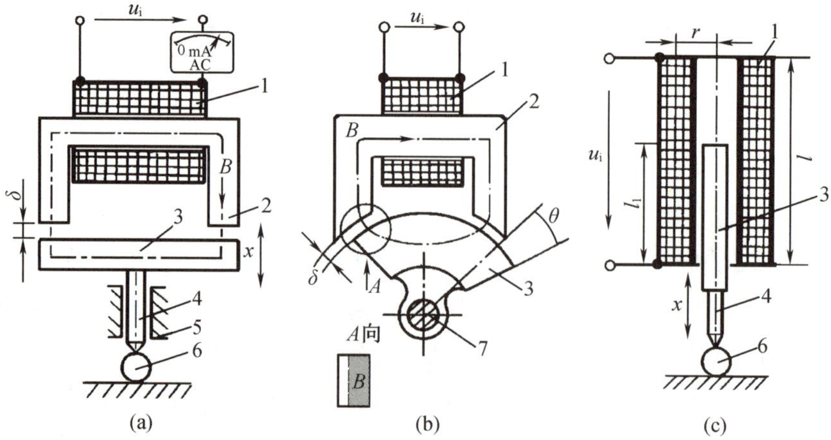

1—线圈；2—铁芯；3—衔铁；4—测杆；5—导轨；6—工件；7—转轴。

图 5-16　自感式传感器常见的形式

(1)变气隙式

如图5-17所示为变气隙式自感传感器基本结构。变气隙式自感传感器实际上就是一个带铁芯的线圈,线圈套在固定铁芯上,活动衔铁与被测物相连,并与铁芯保持一个初始气隙δ,铁芯材料通常选用硅钢片或坡莫合金。当铁芯与活动衔铁的距离变大时,气隙δ变大,磁阻变小,电感L变小。

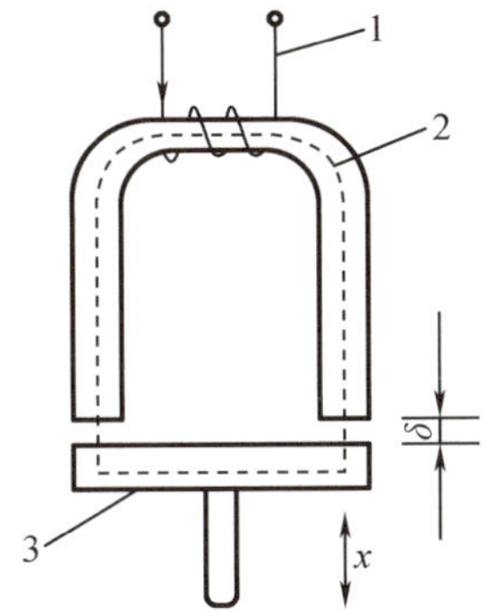

1—线圈;2—铁芯;3—活动衔铁。

图5-17　变气隙式自感传感器基本结构

(2)变面积式

变气隙式自感传感器只能用于微小位移的测量,而变面积式自感传感器灵敏度相对变气隙式小,因而线性较好,量程大,适用于较大位移的测量,使用比较广泛。如图5-18所示为变面积式自感传感器基本结构,保持气隙固定不变,电感L是气隙与固定铁芯之间的有效投影面积的函数,减小铁芯与衔铁之间的有效投影面积,在较小的范围内,电感成比例减小。

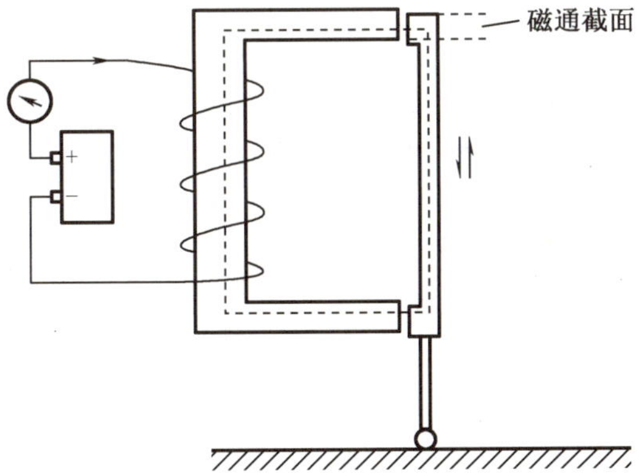

图5-18　变面积式自感传感器基本结构

(3)螺线管式

螺线管式自感传感器是另外一种较常见的自感式传感器,它以线圈磁力线泄漏路径上的磁阻变化为基础,主要元器件是一只螺线管和一根可移动的圆柱形活动铁芯,在螺线管线圈中插入一个活动铁芯，活动铁芯随被测对象移动，随着活动铁芯在线圈中插入深度的不同，将引起线圈磁力线路径上磁阻发生变化，电感随活动铁芯插入的深度的增大而增大，从而将被测量变换为电感 L 的变化。

当衔铁偏离中间位置时，两个绕组的电感一个增加，一个减小，形成差动形式，如图 5-19 所示为差动式结构的自感传感器基本结构。常用螺线管式差动传感器。采用差动形式可以减小测量误差，提高测量精度；对外界影响，如温度的变化、电源频率的变化等基本上可以互相抵消，衔铁承受的电磁吸力也较小，从而可以减小测量误差，可以使测量灵敏度增加一倍。

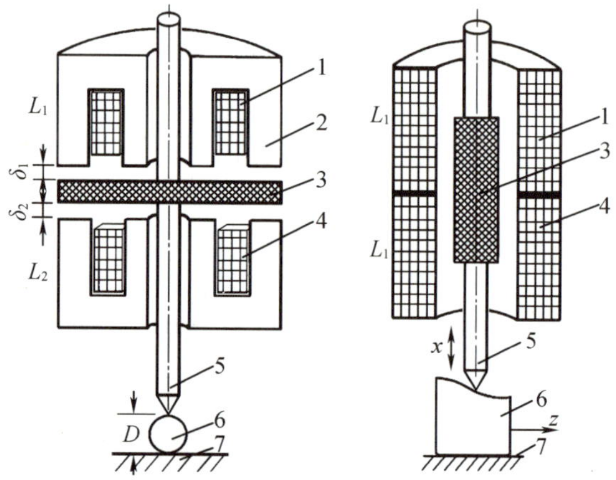

1，4—线圈；2—铁芯；3—衔铁；5—导轨；6—工件；7—转轴。

图 5-19 差动式结构的自感传感器基本结构

二、互感式传感器（差动变压器式传感器）

互感式传感器本身就是变压器，有一次绕组和二次绕组。一次侧接入激励电源后，二次侧将因互感而产生电压输出。当绕组间互感随被测量变化时，输出电压将产生相应的变化。这种传感器二次绕组一般有两个，接线方式又是差动的，故又称为差动变压器。目前应用最广泛的结构形式是螺线管式差动变压器。

差动变压器式传感器的结构图如图 5-20 所示。螺线管式差动变压器由一次绕组、两个二次绕组、插入线圈中央的圆柱铁芯等组成。当活动衔铁处于初始平衡位置时，根据电磁感应原理，由于两个二次绕组反向串联，输出电压相互抵消，因而差动变压器的输出电压为零。差动变压器的输出电压大小和符号可以反映铁芯位移的大小和方向。如图 5-21 所示，差动接法的输出电压为 $u_o=u_{21}-u_{22}$。

互感式传感器（差动变压器式传感器）结构简单、灵敏度高、测量精度高、性能可靠、测量范围宽，可以测量 1～100 mm 的机械位移。

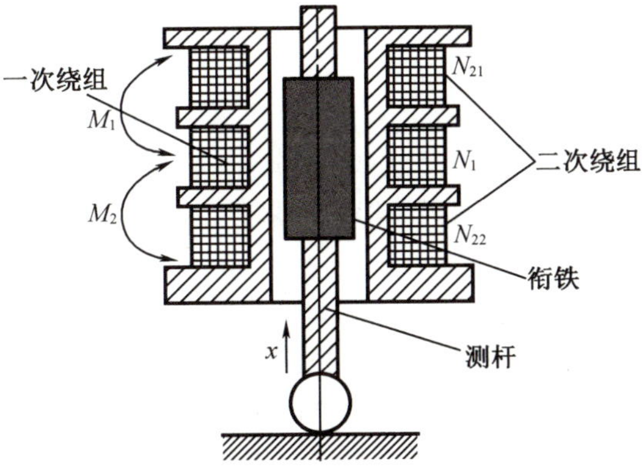

图 5-20　差动变压器式传感器的结构图

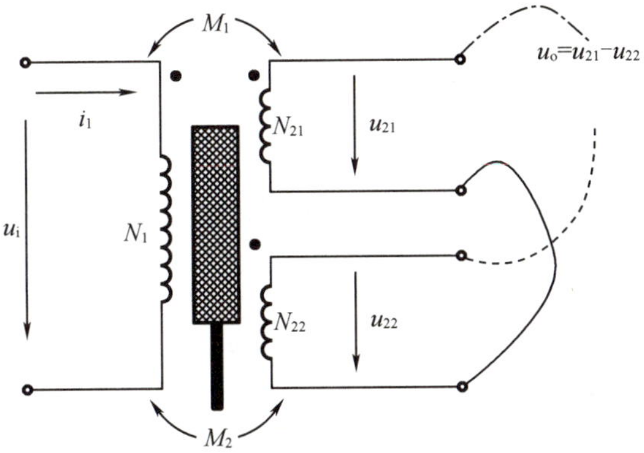

图 5-21　差动变压器式传感器的等效电路及接线

【任务实施】

全自动洗衣机水位的检测与控制

全自动洗衣机水位检测的精度直接影响洗净度、水流强度、洗涤时间等参数。全自动洗衣机的水位检测传感器称为水位开关。全自动洗衣机是通过水位开关与电磁进水阀配合来控制进水、排水以及电机的通断的，电磁进水阀起着通断水源的作用，水位开关起着水位检测的作用。

水位开关分为机械式和电子式两种，电子水位开关内有一个由一个磁环和电感线圈组成的 LC 电路，该电路用来判断压力的升降。当气压上升时，膜片就会被吹起，带动线圈在磁环中向上移动，从而改变电感值，并将电感值传递给洗衣机的控制器。控制器根据电感值大小来判断是否已达到预设水位，以便发出指令，控制水阀的通断，从而控制进水。

自感式传感器的应用

案例 1：测压力

变气隙式自感传感器测压力的原理如图 5-22 所示。

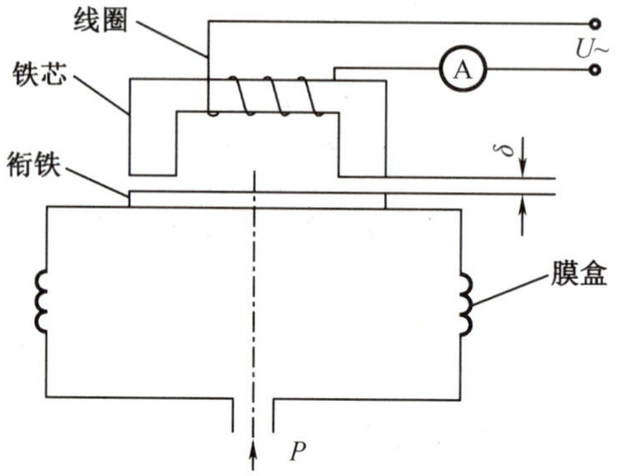

图 5-22　变气隙式自感传感器测压力的原理图

活动铁芯固定在膜盒的中心位置上，当把被测压力 P 引入膜盒时，膜盒在被测压力 P 的作用下产生与压力 P 大小成正比的位移，于是活动铁芯也随之移动，从而改变活动铁芯与固定铁芯间的气隙 δ，即改变了磁路中的磁阻，这样固定铁芯上的线圈的电感 L 也发生了变化。如果在线圈内的两端加以恒定的交流电压 U，则电感 L 的变化将反映为电流值 i 的变化。因此，可以从电路中的电流值来度量膜盒上所感受的压力 P。在实际使用中，总是将两个自感式传感器组合在一起，组成差动式自感传感器，如差动式自感压力传感器。

案例 2：测位移

变气隙式自感测微计的原理如图 5-23 所示。

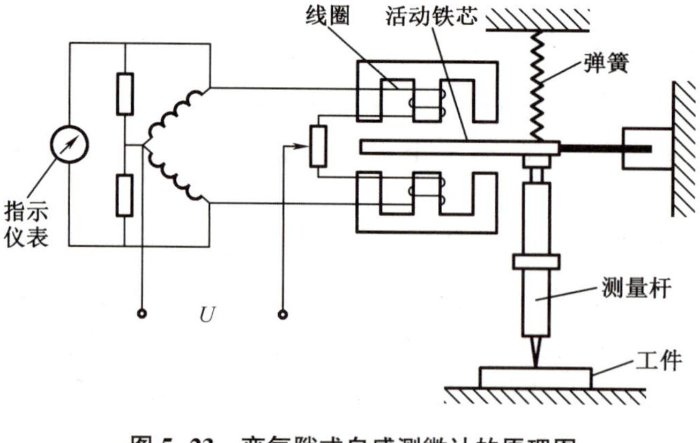

图 5-23　变气隙式自感测微计的原理图

它采用差动式结构，当工件的厚度变化时，引起测量杆上下移动，带动活动铁芯产生位移，从而改变了气隙厚度，使线圈的电感量发生变化。工件厚度正常时，活动铁芯位置在差动变气隙式自感传感器气隙中间，交流电桥输出电压为0，仪表指针居中。如果工件厚度增加，测量杆带动活动铁芯向上移动，上面传感器气隙厚度变小，线圈电感值增加，下面传感器气隙厚度变大，线圈电感值减小，交流电桥正极性输出，经标定让仪表指针右偏。

如果工件厚度变薄，测量杆带动活动衔铁芯向下移动，上面传感器气隙厚度变大，线圈电感值减小，下面传感器气隙厚度变小，线圈电感值增加，交流电桥反极性输出，经标定让仪表指针左偏。工件厚度变化越大，电桥输出电压有效值越大。交流电桥输出电压的大小反映了被测工件厚度变化的多少，交流电桥输出电压的极性反映了工件是变厚还是变薄。

互感式传感器（差动变压器式传感器）的应用

案例1：测加速度（振动）

差动变压器式加速度（振动）传感器由悬臂梁和差动变压器构成，其结构如图5-24所示。测量时，将衔铁与被测振动体相连，其他部位固定。当被测体发生振动时，衔铁随着一起振动，从而使差动变压器的输出电压发生变化。输出电压的大小及频率与振动物体的振幅与频率有关。一般可测振动物体的振幅为0.1~0.5 mm，振动频率一般为0~150 Hz。

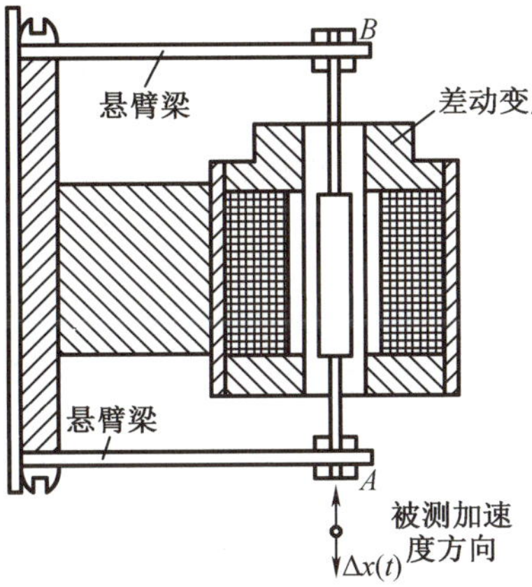

图5-24　差动变压器式加速度传感器的结构

案例2：测液位

图5-25所示为差动变压器式液位传感器原理图，该传感器适用于导电液体的液位测量。

（1）液位正常没有变化时，弹簧对浮筒的拉力与作用于浮筒上的液体浮力之和等于浮筒的重力，差动变压器活动铁芯居中，差动变压器输出电压为0。

（2）液位上升时，作用于浮筒上的液体浮力变大，通过测量弹簧带动差动变压器活动铁芯向上的位移，可知差动变压器输出为正，即与差动变压器输入电压同相，液位越高，输出电压越大。

（3）液位下降时，作用于浮筒上的液体浮力变小，通过测量弹簧带动差动变压器活动铁芯向下的位移，可知差动变压器输出为负，即与差动变压器输入电压反向。液位越低，输出电压越大。

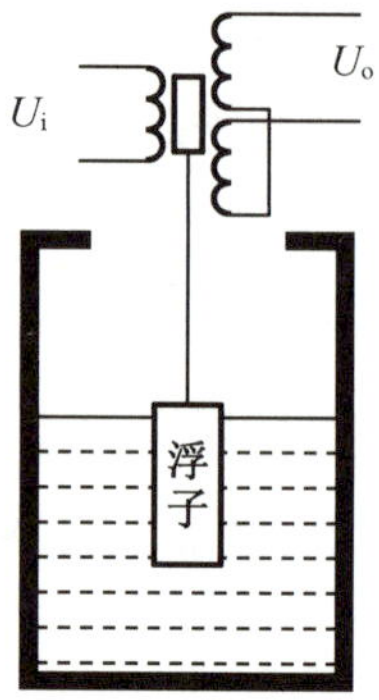

图 5-25　差动变压器式液位传感器原理图

差动变压器输出电压的变化反映了液位高度的变化,即可得到相应的液位数值。使用差动变压器式液位传感器时要注意:对于不同的介质,因为浮力不一,所以需要重新标定或更换浮筒。

【任务评价】

对本任务的完成情况进行综合评价、总结与反思。

评价单自行打印,详情见附录。

任务 3　选择与安装物位检测仪表和传感器

【任务背景】

各种物位检测传感器与仪表都有其特点和适用范围,有些可以检测液位,有些可以检测料位。选择物位计时必须考虑测量范围、测量精度、被测介质的物理化学性质、环境操作条件、容器结构形状等因素。

在液位检测中最常用的就是差压式或浮筒式测量方法,但必须在容器上开孔安装导压管或在介质中插入浮筒,因此在介质为高黏度或者易燃易爆场合不能使用这些方法。在料位检测中可以采用电容式、超声波式、射线式等测量方法。各种物位测量方法的特点都是检测元件与被测介质的某一个特性参数有关,如差压式与浮筒式物位计和介质的密度有关,电容式物位计与介质的介电常数有关,超声波物位计与超声波在介质中的传播速度有关,核辐射物位计与介质对射线的吸收系数有关。这些特性参数有时会随着温度、组分等变化而发生变化,直接关系到测量精度,因此必须注意对它们进行补偿或修正,并完成正确的安装操作。

【相关知识】

让我们来了解一下物位传感器吧！

一、物位检测的工艺特点

物位测量与实际的工艺条件紧密相关，不同的工业生产过程其特点显著不同，必须对物位测量的工艺特点进行分析。

1. 液位测量的工艺特点

(1) 通常情况下，液面是一个规则的表面。但当物料流进、流出时会有波动，或者在生产过程中出现沸腾、起泡等现象时也会发生明显波动。

(2) 大型容器中常会出现液体各处温度、密度或黏度等物理量不均匀的现象。

(3) 容器中常会有高温、高压，或液体黏度很大，或含有大量杂质悬浮物等现象。

2. 料位测量的工艺特点

固体物料其物理、化学性质较复杂，如有些是粉末状，有些是颗粒状，并且颗粒大小极不均匀；物料的温度、含水量等也不均匀变化；料仓形状不规则、料仓震动等。综合起来，料位测量的工艺特点主要有：

(1) 物料自然堆积时，有堆积倾斜，因此料面是不平的，难以确定料位准确的高度；物料进出时，存在滞留区，影响物位最低位置的测量。

(2) 储仓或料斗中，物料内部可能存在大孔隙，或粉料之中存在小的间隙。前者影响对物料储量的计算，而后者则在振动或压力、温度变化时使物位也随之变化。

3. 界位测量的工艺特点

界位测量中常见的问题是截面位置不明显，泡沫或浑浊段的存在对测量也有影响。此外，容器中管道、搅拌和加热等设备的存在也会对界位检测带来影响，特别是像雷达、超声这些依赖回波信号的测量方法。

二、物位检测仪表的类型

物位被测对象种类繁多，检测的条件和环境也有很大差别。按测量方式的不同，物位检测仪表可分为连续测量和定点测量两大类。连续测量方式能持续测量物位的变化。定点测量方式则只能检测物位是否达到上限、下限或某个特定位置，定点测量仪表一般称为物位开关。

物位检测仪表的分类及性能比较见表 5-1。

三、常用的物位检测仪表

1. 直读式物位计

用与容器相连通的玻璃管或玻璃板来显示容器中的液位高度，这种检测方法最原始，但仍然得到较多的应用。

表 5-1 物位检测仪表的分类及性能比较

<table>
<tr><th colspan="3">物位检测仪表种类</th><th>检测原理</th><th>主要特点</th><th>用途</th></tr>
<tr><td rowspan="2">直读式</td><td colspan="2">玻璃管液位计</td><td rowspan="2">连通器原理</td><td rowspan="2">结构简单、价格低廉。显示直观,但玻璃易损,读数不十分准确</td><td rowspan="2">现场就地指示</td></tr>
<tr><td colspan="2">玻璃板液位计</td></tr>
<tr><td rowspan="3">差压式</td><td colspan="2">压力式液位计</td><td rowspan="3">利用液柱或物料堆积对某定点产生压力的原理而工作</td><td rowspan="3">能远传</td><td rowspan="3">可用于敞口或密闭容器</td></tr>
<tr><td colspan="2">吹气式液位计</td></tr>
<tr><td colspan="2">差压式液位计</td></tr>
<tr><td rowspan="3">浮力式</td><td rowspan="2">恒浮力式</td><td>浮标式</td><td rowspan="2">利用浮于液面上的物体随液位高低而产生位移的原理而工作</td><td rowspan="2">结构简单,价格低廉</td><td rowspan="2">测量贮罐的液位</td></tr>
<tr><td>浮球式</td></tr>
<tr><td>变浮力式</td><td>沉筒式</td><td>基于沉浸在液体中的沉筒的浮力随液位变化而变化的原理而工作</td><td>可连续测量敞口或密闭容器中的液位、界位</td><td>需远传显示、控制的场合</td></tr>
<tr><td rowspan="3">电气式</td><td colspan="2">电阻式物位计</td><td rowspan="3">通过将物位的变化转换成电阻、电容、电感等电量的变化来实现物位测量</td><td rowspan="3">仪表轻巧,测量滞后小,能远距离传送,但线路复杂,成本较高</td><td rowspan="3">用于高压腐蚀性介质的物位测量</td></tr>
<tr><td colspan="2">电容式物位计</td></tr>
<tr><td colspan="2">电感式物位计</td></tr>
<tr><td colspan="3">核辐射式物位仪表</td><td>利用核辐射透过物料时,其强度随物质层的厚度而变化的原理而工作</td><td>非接触式测量,能测各种物位,但成本高,使用和维护不便</td><td>用于腐蚀性介质的液位测量</td></tr>
<tr><td colspan="3">超声波式物位仪表</td><td>利用超声波在气、液、固体中的衰减程度、穿透能力和辐射声阻抗各不相同的性质而工作</td><td>非接触式测量,准确性高,惯性小,但成本高,使用和维护不便</td><td>用于对测量精度要求较高的场合</td></tr>
<tr><td colspan="3">光学式物位仪表</td><td>利用物位对光波的遮断和反射原理而工作</td><td>非接触式测量,准确性高,惯性小,但成本高,使用和维护不便</td><td>用于对测量精度要求较高的场合</td></tr>
</table>

2. 差压式液位计

根据流体静力学原理,静止介质内某一点的静压力与介质上方自由空间压力之差与该点上方的介质高度成正比,因此可以利用差压来测量物位,这种方法一般常用于液位测量,某些情况下也可以用于料位测量。

3. 浮力式物位测量

利用漂浮于液面上的浮子随液面变化位置,或者部分浸没于液体中的浮子所受到的浮力随液位变化来进行物位测量。

4. 电气式物位计

把敏感元件做成一定形状的电极放置在被测介质中,则电极之间的电气参数,如电阻、电容、电感、电磁场等随物位的变化而变化。这种物位计可以测量液位，也可以测量料位。

5. 声学式物位计

超声波在气体、液体和固体介质中以一定速度传播时因被吸收而衰减，但衰减程度不同，在气体中衰减最大，在固体中衰减最小。当超声波穿越两种不同介质构成的分界面时会产生反射和折射，且当这两种介质的声阻抗差别较大时几乎为全反射。利用这些特性就可以实现物位的测量，如回波反射式超声波物位计，它是通过测量从发射超声波至接收到被物位界面反射的回波的时间间隔来确定物位高低的。声学式物位计可以检测液位、料位和界位。

超声波物位计采用的是非接触式测量，因此适用于液体、颗粒、粉状物及黏稠、有毒介质的物位测量，能够实现防爆。但有些介质对超声波吸收能力很强，因而无法采用超声波检测方法。

6. 雷达式物位计

利用雷达波的不同特点进行物位测量，主要有脉冲雷达、调频连续和导波雷达三种物位测量方法，可以进行液位、料位和界位的检测。

此外，还有磁致伸缩、光学式、射频导纳等各种新型的物位测量方法。上述物位测量方法中，直读式、压力式、浮力式、电气式等方法在测量时，测量仪表需要直接与被测介质接触，又统称为接触式物位测量方法；而声学式、雷达式和光学式等方法在测量时不需要和被测介质直接接触，又统称为非接触式物位测量方法。由于物位测量的复杂性，没有一种测量方法适合所有物位测量要求。近年来各种非接触式物位计由于其先进性、使用成本的不断降低及能够适应一些特殊工况，应用显著增加。

【任务实施】

物位检测仪表的选择

不同类型物位检测仪表适用于不同的检测对象和工况条件，石油、化工生产过程中常用静压式测量仪表和浮力式测量仪表，它们适用于液位、界位的连续测量，浮子式测量仪表适用于液位的位式测量。

电学类测量仪表检测方式也是采取接触式。电容式测量仪表适用于对腐蚀性液体及其他介质的液位进行连续测量和位式测量，但是，不能用于黏滞性导电液体液位的连续测量。电阻式测量仪表适用于腐蚀性导电液体液位的位式测量，以及导电液体与非导电液体的界面的位式测量。但是，不能用于对非导电、易黏附电极的液体的测量。

声学类超声波式测量仪表检测方式一般为非接触式，适用于用接触式测量仪表难以测量的腐蚀性、高黏性、有毒液体液位的连续测量和位式测量，也适用于粉状物料的料位连续测量和位式测量。但是，不可用于对真空容器内的物位测量。音叉料位计检测方式属接触式，适用于无振动或振动小的料仓、料斗内粒度在 10 mm 以上的颗粒状料位的位式测量。

电磁波类测量仪表属非接触式检测方式。微波式（即雷达料位计）测量仪表不受容器内压力(真空)、温度、泡沫、粉尘、腐蚀、黏度、粒度等因素的影响。对于容器内液体液位或物料料位能进行连续测量和位式测量。

放射性测量仪表属非接触式检测方式,核辐射式测量仪表与微波式测量仪表一样是全方位仪表,对于容器内液体液位、物料料位能进行连续测量和位式测量。

物位检测仪表的安装

在工业现场较常见的物位检测仪表有玻璃板(管)液位计、外浮筒液位计、内浮筒液位计、磁致伸缩式液位计、超声波液位计、雷达物位计、导波雷达物位计、电容式液位计、静压式液位计、放射性物位仪表、钢带液位计、浮标液位计等。下面介绍几种常用物位计的安装要求。

1. 物位取源部件的安装

物位取源部件的安装位置应选在物位变化灵敏,且不使检测元件受到物料冲击的地方。静压液位计取源部件的安装位置应远离液体进出口。

内浮筒液面计及浮球液面计采用导向管或其他导向装置时,导向管或导向装置应垂直安装,并应保证导向管内液流畅通。

双室平衡容器的安装应符合下列规定:安装前应复核制造尺寸,检查内部管路的严密性;应垂直安装,其中心点应与正常液位相重合。

单室平衡容器宜垂直安装,并应符合安装标高。

安装浮球液位仪表的法兰短管应保证浮球能在全量程范围内自由活动。

2. 浮力式(浮筒、浮标、浮子)液位计的安装

浮筒液位计安装精度要求较高,尤其是垂直度,一般允许偏差为 2 mm/m。浮筒液位计分为内外浮筒,内浮筒液位计安装时,应在容器内设置导向装置,以防容器内液体涌动,对浮子产生偏向力。浮筒、浮标安装后应上、下活动灵活,无卡涩现象。

外浮筒液位计的安装高度应使正常液位或分界液位处于浮筒中心,并便于操作和维修。安装外浮筒液位计的连接方式有侧-侧、顶-侧、底-侧和顶-底。

浮子式液位开关在容器上焊接的法兰短管不可过长,否则会影响浮子的行程,应保证浮球能在全行程范围内自由活动。

浮力式液位计安装时,安装用的一次阀必须经过试压、检漏合格后才可以使用。浮力式液位计安装完毕后应与设备一起试压。

3. 玻璃板(管)液位计的安装

玻璃板液位计安装前应进行本体压力试验。玻璃板液位计应安装在便于观察和检修拆卸的位置,如果和浮筒液位计并用,安装时应使两者的液位指示同时处于便于观察的方向。液位计安装应垂直,其垂直度允许误差为 5 mm/m。玻璃板液位计的截止阀应试压与研磨。

安装玻璃管液位计时,填料应用扳手轻轻拧紧,不应受到安装应力,防止玻璃管碎裂。

4. 差压式液位计的安装

用差压计或差压变送器测量液位时,仪表安装高度不应高于下部取压口,但用双法兰

差压变送器、吹气法及利用低沸点液体汽化传递压力的方法测量液位时，不受此规定限制。

双法兰差压变送器毛细管的敷设应有保护措施，其弯曲半径不应小于 50 mm，通常毛细管全程采用角钢进行防护，尤其应注意保护好法兰与毛细管连接处，周围温度变化剧烈时应采取隔热措施。

差压式液位计安装时，“+”压室应安装在下方取压口。单双法兰安装时，注意不要触摸膜片，垫片安装时对正后再紧固螺栓。

5. 磁翻板液位计的安装

磁翻板液位计的安装高度及位置应满足设计文件要求。磁翻板液位计安装完成后应使用磁铁将翻板颜色调到正确的液位显示。

当浮子与仪表主体分体到货时，安装浮子时应注意方向。

当随工艺设备试压时，试验压力不要超过额定压力，当达到工艺操作压力时应关闭一次阀，打开排污阀，防止浮子打坏。

顶装式磁翻板液位计导向管顶部应设置排气孔。

6. 电容式物位开关的安装

电容式物位仪表用作位式测量，即物位开关，应安装在方便电气接线的地方，其极棒(或缆型)应垂直安装。电容式物位开关的传感器保护罩壳体应接地，电缆入口应密封良好。缆式传感器应通过连接部件固定于容器底部或安装随机配带的重锤，不可对缆式传感器施加额外拉力。

7. 超声波物位计的安装

超声波在液体、固体中衰减很小，因而穿透能力强，尤其是在对光不透明的固体中，超声波可穿透几十米的长度，碰到杂质或界面就会有显著的反射，超声波测量物位就是利用了它的这一特征，由超声波在介质中的传播原理可知，若介质压力、温度、密度、湿度等条件一定，则超声波在该介质中传播速度是一个常数。因此，当测出超声波由发射到遇到液面反射被接收所需要的时间，则可换算出超声波通过的路程，即得到了液位的数据。

超声波物位计测量介质的高度与声波在介质中的传播速度和声波传播时间有关。超声波物位计可用于强腐蚀性、有毒、高黏度介质的测量。超声波物位计的检测元件不能承受高温，不宜在高温环境下使用。

超声波物位计安装时，其传感器中轴线应垂直于被测物的表面，且中间不应有障碍物。传感器固定应牢固可靠，电缆口应密封良好，以防潮气侵入。传感器壳体应接地，信号电缆应敷设在已接地的金属保护管内，线路附近不得有高电压或大电流的动力电缆或电气接触器等控制设备。

超声波物位计安装前，检查设备法兰应处于水平位置。法兰短管长度应符合产品说明书要求，在设备内部伸出不要过长，以免影响测量。

8. 雷达物位计的安装

雷达液位计采用发射-反射-接收的工作模式。雷达液位计的天线发射出电磁波，这些电磁波经被测对象表面反射后，再被天线接收，电磁波从发射到接收的时间与到液面的距离成正比，雷达液位计记录脉冲波经历的时间，而电磁波的传输速度为常数，则可算出液面到雷达天线的距离,从而知道液面的液位。

在实际运用中,雷达液位计有两种方式,即调频连续波式和脉冲波式。采用调频连续波技术的液位计,功耗大,须采用四线制,电子电路复杂。而采用雷达脉冲波技术的液位计,功耗低,可用二线制的 24 V DC 供电,容易实现本质安全,精度高,适用范围更广。

雷达物位计测量物位是一种间接测量的方式。雷达物位计应垂直安装,从容器安装口至容器底部范围内不应有结构性障碍物,安装时应尽量避开进料口、进料帘、旋涡、搅拌器等。雷达物位计的探测器及保护管应按设计文件和产品技术文件要求进行安装,一般插入容器 30~50 mm。

当雷达物位计用于测量腐蚀性和易结晶介质的液位时,为了防止结晶物影响仪表正常工作,要求法兰端面和最高液位之间至少有 100 mm 的安全距离。

当容器配带导波管时,导波管垂直度要符合要求,导波管内壁光滑,钻孔应无毛刺。

9. 核辐射液位计的安装

核辐射液位计适用于大直径厚壁容器黏稠液体介质的液位测量,测量原理是利用物质对放射性同位素吸收作用来测量液位的,安装时无须对容器开孔,为非接触式测量仪表。

安装注意事项:

(1)在设备运抵现场前,应与保卫、卫生、安全部门联系,取得认可,确定存放位置。

(2)编制安全技术措施并进行安全交底。

(3)安装时设置警戒区,注意人员安全,还应注意生产操作人员和维护人员的安全,应安装于人员不经常行走的位置。

(4)发射源与接收器支架安装前应核实安装位置及标高,应符合说明书要求。

(5)发射源必须由厂家人员进行安装。

备注:核辐射液位计在安装前,一定要有相关的报检手续及建设单位和当地安全环保部门所签发的有关文件,出库至安装现场的运输过程均应有相关的应急预案等措施,有相关的检测设备跟踪检测,安装人员应该穿戴防辐射的服装、鞋帽及手套。安装现场区域设立警戒区,悬挂警戒标牌,有专人负责安全监督。调试时由厂家人员完成。

【任务评价】

对本任务的完成情况进行综合评价、总结与反思。

评价单自行打印,详情见附录。

模块Ⅱ　拓展应用模块

项目一　选择与应用运动学量传感器

【引导案例】

运动量是描述物体运动的量,包括位移、速度、加速度、振动、惯性等。运动量是最基本的量,运动量测量是最基本、最常见的测量,它是许多物理量,如力、压力、温度、振动等测量的前提,也是惯性导航、制导技术的基础。

位移测量包括线位移测量和角位移测量。

速度测量分为线速度测量和角速度测量。

加速度测量是基于测试仪器检测质量敏感加速度产生惯性力的测量,是一种全自主的惯性测量,可以计算出物体的加速度。加速度测量广泛应用于航天、航空和航海的惯性导航系统及运载武器的制导系统中,在振动试验、地震监测、爆破工程、地基测量,地矿勘测等领域也有广泛的应用。测量加速度,目前主要是通过加速度传感器(俗称加速度计),并配以适当的测量电路进行的,当物体加速运动时,根据牛顿第二定律 $F=ma$,质量为 m 的物体所受合外力 F 等于其质量与加速度 a 的乘积。在加速度传感器中,有一个对加速度敏感的质量块,当传感器随物体一起加速时,质量块由于惯性会相对仪器外壳产生运动或受力变化,通过测量与质量块惯性力相关的物理量,如位移、应力、电荷等,就可以计算出物体的加速度。加速度计可分为压电式、压阻式、应变式、电容式、振梁式、磁电感应式、隧道电流式、热电式等;按检测质量的支承方式来分,则可分为悬臂梁式、摆式、折叠梁式、简支承梁式等。

惯性测量是利用惯性仪表(包括加速度计和陀螺仪)进行的测量。惯性测量是现代惯性导航的基础。所谓导航是引导载体到达目的地的过程。惯性导航则是利用载体上(或平台上)的惯性测量单元(inertial measurement unit,IMU)提供的信息和一定的算法引导载体航行的过程。当经过初始对准,知道载体的初始信息(包括位置、速度和方位等)后,依靠载体上(或平台上)的惯性测量单元,其中加速度计能提供载体瞬时加速度信息,并由此推算出载体的瞬时速度和位置;陀螺仪则能提供载体瞬时角速率或角位置信息,提供加速度计每一瞬间的指向。这样,载体在空间的瞬时运动参量,包括线运动和角运动参量都可以通过惯性测量推算出。惯性导航是一种全自主式的导航。在导航过程中,惯性系统既不向载体外发射信号,也不从外部接收信号,因此在航天、航空、航海中得到了广泛的应用,尤其是在军事上,是一种不可或缺的关键技术。惯性测量在工程测量中也得到广泛应用。例如,在工程测量中利用陀螺仪来指示子午线,测量经纬度,利用陀螺仪或加速度计进行倾斜测量,通过惯性测量,确定大地测量高程、方位角、重力异常、垂线偏差等。总之,惯性测量在大地测量、石油钻井定位、地球物理探测、水下电缆铺设、隧道和井巷定向、森林保护、地震等领域都有广泛应用。

【学习目标】

知识目标：

1. 能够了解常用运动学量的检测方法；
2. 能够掌握霍尔传感器的工作原理和典型应用；
3. 能够掌握电涡流传感器的工作原理和典型应用；
4. 能够掌握光栅传感器的工作原理和典型应用；
5. 能够掌握常用运动学量传感器的选用和使用方法。

能力目标：

1. 能够选用常用的运动学量传感器解决简单的运动学量检测的问题；
2. 会使用霍尔式传感器测量转速；
3. 会使用电涡流传感器测量振动和偏心率；
4. 会使用光栅传感器进行位移的测量。

职业素质目标：

1. 培养学生自主学习的能力，严谨求实的科学态度，现代化信息技术应用素养；
2. 培养学生树立成本意识、质量意识和创新意识；
3. 培养学生团结协作、爱岗敬业的职业精神，创业精神、创新创业意识。

任务 1　基于霍尔传感器的机床转轴转速检测

【任务背景】

在现代工业发展中，经常会遇到各种需要测量转速的场合，例如在发电机、电动机、卷扬机、机床主轴等旋转设备的试验、运转和控制中，常需要分时或连续测量和显示其转速及瞬时转速。在控制系统中，常用的转速测量方法分为模拟式和数字式两种。模拟式是用直流测速发电机测量，其输出电压与转速成正比，输出为模拟量；数字式通常是用非接触式开关类传感器将转数变换为脉冲数，使其作为输出信号。设每转产生的脉冲数为 Z，测得脉冲的频率为 f，则转速 n 为 $60f/Z$(rad/min)。

工程实践中，机床转轴一般由电动机带动工作，在直流电动机的多年实际运行的过程中，机械测速电动机的不足日益明显，其主要表现为直流测速电动机 DG 中的炭刷磨损和交流测速发电机 TG 中的轴承磨损，增加了设备的维护工作量，也随之增加了发生故障的可能性，同时机械测速电动机在更换炭刷及轴承的检修作业过程中，需要停运直流电动机，安装过程中需要调整机械测速电机轴与主电机轴的同轴度，延长了检修时间，影响设备的长期平稳运行。

机床转轴的转速检测常使用霍尔传感器。利用霍尔元件的开关特性将机床主轴的转速转换为数字量的脉冲数输出，进而利用式 $n=60f/Z$ 测出转速。除了检测转速外，霍尔传感器还被广泛应用于位移、振动、速度等运动学量的检测。

【相关知识】

霍尔传感器是目前应用最为广泛的一种磁电式传感器。霍尔传感器具有灵敏度高、线性度和稳定性好、体积小、质量轻、频带宽、动态特性好、寿命长和耐高温等特点。

霍尔传感器可以用来检测磁场、微位移、转速、流量、角度，也可以制作高斯计、电流表、接近开关等，可以实现非接触测量，而且可采用永久磁铁产生磁场，不需附加能源。因此，这种传感器广泛应用于自动控制、电磁检测等领域。

让我来认识一下霍尔传感器吧！

一、霍尔传感器的工作原理

霍尔传感器的工作原理基于霍尔效应。

如图 1-1 所示，在金属薄片的两端，通入激励电流 I，把薄片置于磁感应强度为 B 的磁场中，磁场方向垂直于金属薄片，电流 I 和磁场 B 的方向形成一个平面，那么，在垂直于电流和磁场的方向上将产生电动势 E_H。把这一电动势称为霍尔电动势，把这一现场称为霍尔效应。霍尔电势 E_H 可以表示为

$$E_H=K_HIB \tag{1-1}$$

式中，K_H 为霍尔元件的灵敏度。

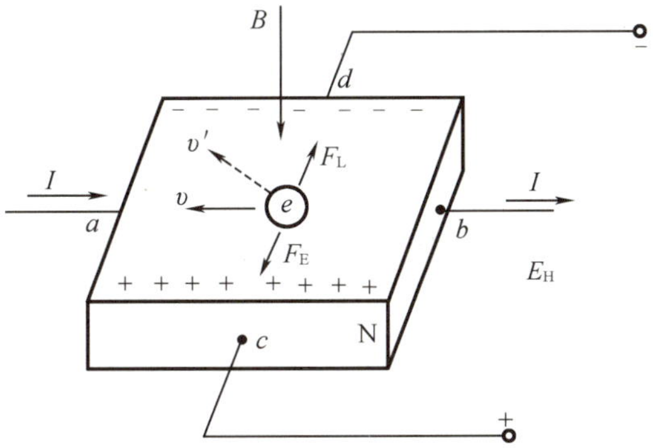

图 1-1　霍尔效应原理图

如图 1-2 霍尔效应演示所示，透过这一现象，来探究霍尔电动势产生的原因。

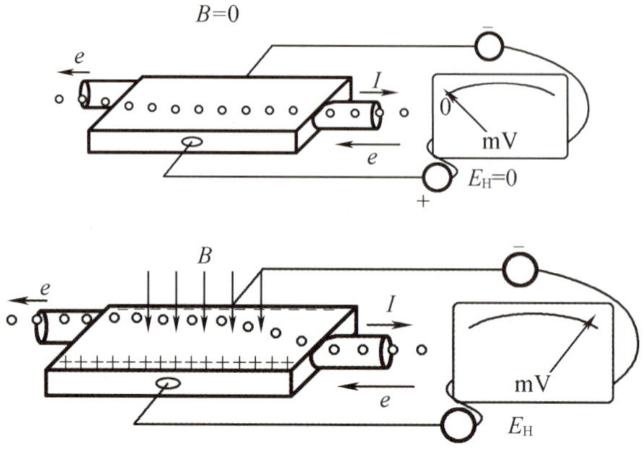

图 1-2　霍尔效应演示图

把金属薄片通入激励电流的两个端面称为 a 面和 b 面，产生霍尔电势的两个表面称为 c 面和 d 面。当不施加磁场强度，磁感应强度 $B=0$，仅给金属薄片施加激励电流 I 时，金属薄片内的自由电子在激励电流的作用下定向运动，运动的方向与电流 I 相反，激励电流 I 的方向从 a 面到 b 面，自由电子运动方向从 b 面到 a 面，此时 c 面和 d 面之间的电势为 0，当施加磁感应强度为 B 时，金属板内的自由电子受到洛伦兹力 f_L 的作用，导致自由电子运动的方向发生偏移，从而自由电子堆积在 d 面，d 面积累负电荷，c 面失去电子积累正电荷，此时 c 面和 d 面之间产生电场 E_H，称这一电场为霍尔电场，在霍尔电场的作用下，自由电子受到霍尔电场力 f_E 的作用，该力和洛伦兹力的方向相反，当洛伦兹力等于霍尔电场力的时候，在 c 面和 d 面之间建立起稳定的电动势，这一电动势叫作霍尔电势。

霍尔传感器有霍尔元件和霍尔集成传感器两种类型。

二、霍尔元件

1. 霍尔元件的结构

霍尔元件是一种半导体四端薄片元件，典型外形如图 1-3 所示。霍尔元件是由霍尔片、4 根引线和壳体组成的。霍尔片是一块矩形半导体单晶薄片（一般为 4 mm×2 mm×0. 1 mm），如图 1-3(a)所示，从矩形半导体薄片上两个相互垂直方向上的侧面上分别引出一对电极，其中 a、b 电极对用于加入控制电流，称为控制电流端引线，通常采用红色导线，其焊接处称为控制电流极（或称激励电极），要求焊接处接触电阻很小，并呈纯电阻，即欧姆接触（无 PN 结特性）。在薄片的另外两侧端面的中间以点的形式对称地焊有 2 根霍尔输出引线，通常采用绿色导线，其焊接处（c、d 电极对）称为霍尔电极（霍尔电动势输出端），要求欧姆接触，且电极宽度与基片长度之比要小于 0. 1，否则影响输出。霍尔传感器的壳体是用非导磁金属、陶瓷或环氧树脂封装的。

2. 霍尔元件材料

由于霍尔元件的灵敏度与材料的电阻率和电子迁移率（单位电场强度作用下，载流子的平均速度值）成正比。若要霍尔效应强，制造霍尔元件材料的电阻率和电子迁移率要大。

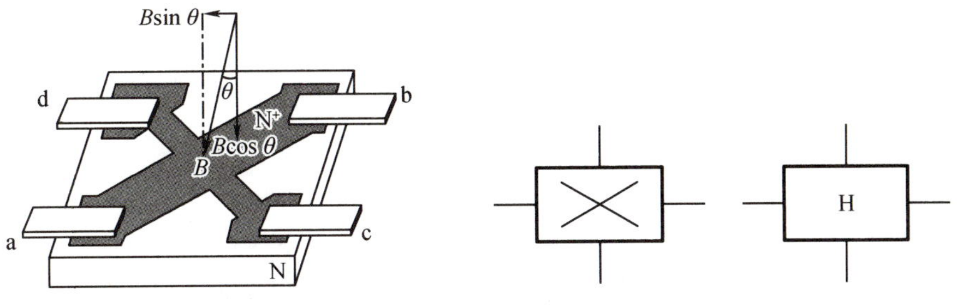

(a) 结构示意图　　(b) 图形符号

图 1-3　霍尔元件

对于金属导体，电子迁移率大，但电阻率很小；而绝缘材料电阻率极高，但电子迁移率极小，都不适宜制作霍尔元件。只有半导体材料的电阻率和电子迁移率适中，且 N 型半导体的电子迁移率大于 P 型半导体的电子迁移率，因此一般用 N 型半导体制作霍尔元件。

目前，国内外生产的霍尔元件采用的材料有锗、硅、锑化铟、砷化铟和砷化镓等。锗霍尔元件是较早研制的一种霍尔器件，它的霍尔系数较大，在输入控制电流较小的情况下，可以得到较大的霍尔电压。硅霍尔元件也是一种常用的分立型元件，它的温度系数比锗霍尔元件要小一些。锑化铟霍尔元件的输出较大，但受温度的影响也较大。砷化镓霍尔元件的温度特性比锑化铟霍尔元件好，其霍尔电压对磁场的线性度和测量精度也比锑化铟霍尔元件好，但是价格较贵。

3. 霍尔元件的基本测量电路

霍尔元件的基本测量电路如图 1-4 所示。激励电流 I 由电源 E 供给，其大小由可变电阻器 R_P 来调节。霍尔元件输出端接负载电阻 R_L（或接测量仪表的内阻、放大器的输入电阻等）。霍尔效应建立的时间很短，可以使用频率很高（如 10^9 Hz 以上）的交流激励电流。由于霍尔电动势正比于激励电流 I 和磁感应强度 B，所以在实际检测中，可以把激励电流 I 或磁感应强度 B，或者二者的乘积作为输入信号。

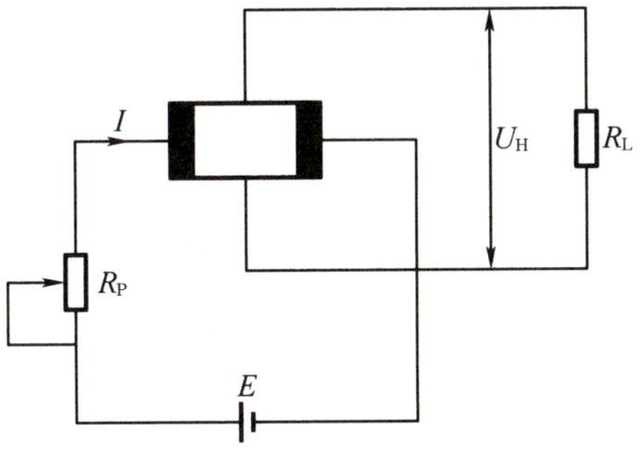

图 1-4　霍尔元件的基本测量电路

霍尔元件的输出电路如图 1-5 所示。在实际应用中，要根据不同的使用要求采用不同的连接电路方式。如在直流激励电流情况下，为了获得较大的霍尔电动势，可将几块霍尔元件的输出电压串联，如图 1-5(a)所示。在交流激励电流情况下，几块霍尔元件的输出可通过变压器接成图 1-5(b)所示形式,以增加霍尔电动势或输出功率。

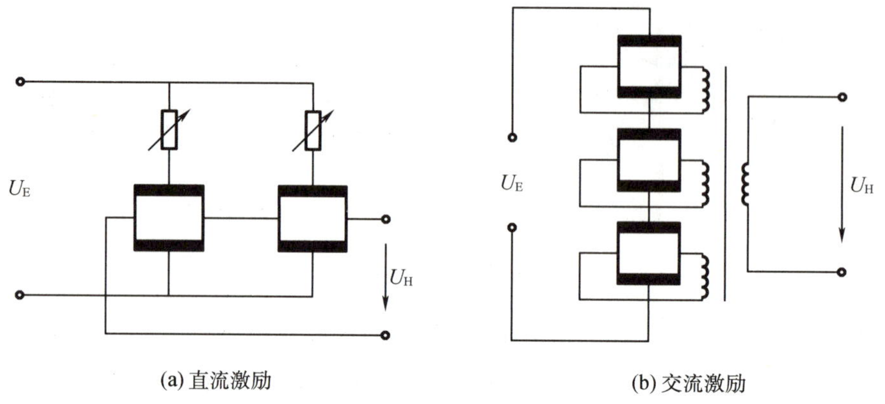

图 1-5 霍尔元件的输出电路

三、集成霍尔传感器

微电子技术的发展使得目前的霍尔元件多已集成化,即将霍尔元件、激励电流源、放大电路、施密特触发器以及输出电路等集成于一个芯片上,构成集成霍尔传感器。霍尔集成电路(又称霍尔 IC)取消了传感器和测量电路之间的界限,实现了材料、元件、电路三位一体。集成霍尔传感器减少了焊点,显著提高了工作可靠性。

集成霍尔传感器的输出是经过处理的霍尔输出信号。其输出信号快,传送过程中无抖动现象,且功耗低,对温度的变化是稳定的,灵敏度与磁场移动速度无关。按照输出信号的形式,其可以分为线性集成霍尔传感器和开关集成霍尔传感器两种类型。

1. 线性集成霍尔传感器

如图 1-6(a)所示为线性集成霍尔传感器芯片的外形与尺寸,如图 1-6(b)所示为其内部集成电路,主要由霍尔元件、恒流源和放大电路等组成,恒流源提供稳定的激励电流,霍尔电动势输出接入放大电路,输出电压较高,应用广泛,集成电路的输出电压与霍尔元件感受的磁场变化近似呈线性关系。它主要用于对被测数据进行线性测量的场合,如角位移、压力、电流等的测量。

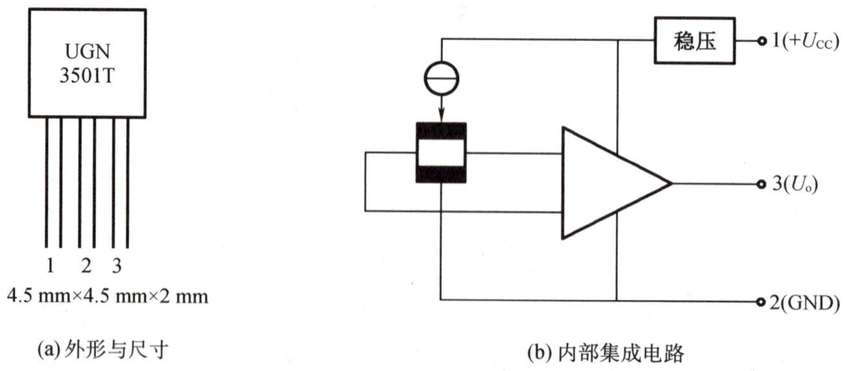

图 1-6 线性集成霍尔传感器

2. 开关集成霍尔传感器

开关集成霍尔传感器是利用霍尔效应与集成电路技术制成的一种传感器，以开关信号形式输出。霍尔开关集成器件具有使用寿命长、无触电磨损、无火花干扰、工作频率高、温度特性好及能适应恶劣环境等优点。

常用的开关集成霍尔传感器如图 1-7 所示，它由霍尔元件、放大电路、施密特触发器等部分组成。稳压电路可使传感器在较宽的电压范围内工作，开关输出可使该电路方便地与各逻辑电路连接。

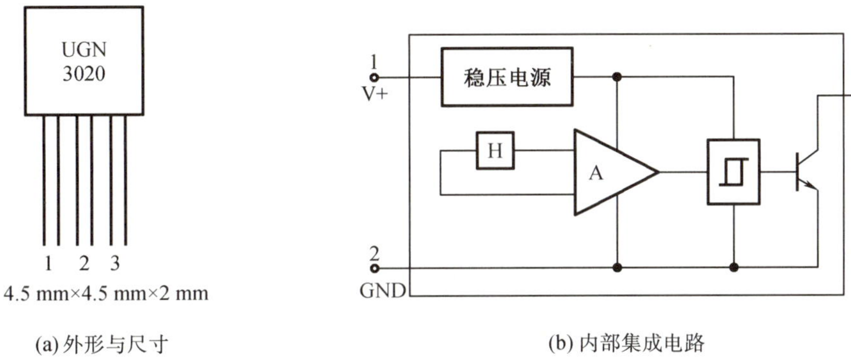

图 1-7　开关集成霍尔传感器

当有磁场作用在霍尔开关集成器件上时，根据霍尔效应原理，霍尔元件输出霍尔电动势，该电动势经放大器放大后，送至施密特整形电路。当放大后的霍尔电压大于“开启”阈值时，施密特电路翻转，输出高电平，晶体管导通，整个电路处于开状态。当磁场减弱时，霍尔元件输出的霍尔电动势很小，经放大器放大后其值还小于施密特的“关闭”阈值，此时施密特电路又翻转，输出低电平，晶体管截止，电路处于关状态。因此，一次磁场强度的变化，就使霍尔传感器完成了一次开关动作。

【任务实施】

霍尔电势是关于 I、B、θ 三个变量的函数，即：$E_H = K_H IB\cos\theta$。利用这个关系可以使其中两个量不变，将第三个量作为变量，或者固定其中一个量，其余两个量都作为变量。这使得霍尔传感器可以有许多用途。

霍尔传感器主要用于测量能够转换为磁场变化的其他物理量。霍尔传感器的应用按被检测的对象的性质可分为直接应用和间接应用两种。直接应用可以直接检测出受检测对象本身的磁场或磁特性（如高斯计等）。间接应用可以检测受检对象上人为设置的磁场，将这个磁场作为被检测的信息的载体，通过它将许多非电、非磁的物理量（例如力、位移、速度以及工作状态发生变化的时间等）转变成电量来进行检测和控制。

使用霍尔传感器测量机床主轴转速的方法

精密数控机床中的主轴转速可以达到每分钟十万转以上，为了满足数控机床高精度、高速度、高效率及安全可靠的性能要求，机床主轴转速的实时检测显得尤为重要。霍尔传感器可以实现非接触测量，具有灵敏度高、线性度和稳定性好、体积小、质量轻、频带宽、动态特性好、寿命长、耐高温和抗干扰能力强等特点，能够适应机床的运行环境，特别适用于工业现场机床主轴转速的检测。

利用霍尔元件的开关特性可以实现对转速的测量。在被测转轴上装一个转盘，转盘上安装能使传感器敏感的标记(磁铁)，转盘随轴转动，霍尔元件固定在转盘附近，如图 1-8 所示为霍尔转速传感器的几种不同结构形式，当小磁铁通过霍尔元件时输出一个脉冲，设每转产生的脉冲数为 Z，测得脉冲的频率为 f，则转速为 $n=60f/Z$。

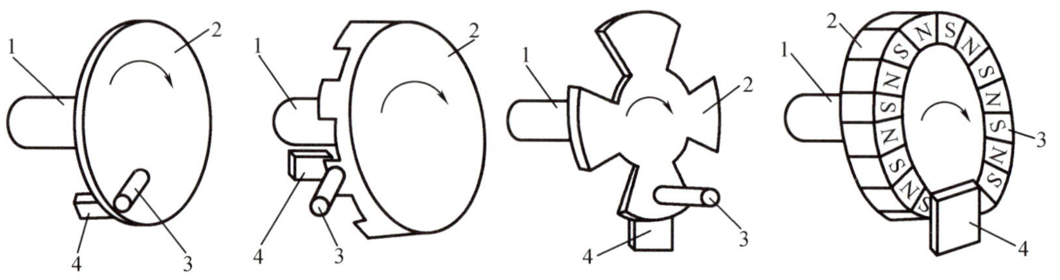

1—输入轴；2—磁性转盘；3—永久磁铁；4—霍尔传感器。

图 1-8　霍尔转速传感器的几种不同结构形式

霍尔转速传感器的测量结果精确稳定，输出信号可靠，可以防油、防潮，并且能在温度较高的环境中工作。普通的霍尔转速传感器的工作温度可达 100 ℃。霍尔转速传感器安装简单，使用方便，能实现远距离传输，目前在工业生产中应用广泛。例如，电力、汽车、航空、纺织和石化等领域都采用霍尔转速传感器来测量和监控机械设备的转速状态，以此实现自动化管理和控制。

使用霍尔传感器时的注意事项

霍尔传感器是典型的磁敏器件，除了对磁敏感外，光、热、机械应力均对其有一定程度的影响。因此，霍尔传感器在使用过程中要特别注意以下事项：

(1)严格在产品规格说明书规定的范围内使用，适宜的电源电压和负载电流是霍尔传感器正常工作的先决条件。霍尔传感器的供电电压不得超过额定电压。大部分集成霍尔传感器开关均为集电极开路输出，因此输出电路应接负载，负载阻值的大小取决于负载电流的大小，不能超负载使用。工作电压极性不能反接，在装配和焊接的过程中要注意防静电。

(2)在工作时，由于霍尔传感器的周围可能存在较强的电磁场，相关导线会将空间的电磁场能量耦合后转换为电路中的电压值，并作用于霍尔传感器；由于负载电路中的导线存在分布电感，当集成霍尔传感器中的晶体管导通或关闭时，电路中会由于电流瞬变而产生过冲电压。因此，霍尔传感器周边应配有稳压及高频吸收等保护电路。

(3)由于机械应力会造成霍尔传感器磁敏感度的漂移，在使用安装中应尽量减少施加到器件外壳和引线上的机械应力。特别是器件引脚上根部 1 mm 以内不允许施加任何机械应力(如弯曲整形等)。

(4)当环境温度过高时将损坏霍尔传感器内部的半导体材料,造成性能偏差或器件失效。因此,必须严格规范焊接温度和时间,手工焊接时,焊接温度不得高于 350 ℃,焊接时间应低于 3 s,霍尔传感器的使用环境温度也必须符合规格说明书的要求。

(5)由于霍尔传感器是一种敏感器件,因此其磁敏度在高、低温下的一定漂移是可接受的。一般情况下温度变化±60 ℃时,磁敏度温度漂移应不大于 0.002 5 T(高温器件磁敏度温度漂移应不大于 0.001 T)。

(6)在大多数场合,霍尔传感器具有很强的抗外磁场干扰的能力,一般在距离模块 5~10 cm 之间存在一个两倍于工作电流所产生的磁场干扰是可以忽略的,但当有更强的磁场干扰时,要采取适当的措施。通常的方法有:调整模块方向,使外磁场对模块的影响最小;在模块上加罩一个抗磁场的金属屏蔽罩,选用带双霍尔元件或多霍尔元件的模块电源维修。

应用案例 1:霍尔传感器检测微位移

霍尔元件具有结构简单、体积小、动态特性好和寿命长的优点,它不仅用于磁感应强度、有功功率及电能参数的测量,也在位移测量中得到广泛应用。

图 1-9 给出了一些霍尔式位移传感器的工作原理图。图 1-9(a)是磁场强度相同的两块永久磁铁,同极性相对地放置,霍尔元件处在两块磁铁的中间。由于磁铁中间的磁感应强度 $B=0$,因此霍尔元件输出的霍尔电势 U_H 也等于零,此时位移 $\Delta x=0$,若霍尔元件在两磁铁中产生相对位移,霍尔元件感受到的磁感应强度也随之改变,这时 U_H 不为零,其量值大小反映出霍尔元件与磁铁之间相对位置的变化量,这种结构的传感器,其动态范围可达 5 mm,分辨率为 0.001 mm。

图 1-9(b)是一种结构简单的霍尔位移传感器,是由一块永久磁铁组成磁路的传感器,在 $\Delta x=0$ 时,霍尔电压不等于零。

图 1-9(c)是一个由两个结构相同的磁路组成的霍尔式位移传感器,为了获得较好的线性分布,在磁极端面装有极靴,霍尔元件调整好初始位置时,可以使霍尔电压 $U_H=0$。这种传感器灵敏度很高,但它所能检测的位移量较小,适合于微位移量及振动的测量。

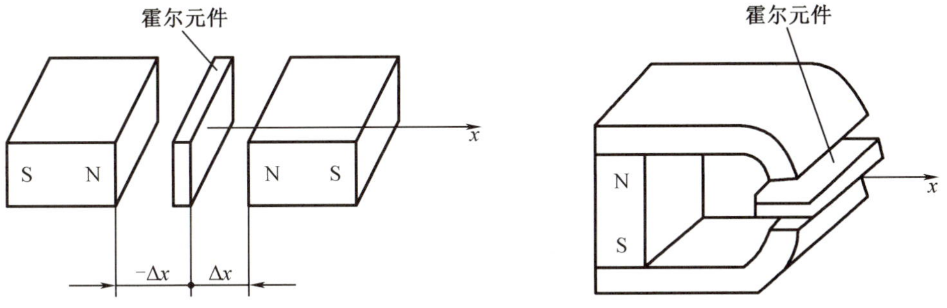

(a) 磁场强度相同的两块永久磁铁　　(b) 一块永久磁铁

图 1-9　霍尔式位移传感器的工作原理图

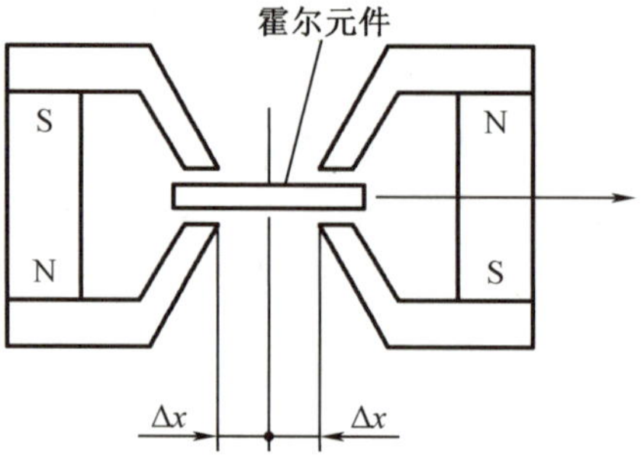

(c) 两块结构相同的磁铁

图 1-9(续)

应用案例 2：霍尔计数装置

霍尔开关传感器 SL3501 是具有较高灵敏度的集成霍尔元件，能感受到很小的磁场变化，因而可对铁磁金属零件进行计数检测。

图 1-10 是霍尔计数装置的工作原理及电路图。当钢球通过霍尔开关传感器时，传感器可输出峰值 20 mV 的脉冲电压，该电压经运算放大器 A(μA741)放大后，驱动半导体晶体管 VT(2N5812)工作，VT 输出端便可接计数器进行计数，并由显示器显示检测数值。

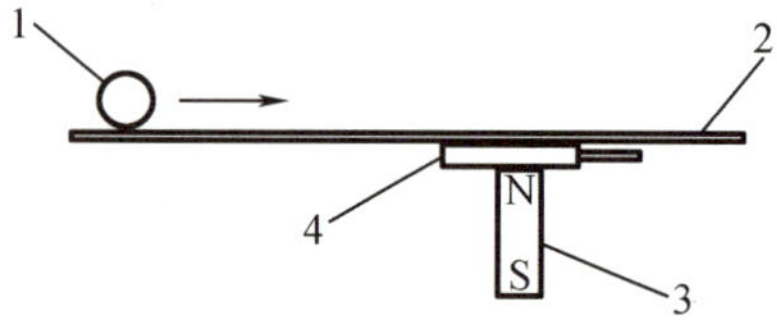

1—钢球；2—绝缘板；3—磁铁；4—霍尔开关传感器。

(a) 结构示意图

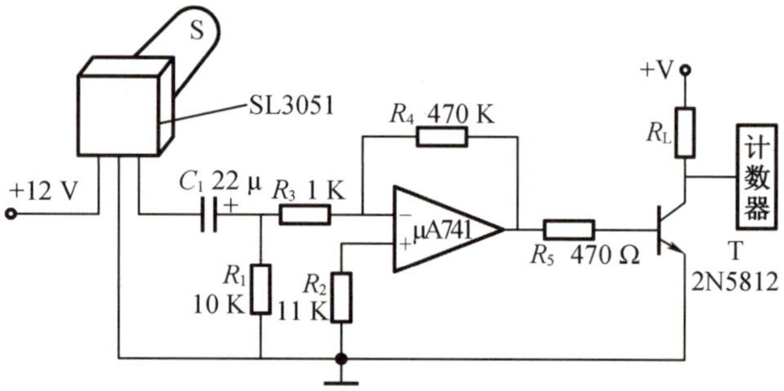

(b) 电路图

图 1-10　霍尔计数装置示意图和电路图

应用案例 3：霍尔接近开关

霍尔接近开关应用示意图如图 1-11 所示。

在图 1-11(a)中，磁极的轴线与霍尔接近开关的轴线在同一直线上。当磁铁随运动部件移动到距霍尔接近开关几毫米时，霍尔接近开关的输出由高电平变为低电平，经驱动电路使继电器吸合或释放，控制运动部件停止移动(否则将撞坏霍尔接近开关)起到限位的作用。

在图 1-11(b)中，磁铁随运动部件运动，当磁铁与霍尔接近开关的距离小于某一数值时，霍尔接近开关的输出由高电平跳变为低电平。与图 1-11(a)不同的是，当磁铁继续运动时，与霍尔接近开关的距离又重新拉大，霍尔接近开关输出重新跳变为高电平，且不存在损坏霍尔接近开关的可能。

在图 1-11(c)中，磁铁和霍尔接近开关保持一定的间隙，且均固定不动。软铁制作的分流翼片与运动部件联动。当它移动到磁铁与霍尔接近开关之间时，磁力线被屏蔽(分流)，无法到达霍尔接近开关，所以此时霍尔接近开关输出跳变为高电平。改变分流翼片的宽度可以改变霍尔接近开关的高电平与低电平的占空比。这种方法的精度比图 1-11(b)所示的方法精确。

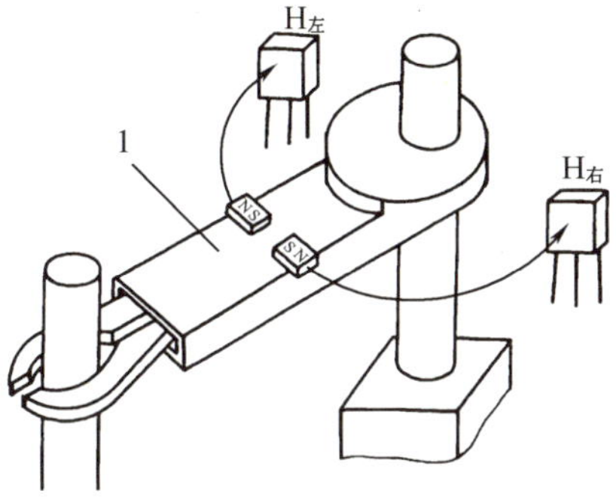

(a) 接近式

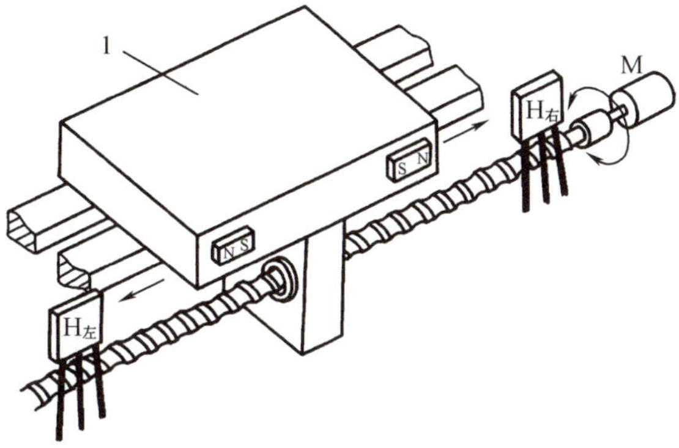

(b) 滑过式

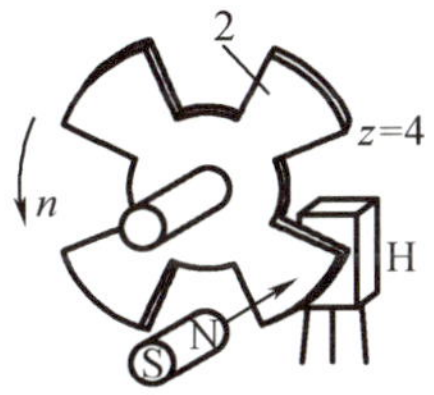

(c) 分流翼片式

1—运动部件；2—软铁分流翼片。

图 1-11　霍尔接近开关应用示意图

应用案例 4：霍尔电流传感器

霍尔电流传感器是近十几年发展起来的新一代的电力仪表。它具有电流互感器无法比拟的优点。例如，能够测量直流电流，弱电回路与主回路隔离，能够输出与被测电流波形相同的"跟随电压"，容易与计算机及二次仪表接口，准确度高、线性度好、响应时间快、频带宽，不会产生过电压等，因而广泛应用于冶金、电镀、电解、电力输变、交流传动等自动控制系统中的电流的检测和控制。

用一环形(有时也可以是方形)导磁材料做成铁芯，套在被测电流流过的导线(也称电流母线)上，将导线中电流感应的磁场聚集在铁芯中。在铁芯上开一与霍尔传感器厚度相等的气隙，将霍尔 IC 紧紧地夹在气隙中央。电流母线通电后，磁力线就集中通过铁芯中的霍尔 IC，霍尔 IC 就输出与被测电流成正比的输出电压或电流。

【任务评价】

对本任务的完成情况进行综合评价、总结与反思。

评价单自行打印,详情见附录。

任务 2　基于电涡流传感器的振动和偏心检测

【任务背景】

齿轮箱是机械传动中广泛应用的重要部件,在高速旋转机械和往复式运动机械的状态分析及振动分析中,对非接触的高精度振动、位移信号需要连续准确地采集转子振动状态的多种参数,如齿轮箱转轴的径向振动、振幅及轴向位置。从转子动力学、轴承学的理论上分析,大型旋转机械的运动状态主要取决于其核心——转轴,而电涡流传感器能直接非接触测量转轴的状态,对诸如转子的不平衡、不对中、轴承磨损、轴裂纹及发生摩擦等机械问题的早期判定可提供关键的信息。

电涡流传感器长期工作时具有可靠性好、测量范围宽、灵敏度高、分辨率高、响应速度快、抗干扰能力强、不受油污等介质的影响、结构简单等优点,可以对齿轮箱、汽轮机、水轮机、鼓风机、压缩机、空分机、大型冷却泵等大型旋转机械轴的径向振动、轴向位移、鉴相器、轴转速、胀差、偏心,以及转子动力学研究和零件尺寸检验等进行在线检测和保护。

【相关知识】

让我们来认识一下电涡流传感器吧!

电涡流传感器能实现静态和动态的非接触、高线性度、高分辨率的测量,能测得被测体(必须是金属导体)距探头断面之间相对位移的变化。

一、电涡流传感器的工作原理

由法拉第电磁感应原理可知,当将块状的金属导体置于变化的磁场中或者在磁场中做切割磁力线运动时,导体内将产生感应电流。这种电流的流线在金属体内自行闭合,类似于水中的漩涡,称为电涡流。电涡流的存在必然要消耗一部分磁场的能量,从而使激励线圈的阻抗发生变化,这种现象称为电涡流效应。

根据电涡流效应制成的传感器称为电涡流传感器。如图 1-12 所示为电涡流传感器的基本原理图。当激励线圈中有交变电流存在时,线圈周围空间必然产生交变磁场,若此时将金属导体靠近线圈,就会在金属导体中感应电涡流,电涡流的存在又产生新的交变磁场,该磁场与激励线圈产生的磁场方向相反,从而消耗一部分磁场能量,导致激励线圈阻抗发生变化。

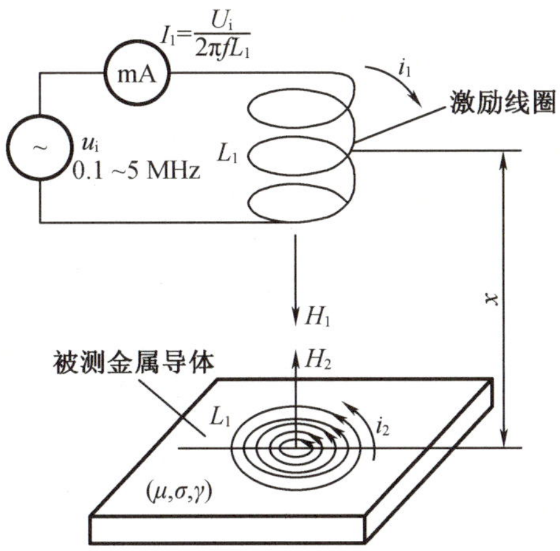

图 1-12 电涡流传感器的基本原理图

分析：

(1)当激励线圈中有交变电流 I_1 存在时，线圈周围空间必然产生交变磁场 H_1；

(2)若此时将金属导体靠近线圈，就会在金属导体中感应电涡流 I_2；

(3)电涡流的存在又产生新的交变磁场 H_2，该磁场与磁场 H_1 方向相反，消耗磁场 H_1 一部分能量，导致激励线圈阻抗 Z 发生变化。

线圈阻抗 Z 的变化与金属导体的电阻率 ρ、磁导率 μ 以及几何尺寸(γ 为几何尺寸因子)有关，还与金属导体与线圈的距离 x 以及激励线圈的激励电流 I_1、频率 ω 有关。

线圈等效阻抗的函数关系式为

$$Z=f(\rho,\mu,x,\omega,I_1,\gamma) \tag{1-2}$$

若保持其他参数不变，只改变以上参数(金属导体的电阻率 ρ、磁导率 μ、几何尺寸因子 γ、金属导体与线圈的距离 x、激励线圈的激励电流 I_1、频率 ω)中的一个，传感器的线圈阻抗 Z 就仅与此变化的参数成单值对应关系。再通过传感器的转换电路测出线圈阻抗 Z 的变化量，即可实现对与该参数相关非电量的测量。

例如：改变金属的磁导率 μ、电阻率 ρ，可以实现对金属材料的测量，还可以进行金属探伤；改变线圈与金属导体的距离 x，可以实现对位移、厚度的测量。

二、电涡流传感器的类型

电涡流传感器根据激励电源频率的高低，可以分为高频反射式和低频透射式两大类，其中高频反射式电涡流传感器应用较为广泛。

1. 高频反射式电涡流传感器

高频反射式电涡流传感器如图 1-13 所示。将一个电感线圈绕制成扁平的圆形线圈，粘贴在框架上，就构成了电涡流传感器。测量时，将传感器置于金属板附近，并加以高频电流。线圈上产生的高频磁场作用于金属板，在金属板的表面产生电涡流。该电涡流反射作用于传感器线圈，使传感器的电感量减小。当金属板的厚度远大于涡流的贯穿深度时，表面感应的电涡流几乎只取决于线圈与金属板之间的距离 x，而与金属板的厚度以及电阻率的变化无关。因此，高频反射式电涡流传感器可以测量位移量，也可以测量厚度、振幅、转

速等能转换成 x 的各种被测量。

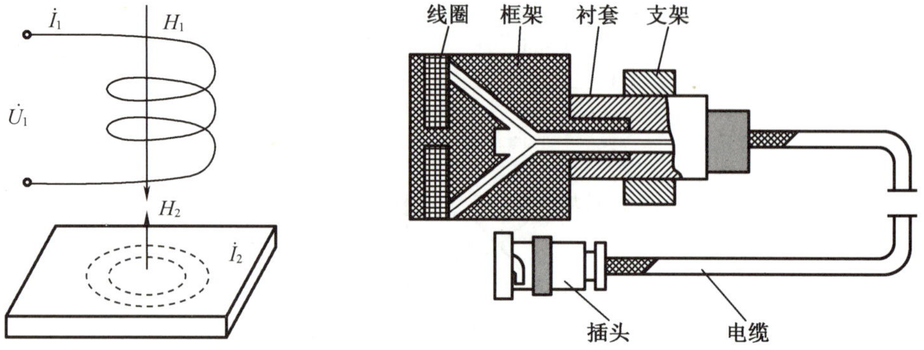

(a) 传感器　　(b) CZF2 型外形

图 1-13　高频反射式电涡流传感器

2. 低频透射式电涡流传感器

当加在传感器线圈上的激励电源的频率较低时，涡流的集肤深度将加大。如图 1-14 所示为低频透射式电涡流传感器的工作原理图。发射线圈 L_1 和接收线圈 L_2，分别位于金属板 M 的上、下方。发射线圈 L 通以低频电压信号，在其周围产生交变磁场。

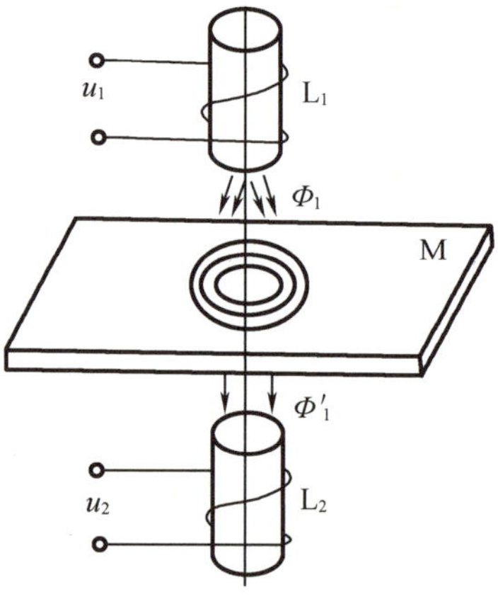

图 1-14　低频透射式电涡流传感器的工作原理图

如果两线圈中不存在金属板，线圈 L 的磁场将直接贯穿 L_2，在 L 上产生感应电动势 E。在 L_1 和 L_2 之间放置金属板 M 后，则在 M 中产生涡流。这个涡流损耗了磁场的能量，使 L_2 处的磁场强度减小，从而引起感应电动势 E 的减小。涡流的大小取决于金属板厚度 h，h 越大，涡流损耗越大，E 就越小。因此，E 的大小反映了金属板的厚度 h，这就是涡流传感器测厚的原理。

事实上，涡流的大小不仅与金属板的厚度有关，而且还与金属板的电阻率 ρ、磁导率 μ 有关。金属材料电阻率 ρ、磁导率 μ 与材料的性质以及温度密切相关，利用这一特性，低频透射式电涡流传感器可以用来测量温度、材质、硬度、应力以及裂纹。

三、电涡流传感器的转换电路

根据电涡流传感器的基本原理,传感器线圈与被测金属导体间距离的变化可以转化为传感器线圈的阻抗或电感的变化。测量电路则是把这些参数的变化转换为电压或电流输出,常用的测量电路有电桥电路和谐振电路。

1. 电桥电路

测量时,由于传感器线圈的阻抗发生变化,使电桥失去平衡,因电桥不平衡造成的输出信号被放大并检波,就可得到与被测量成正比的输出。

电桥电路原理图如图 1-15 所示,传感器线圈 L_1 和 L_2 分别与选频电容 C_1 和 C_2 并联组成两个桥臂,电阻 R_1 和 R_2 组成另外两个桥臂。静态时,电桥平衡,桥路输出电压为零;工作时,传感器接近被测体,由于涡流效应而引起传感器线圈电感变化,电桥失去平衡,有电压输出。经放大后送至检波器检波,输出直流电压 U_o,U_o 的大小正比于传感器的位移量,从而实现对位移量的测量。

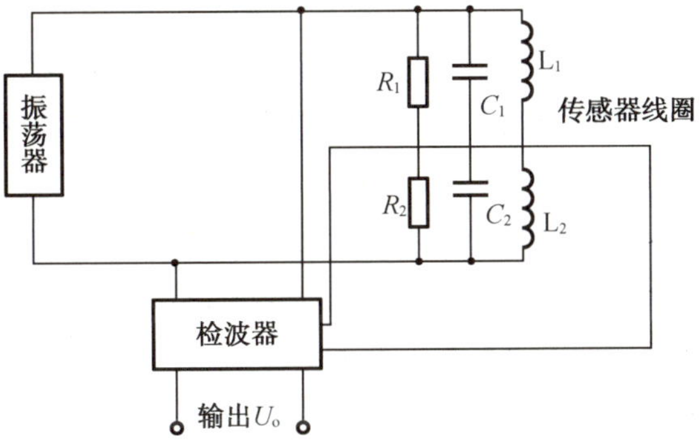

图 1-15 电涡流传感器电桥电路原理图

2. 谐振电路

将传感器线圈与电容并联组成 LC 并联谐振电路,当传感器接近被测金属导体时,线圈电感发生变化,LC 回路的阻抗和谐振频率将随着 L 的变化而变化,因此可以利用测量回路阻抗或谐振频率的方法间接反映出传感器的被测量,相应的方法有调幅法和调频法,具体电路如图 1-16 所示。调幅电路是把传感器电感的变化转换成为电压幅度的变化输出,而调频电路是把传感器电感的变化转换成为电压频率的变化输出。

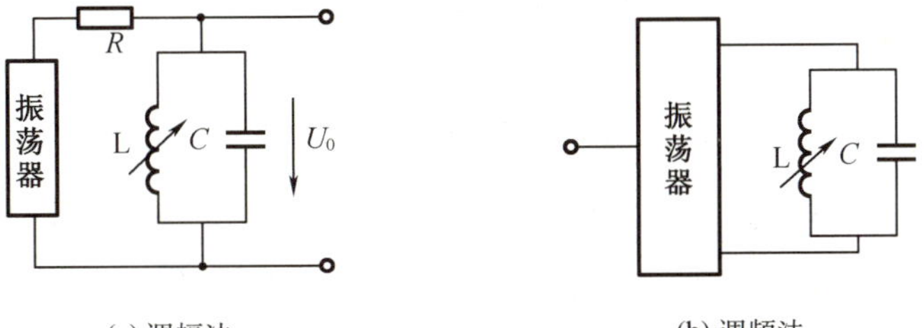

(a) 调幅法 (b) 调频法

图 1-16 电涡流传感器谐振测量电路

【任务实施】

电涡流传感器在旋转机械在线监测中的应用

电涡流传感器能静态和动态地非接触、高线性度、高分辨能力地测量被测金属导体与探头表面的距离。它是一种非接触的线性化计量工具。电涡流传感器能准确测量被测体（必须是金属导体）与探头端面之间静态和动态的相对位移变化。

从转子动力学、轴承学的理论层面分析，大型旋转机械的运动状态，主要取决于其核心——转轴，而电涡流传感器能直接非接触测量转轴的状态，对诸如转子的不平衡、不对中、轴承磨损、轴裂纹及发生摩擦等机械问题的早期判定，提供关键的信息。电涡流传感器以其长期工作可靠性好、测量范围宽、灵敏度高、分辨率高、响应速度快、抗干扰力强、不受油污等介质的影响、结构简单等优点，在大型旋转机械状态的在线监测与故障诊断中广泛应用。

电涡流传感器广泛应用于电力、石油、化工、冶金等行业和一些科研单位，可对大型旋转机械轴的径向振动、偏心、轴向位移、鉴相器、轴转速、胀差以及转子动力学研究和零件尺寸检验等进行在线测量和保护。

1. 振动测量

测量径向振动，可以检测轴承的工作状态，可以检测转子的不平衡、不对中等机械故障，还可以提供对于下列关键或基础机械进行机械状态监测所需要的信息。

径向振动/轴向位移：包括蒸汽/燃气工业透平，空气/特殊用途气体压缩机；膨胀：包括蒸汽/燃气/水利动力发电透平，电动机，发电机，励磁机，齿轮箱，泵，风扇，鼓风机，往复式机械。

振动测量同样可以用于对一般性的小型机械进行连续监测，如图 1-17 所示。可为如下各种机械故障的早期判别提供重要信息。

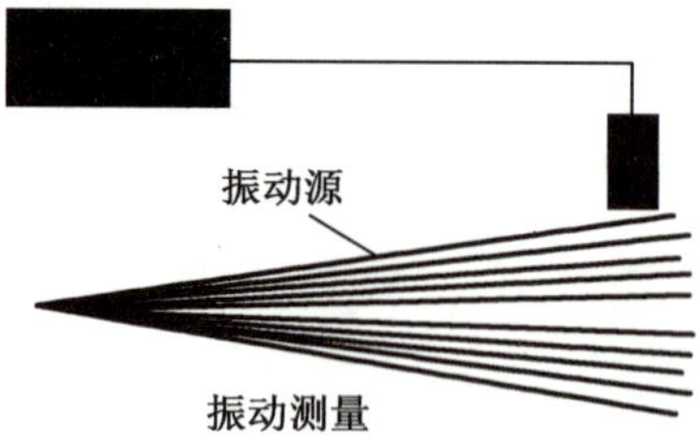

图 1-17　电涡流传感器振动测量

轴的同步振动：油膜失稳；转子摩擦：部件松动；轴承套筒松动：压缩机喘振；滚动部件轴承失效；轴承巴氏合金磨损；平衡（阻气）活塞磨损/失效：联轴器“锁死”；轴弯曲：轴裂纹；电动机空气间隙不匀：齿轮咬合问题；透平叶片通道共振：叶轮脱流现象。

2. 偏心测量

偏心是在低转速的情况下，电涡流传感器系统可以对轴弯曲程度进行测量，这种弯曲可由下列情况引起：原有的机械弯曲；临时温升导致的弯曲；在静止状态下，必然有些向下弯曲，有时也叫重力弯曲，这是外力造成的弯曲。偏心的测量，对于评价旋转机械全面的机械状态是非常重要的。如图 1-18 所示为电涡流传感器偏心轨迹的测量示意图。特别是对于装有透平监测仪表系统（TSI）的汽轮机，在启动或停机过程中，偏心测量已成为必不可少的测量项目。

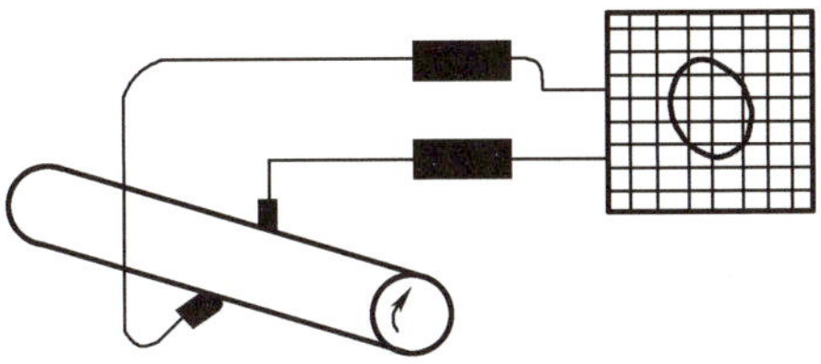

图 1-18　电涡流传感器偏心轨迹的测量示意图

3. 位移测量

对于许多旋转机械，包括蒸汽轮机、燃气轮机、水轮机、离心式和轴流式压缩机、离心泵以及数控机床等，对轴向位移要求苛刻。高速旋转的主轴将受到巨大的轴向推力，如主轴位移超过特定值域时，叶片或转子有可能与其他部件碰撞而损坏。

轴向位移是指机器内部转子沿轴心方向的位移。轴向位移的测量，可以指示旋转部件与固定部件之间的轴向间隙或相对瞬时的位移变化，用以防止机器的损坏。因此，需要利用电涡流传感器测量其位移，如图 1-19 所示为电涡流传感器位移测量示意图。

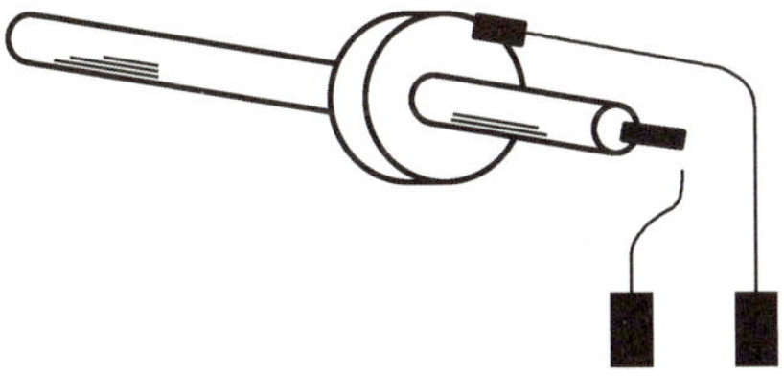

图 1-19　电涡流传感器位移测量示意图

有些机械故障，也可通过轴向位移的探测进行判别，例如止推轴承的磨损与失效；平衡活塞的磨损与失效；止推法兰的松动；联轴节的锁住等。轴向位移（轴向间隙）的测量，经常与轴向振动弄混。轴向振动是指传感器探头表面与被测体，沿轴向之间距离的快速变动，这是一种轴的振动，用峰峰值表示。它与平均间隙无关。有些故障可以导致轴向振动，例如压缩机的喘振和不对中。

4. 胀差测量

对于汽轮发电机组来说，在其启动和停机时，由于金属材料、热膨胀系数以及散热的不同，轴的热膨胀可能超过壳体膨胀，有可能导致透平机的旋转部件和静止部件（如机壳、喷嘴、台座等）相互接触，造成机器的损坏。因此胀差的测量是非常重要的。如图 1-20 所示为电涡流传感器胀差的测量示意图。

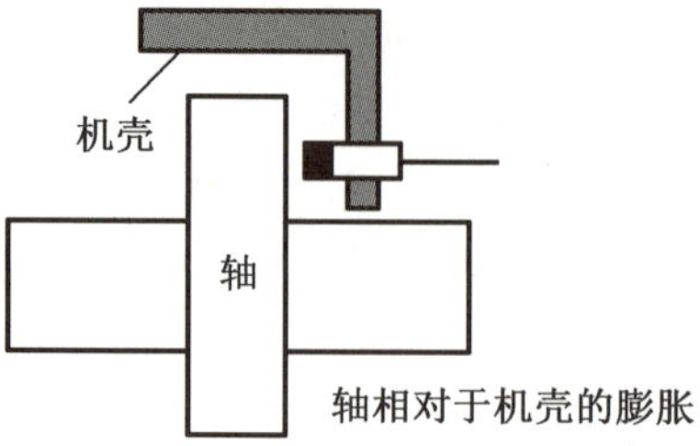

图 1-20　电涡流传感器胀差的测量示意图

5. 滚动轴承、电机换向器整流片动态监控

由于在轴承旋转时，滚动元件与轴承有缺陷的地方相碰撞，外环会产生微小变形。监测系统可以监测到这种变形信号，当信号变形时意味着发生了故障，如滚动元件的裂纹缺陷或者轴承环的缺陷等，还可以测量轴承内环运行状态，经过运算可以测量轴承打滑度。

6. 转速的测量

图 1-21 所示为电涡流转速的测量示意图。在旋转体上开一条或数条槽（凹槽或凸槽），旁边安装一个电涡流传感器。当轴转动时，传感器与转轴之间的距离发生改变，使输出信号也随之变化。该输出信号经放大、整形后，由频率计测出变化的频率，从而测出转轴的转速。若转轴上开有 T 个槽（旋转体的齿数），频率计读数为 f（单位为 Hz），则转轴的转速 n（单位为 r/min）为：$n=60f/T$。这种转速传感器可实现非接触测量，抗污染能力强，可安装在旋转体旁长期对被测旋转体进行监视，测量转速可达 6×10^5 r/min。

用同样的方法可以将涡流传感器安装在产品输送线上对产品进行计数。

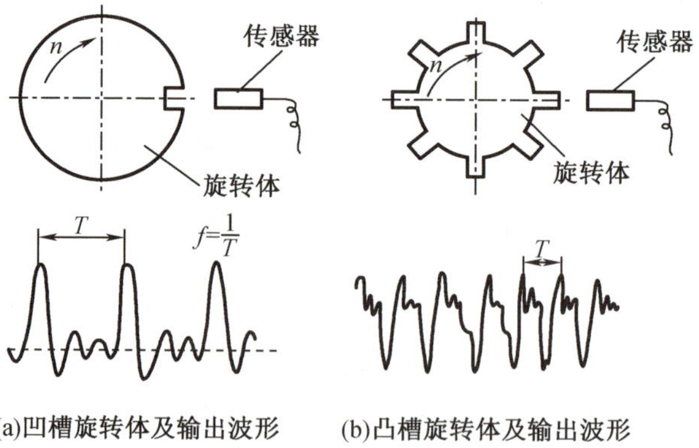

图 1-21　电涡流传感器转速的测量示意图

使用电涡流传感器的要求

1. 对被测体的要求

为了防止电涡流产生的磁场影响仪器的正常工作，安装时传感器头部四周必须留有一

定范围的非导电介质空间，如果在某一部位要同时安装两个以上的传感器，就必须考虑是否会产生交叉干扰，两个探头之间一定要保持规定的距离，被测体表面积应为探头直径3倍以上，当无法满足此要求时，可以适当减小，但这是以牺牲灵敏度为代价的，一般探头直径等于被测体表面积时，灵敏度降低至70%，所以当灵敏度要求不高时可适当缩小测量表面积。

2. 对工作温度的要求

一般进口的涡流传感器最高温度不大于180 ℃，而国产的只能达到120 ℃，并且这些数据来源于生产厂家，其中有很大的不可靠性。据相关的资料分析，实际上，工作温度超过70 ℃时，电涡流传感器的灵敏度就有显著降低，甚至会造成传感器的损坏。在核电站工业、涡轮发动机制造、火箭发射、汽车发动机检验、冶金钢铁熔炉等领域需要耐高温的电涡流传感器耐受性必须很高，电涡流传感器的灵敏度受温度影响，轴振测量时安装使用电涡流传感器应尽量远离汽封，只有特制的耐高温传感器(如高低温电涡流传感器)才能用于安装汽封附近。

3. 对探头支架的要求

电涡流传感器应安装在固定支架上，支架的好坏将直接决定测量的效果，因此要求支架应有足够的刚度，以提高自振频率，避免或减小被测体振动时支架也同时受激自振。据资料表明，支架的自振频率至少应为机械旋转速度的10倍，支架应与被测表面切线方向平行，传感器垂直安装在支架上，虽然探头的中心线在垂直方向偏15°角时对系统特性没有影响，但最好还是保证传感器与被测面垂直。

4. 对初始间隙的要求

各种型号电涡流传感器在一定的间隙电压值下，其读数才有较好的线性度，所以在安装传感器时必须调整好合适的初始间隙，对每种型号的电涡流传感器应进行特性试验，绘出相应的特性曲线，工程技术人员在使用传感器时必须仔细研究配套的校验证书，认真分析其特性曲线，以确定传感器是否满足所要测量的间隙，一般传感器直径越大，所测量间隙也越大。

应用案例1：安检中的金属探测

利用电涡流传感器可以制作安检门，用于机场、海关、监狱等处。当携带枪支、管制刀具及其他可能发生安全隐患的金属物品的人员通过时，可引起安装于门框内的线圈感抗发生变化，经转换电路处理后可送显示和报警单元，从而确保重要口岸的安全。

如图1-22所示为电涡流式通道安全检查门电原理框图，L_{11}、L_{12}为头尾串联的两组发射线圈；L_{21}、L_{22}为头尾串联的两组接收线圈。它们均用环氧树脂浇灌密封在门框内。10 kHz音频信号通过L_{11}、L_{12}在线圈周围产生同频率的交变磁场。L_{21}、L_{22}实际上分成6个扁平线圈，分布在门的两侧的上、中、下部位，形成6个探测区。

当没有金属物品通过时，由于L_{11}、L_{12}和L_{21}、L_{22}相互垂直，形成电气正交，所产生的磁场H_1、H_2无磁路交联，U_{21}、U_{22}电位和相位相等。由于后处理电路中含有锁相电路，所以输出电压$U_o=0$。

当有金属物体通过 L_{11}、L_{12} 形成交变磁场 H_1 时，交变磁场就会在该金属导体表面产生电涡流。电涡流也将产生一个新的微弱磁场 H_2。H_2 的相位与金属体位置、大小等有关，但与 L_{11}、L_{12} 不再正交，因此可以在 L_{11}、L_{12} 中感应出电压。计算机根据感应电压的大小、相位来判定金属物体的大小。

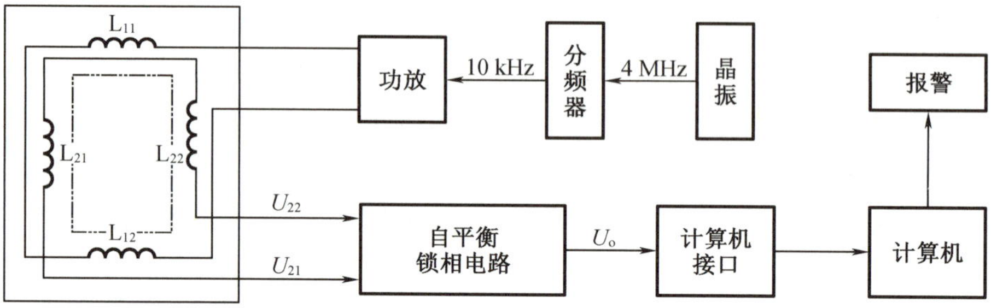

图 1-22　电涡流式通道安全检查门电原理框图

由于个人携带的日常用品例如皮带扣、钥匙串、眼镜架、戒指甚至断腿中的钢钉等也会引起误报警，因此计算机还要进行复杂的逻辑判断，才能获得既灵敏又可靠、准确的效果。

目前多在安检门的侧面安装一台“软 X 光”扫描仪。当发现疑点时，可启动对人体无害的低能量狭窄扇面 X 射线，进行断面扫描。用软件处理的方法，合成完整的光学图像。

在更严格的安检中，还要在安检门侧面安装能量微弱的中子发射管，对可疑对象开启该装置，让中子穿过密封的行李包，利用质谱仪来计算出行李物品的含氮量，以及碳、氧的精确比例，从而确认是否为爆炸品（氮含量较大）。计算其他化学元素的比例，还可以确认毒品或其他物质。

应用案例 2：电涡流无损探伤

电涡流探伤是一种无损检测，电涡流传感器可以用来检查金属表面和内部的裂纹以及焊接部位的缺陷等。使传感器与被测物体保持距离不变，如果在金属表面或者内部存在裂纹，金属的电阻率、磁导率就会变化，这将引起传感器参数的变化，使输出电压发生改变，根据输出的变化即可知裂纹或缺陷的存在。

【任务评价】

对本任务的完成情况进行综合评价、总结与反思。

评价单自行打印，详情见本项目最后。

任务 3　基于光栅传感器的数控机床位移检测

【任务背景】

无论是先进的数控机床，还是旧机床的改造，都需要精确测量加工实况。检测元件是数控机床闭环伺服系统的重要组成部分。其作用是检测位置和速度、发送反馈信号、构成闭环控制。闭环系统的数控机床的加工精度主要取决于检测系统的精度。位移检测系统能够测量出的最小位移量称为分辨率。分辨率不仅取决于检测装置本身，而且取决于测量线路。因此，研制和选用性能优越的检测装置是非常重要的。

数控机床对检测装置的要求主要有：工作可靠，抗干扰性强；使用维护方便，适应机床的工作环境；满足精度和速度的要求；成本低。不同类型的数控机床对检测装置的精度和适应的速度是不同的。大型机床是以满足速度要求为主，而中小型机床和高精度机床则是以满足精度要求为主。选择测量系统的分辨率要比加工精度高 1 个数量级。

因此，根据数控机床检测工作台位移的要求，可选择光栅传感器，光栅传感器是根据莫尔条纹原理制成的一种脉冲输出数字式传感器，它广泛应用于数控机床等闭环系统的线位移和角位移的自动检测以及精密测量方面，测量精度可达几微米。

【相关知识】

让我们来认识一下光栅传感器吧！

20 世纪 50 年代以后，随着数控机床的出现和电子技术的发展，光栅技术得以快速发展，现已广泛应用于精密位移测量和精密机械的自动控制等方面，尤其是在数控机床位移的检测中。光栅传感器具有检测精度和分辨率高、稳定性好、抗干扰能力强、便于信号处理和实现自动化测量等优点。只要能够转换为位移的物理量，如速度、加速度、振动、形变等，均可使用光栅传感器进行测量。

一、光栅

1. 概述

由大量等宽等间距的平行狭缝组成的光学器件称为光栅，如图 1-23 所示。光栅上的刻线（不透明）称为栅线，宽度为 a；缝隙（透明）宽度为 b；栅距（也称光栅常数）$W=a+b$。一般情况下 $a=b$，也可做成 $a:b=1.1:0.9$。

光栅由标尺光栅和指示光栅组成，指示光栅安装在机床的移动部件上，标尺光栅安装在机床的固定部件上，它们之间保持 0.05 mm 或 0.1 mm 的间隙。

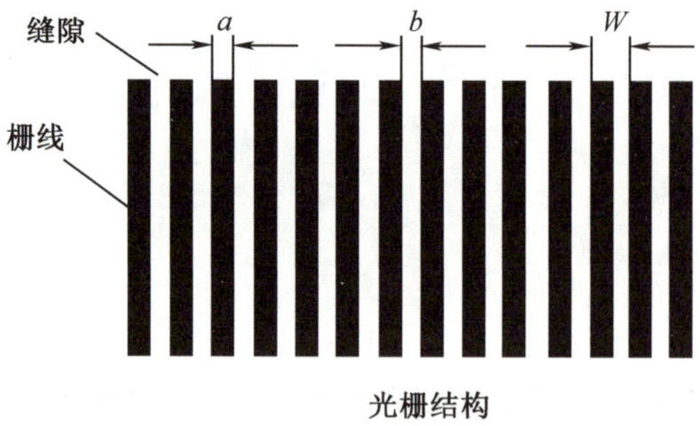

图 1-23　光栅条纹结构

2. 光栅的分类

(1)按用途分类

按照光栅的用途可以分为物理光栅和计量光栅,前者的刻线比后者细密。物理光栅主要利用光的衍射现象,通常用于光谱分析和光波长的测定等方面;计量光栅主要利用光栅的莫尔条纹原理,被广泛应用于位移的精密测量与控制中。本任务介绍的光栅属于计量光栅。

计量光栅按其透射形式可分为透射光栅和反射光栅。

透射光栅:在磨制的光学玻璃上或在玻璃表面感光材料的涂层上刻成光栅线纹。光源可以采用垂直入射光,光电元件直接接收光照,因此信号幅值比较大,信噪比好。光电转换电路结构简单,且根据测量精度的要求,其线性密度有 10 线/mm、25 线/mm、50 线/mm、100 线/mm、250 线/mm 等几种规格。但是由于玻璃体易破裂,热膨胀系数与金属部件不一致,影响测量精度。

反射光栅:光栅和机床金属部件的热膨胀系数一致,它们可以连接起来加长使用,也可用钢带做成长达数米的长光栅。为了使反射后的莫尔系数反差较大,每毫米内线纹不宜过多,常用 4 线/mm、10 线/mm、25 线/mm、40 线/mm、50 线/mm。

(2)按应用分类

按照光栅的应用分,有测量线位移的长光栅和测量角位移的圆光栅。刻画在玻璃尺上的光栅,称为长光栅,其刻线相互平行,用于测量长度或线位移。圆光栅在圆盘玻璃上刻线,用来测量角度或角位移。

二、光栅的工作原理

1. 莫尔条纹

计量光栅是利用莫尔条纹原理实现几何量的测量的。莫尔条纹是由主光栅和指示光栅的遮光和透光效应形成的(两只光栅参数相同)。

如图 1-24 所示,当两块有相同栅距的光栅合在一起,其栅线之间倾斜一个很小的夹角 θ 时,于是在近乎垂直于栅线的方向上出现了明暗相间的条纹。例如在 $h—h$ 线上,两个光栅的栅线彼此重合,从缝隙中通过光形成条纹的亮带;在 $g—g$ 线上,两光栅的栅线彼此错开,形成条纹的暗带,当 $a=b=W/2$ 时,$g—g$ 线上为全黑。

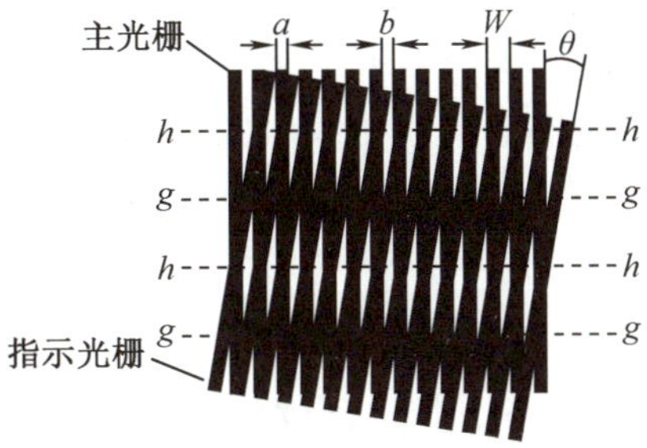

图 1-24 莫尔条纹的形成示意图

像这样近似垂直于栅线方向的莫尔条纹称为横向莫尔条纹;而由栅距不等的两光栅形成的莫尔条纹称为纵向莫尔条纹;将形成纵向莫尔条纹的两光栅倾斜一小角度 θ,则形成斜向莫尔条纹。

2. 莫尔条纹的宽度

当 θ 角很小时,由图 1-25 所示可知,横向莫尔条纹的宽度 B 与栅距 W 和倾斜角 θ 之间的关系为:$B\approx\frac{W}{\theta}$。

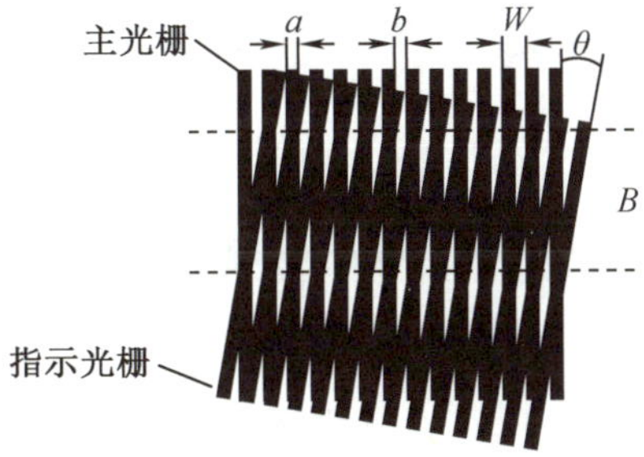

图 1-25 莫尔条纹的宽度

3. 莫尔条纹的特点

根据式 $B\approx\frac{W}{\theta}$ 可知,莫尔条纹具有以下特点。

(1)对位移的光学放大作用

当主光栅沿与刻线垂直的方向移动一个栅距 W 时,莫尔条纹移动一个条纹间距 B,当两个等距光栅的栅间夹角 θ 较小时,主光栅移动一个栅距 W,莫尔条纹移动 KW 距离,K 为莫尔条纹的放大倍数,则:$K=B/W\approx1/\theta$。

当 θ 角较小时,例如 $\theta=30'$,则 $K=115$,表明莫尔条纹的放大倍数相当大。这样,可把肉眼看不见的光栅位移变成清晰可见的莫尔条纹移动,就可以通过测量条纹的移动来检测光栅的位移,实现高灵敏度的位移测量。

(2)连续变倍的作用

由式 $K=B/W\approx1/\theta$ 可知,其放大倍数 K 可以通过改变 θ 角连续变化,从而获得任意粗细的莫尔条纹。

(3)对光栅刻画误差有均衡作用

光栅的刻画误差是不可避免的。莫尔条纹由大量的光栅栅线共同形成,所以对光栅栅线的刻画误差有平均作用,能在很大程度上消除光栅刻线不均匀、刻线的缺陷等引起的误差。因此,栅距误差对测量精度影响较小。

4. 莫尔条纹的移动方向

当主光栅沿栅线垂直方向移动时,莫尔条纹沿着夹角为 θ 角的平分线(近似平行于栅线)方向移动。莫尔条纹、光栅移动方向与夹角转向之间的关系见表 1-1。

表 1-1　莫尔条纹、光栅移动方向与夹角转向之间的关系

标尺光栅相对指示光栅的转角方向	标尺光栅移动方向	莫尔条纹移动方向
顺时针方向	向左	向上
	向右	向下
逆时针方向	向左	向下
	向右	向上

5. 莫尔条纹测量位移的原理

光栅每移过一个栅距 W,莫尔条纹就移过一个间距 B,通过测量莫尔条纹移过的数目,即可得出光栅的位移量。

由于光栅的遮光作用,透过光栅的光强随莫尔条纹的移动而变化,变化规律接近于一个直流信号和一个交流信号的叠加。固定在指示光栅一侧的光电转换元件的输出,可以用光栅位移量 x 的正弦函数表示,如图 1-26 所示。只要测量波形变化的周期数 N(等于莫尔条纹移动数)就可知道光栅的位移量 x,其数学表达式为:$x=NW$。

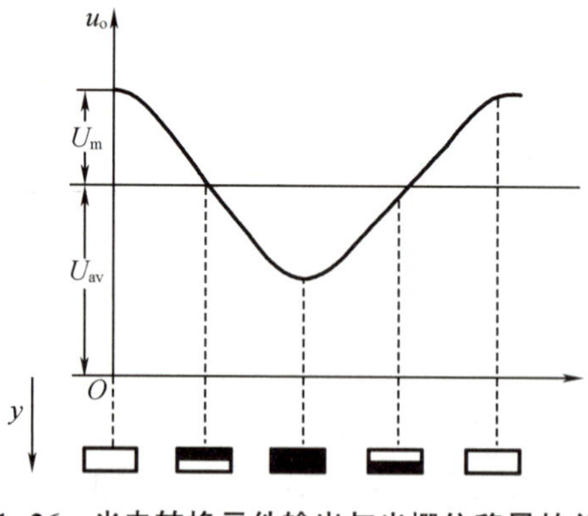

图 1-26　光电转换元件输出与光栅位移量的关系

三、光栅位移传感器

光栅位移传感器主要由标尺光栅、指示光栅、光路系统和光电元件等组成，如图 1-27 所示。下面以黑白透射式长光栅为例说明光栅位移传感器的工作原理。

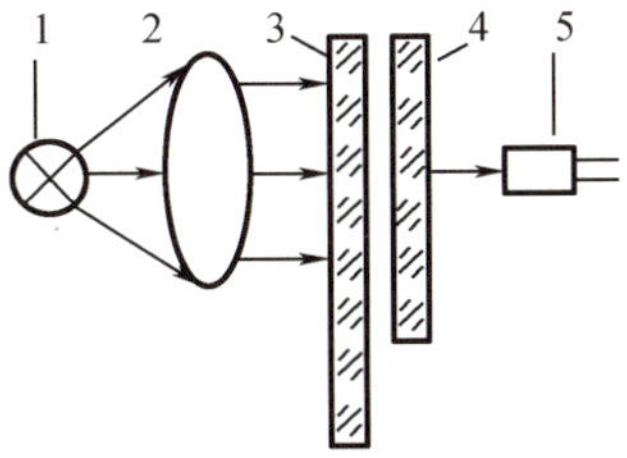

1—光源；2—聚光镜；3—主光栅（标尺光栅）；4—指示光栅；5—光电元件。

图 1-27　光栅位移传感器的光电转换原理

当光电元件接收到明暗相间的正弦信号时，根据光电转换原理将光信号转换为电信号。当波形重复到原来的相位和幅值时，相当于光栅移动了一个栅距 W，如果光栅相对移动了 N 个栅距，此时位移 $x=NW$。当主光栅移动一个栅距 W 时，电信号则变化一个周期。

当两个光栅沿刻线垂直方向做相对移动时，莫尔条纹则沿光栅刻线方向移动（两者的运动方向相互垂直）。光栅运动方向改变，莫尔条纹的运动方向也相应改变。查看莫尔条纹的上下移动方向，即可确定主光栅左右移动的方向。

因此可根据莫尔条纹移动的条纹数和方向，测出光栅移动的距离和方向。光栅传感器就是根据这一原理，实现对位移的检测。

光栅传感器是数字式传感器，它直接输出数字信号。与模拟式传感器相比，数字式传感器抗干扰能力强，稳定性强；易于与微机接口，便于进行信号处理和实现自动化测量。

【任务实施】

光栅尺的选型

光栅尺以精度见长，量程在 0~2 m 的性价比有明显优势，常见于金属切削机床、电火花机等数控设备上。因光栅尺生产工艺的原因，若测量长度超过 5 m，生产制造将很困难，价格会很昂贵。光栅在选型时应注意以下几点。

1. 准确度等级的选择

数控机床配置线性光栅尺是为了提高线性坐标轴的定位精度、重复定位精度，所以光栅尺的准确度等级是首要考虑的。光栅尺的准确度等级有多种，常见的包括 ±1 μm、±3 μm、±5 μm 等，也有相对较低精度的如 ±10 μm 等，更高精度的可达 ±0.1 μm 及以下。通常在设计数控机床时，应根据设计精度要求来选择准确度等级，值得注意的是在选用高精度光栅尺时要考虑光栅尺的热性能，它是机床工作准确度的关键环节，即要求光栅尺的刻线载体的热膨胀系数与机床光栅尺安装基体的热膨胀系数一致，以克服由于温度引起的热形变。

另外，光栅尺最大移动速度可达 120 m/min，目前可完全满足数控机床设计的要求；单个光栅尺最大长度为 3 040 mm，如控制线性坐标轴大于 3 040 mm 时，可采用光栅尺对接的方式达到所需长度。

2. 测量方式的选择

光栅尺按测量方式，分为增量式光栅尺和绝对式光栅尺两种。

增量式光栅尺就是光栅扫描头通过读出到初始点的相对运动距离而获得位置信息，为了获得绝对位置，这个初始点就要刻在光栅尺的标尺上作为参考标记，所以机床开机时必须回参考点才能进行位置控制。而绝对式光栅尺以不同宽度、不同间距的栅线将绝对位置数据以编码形式直接制作到光栅上，在光栅尺通电的同时后续电子设备即可获得位置信息，不需要移动坐标轴找参考点位置，绝对位置值能从光栅刻线上直接获得。

绝对式光栅尺比增量式光栅尺的成本高 20%左右，机床设计师因考虑到数控机床的性价比，一般选用增量式光栅尺，既能保证机床运动精度又能降低机床成本。但是绝对式光栅尺开机后不需要回参考点的优点是增量式光栅尺无法比拟的，机床在停机或故障断电后开机可直接从中断处执行加工程序，不但缩短整个加工时间提高生产率，而且减小零件废品率。因此在生产节奏要求高或由多台数控机床构成的自动化生产线上选用绝对式光栅尺最为理想。

3. 输出信号的选择

光栅尺的输出信号分为电流正弦波信号、电压正弦波信号、TTL 矩形波信号和 TTL 差动矩形波信号四种。虽然光栅尺输出信号的波形不同，但对数控机床线性坐标轴的定位精度、重复定位精度没有影响。输出信号还必须与数控机床系统相匹配，如果输出信号的波形与数控机床系统不匹配，导致机床系统无法处理光栅尺的输出信号，那么反馈信息、补偿误差对机床线性坐标轴全闭环控制就无从谈起。在实践中确有输出信号的波形与数控机床系统不匹配的情况，不过处理此情况也有办法，只要在输出信号与机床系统间加装一个数字化电子装置（如海德汉 IBV600 系列的细分和数字化电子装置），就很容易解决了。

光栅尺线位移传感器的安装

光栅尺线位移传感器的安装比较灵活，可安装在机床的不同部位。

一般将主尺安装在机床的工作台（滑板）上，随机床走刀而动，读数头固定在床身上，尽可能使读数头安装在主尺的下方。其安装方式的选择必须注意切屑、切削液及油液的溅落方向。如果由于安装位置限制必须采用读数头朝上的方式安装时，则必须增加辅助密封装置。另外，一般情况下，读数头应尽量安装在相对机床静止部件上，此时输出导线不移动容易固定，而尺身则应安装在相对机床运动的部件上（如滑板）。

对于一般的机床加工环境来讲，铁屑、切削液及油污较多，因此传感器上应加装护罩。护罩的设计按照传感器的外形截面尺寸再放大一定尺寸来确定，护罩通常采用橡皮密封，具备一定的防水、防油能力。

光栅位移传感器的使用要求

由于光栅具有一系列的优点:测量精度高,采用不锈钢反射式,测量范围可达数十米,不需接长,抗干扰能力强,因此受到重视和推广。近年来我国设计制造了很多种光栅式测量长度和转角的计量仪器,并成功地将光栅作为数控机床的位置检测元件,用于精密机床和仪器的精密定位、长度检测、速度、加速度、振动和爬行的测量等。考虑到检测精度对机床加工精度的影响,因此必须正确使用光栅位移传感器,使用时应注意以下几点:

(1)光栅传感器应尽量避免在有严重腐蚀的环境中工作,以免腐蚀光栅铬层和光栅尺表面,从而破坏光栅尺质量。

(2)尽可能外加保护罩,并及时清理溅落在尺上的切屑和油液,严格防止任何异物进入光栅传感器壳体内部。

(3)定期检查各安装连接螺钉是否松动。

(4)为延长防尘密封条的寿命,可在密封条上均匀涂上薄薄一层硅油,注意勿溅落到玻璃光栅刻画面上。

(5)关闭电源后,应将光栅传感器和数显表插头拔离插座。

(6)为保证光栅传感器使用的可靠性,可每隔一定时间用乙醇混合液(各含50%)清洗擦拭光栅尺面和指示光栅面,保持玻璃光栅尺面清洁。

(7)光栅传感器严禁剧烈震动、摔打,以免破坏光栅尺,光栅尺断裂则光栅传感器失效。

(8)不要自行拆开光栅传感器,更不能任意改动主栅尺与副栅尺的相对间距,否则可能破坏光栅传感器的精度,还可能造成主栅尺与副栅尺的相对摩擦,损坏铬层和栅线,造成光栅尺报废。

(9)应注意防止油污和水污染光栅尺面,以免破坏光栅尺线条纹分布,造成测量误差。

应用案例1:光栅传感器在三坐标测量仪中的应用

三坐标测量仪在机械制造、电子、汽车和航空航天等领域中广泛应用,它不仅能测量工件的尺寸,还可测量工件的形状。用三坐标测量仪测量零件的尺寸,必须要在空间范围内给零件定位,即给出零件的三维坐标。三坐标测量仪对零件的定位,主要利用的就是光栅位移传感器。

应用案例2:光栅式万能测长仪

光栅式万能测长仪是一种带有长度基准,且测量范围较小(通常为100 mm)的长度计量仪器,用计量光栅作为仪器长度基准,长度基准溯源性好,精度高。

光栅式万能测长仪由光源、主光栅、指示光栅、电路元件等组成。光源为红外光电二极管,主光栅为透射式黑白振幅光栅,指示光栅为四裂相光栅,光电元件为光电晶体管。

其原理如图1-28所示,四路原始信号经差分放大器放大、移相电路分相、整形电路整形、倍频电路细分、辨向电路辨向后进入可逆计数器计数,由显示器显示读出。

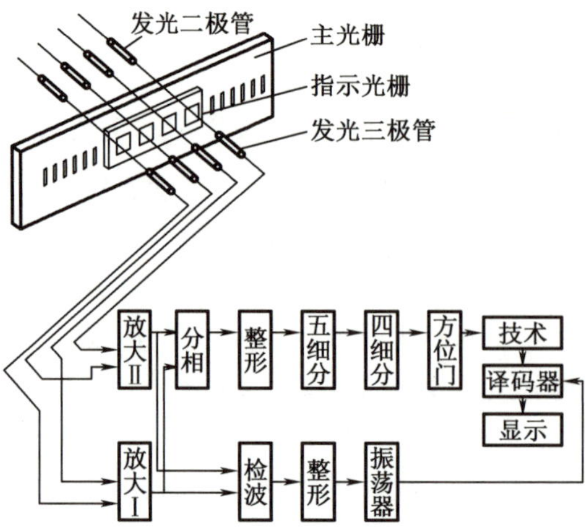

图 1-28 光栅式万能测长仪原理图

【任务评价】

对本任务的完成情况进行综合评价、总结与反思。

评价单自行打印,详情见附录。

项目二　选择与应用环境量传感器及仪表

【引导案例】

随着人类社会的发展和科技的进步，环境问题日益突出，成为全球关注的焦点。环境检测监测作为环境保护的重要手段，其必要性愈发凸显。环境检测监测通过对大气、水体、土壤等环境要素的定期采样和分析，可以全面掌握环境质量状况。这些数据不仅为政府制定环保政策提供科学依据，还能为企业和公众了解环境质量提供重要参考。了解环境质量状况有助于我们及时发现环境问题，采取有效措施进行治理。绿色发展是当今世界的重要趋势，也是实现可持续发展的关键。环境检测监测能够为绿色发展提供有力支持，通过监测环境要素的变化，为企业和公众提供绿色发展的数据支撑。此外，环境检测监测还能推动绿色技术的研发和应用，促进产业结构的优化升级，为绿色发展注入新动力。

环境量包括：温度、湿度、气压、紫外线强度、光照强度、风速、风向、PM2.5、PM10、二氧化碳浓度、一氧化碳浓度以及其他的空气污染物。环境量传感器是将环境量的物质特性（如温度、湿度、气体、离子和光照强度等）的变化定性或者定量地转变为电信号的装置，包括温度传感器、湿度传感器、气体传感器、离子敏传感器等。由于环境量的物质种类很多，因此环境量传感器的种类和数量也很多，各种器件的转换原理也各不相同，而且由于转换机理相对复杂等，这类传感器的开发和应用远不及物理量传感器那样成熟和普及。但随着科学技术的发展，环境量传感器在现代化工农业生产和日常生活中的地位越来越重要，人们对其需求日益增多，尤其是各种先进智能化环境量传感器的发展空间非常大。

【学习目标】

知识目标：

1. 能够了解常见环境量的检测方法；
2. 能够掌握气敏传感器的工作原理和典型应用；
3. 能够掌握湿敏传感器的工作原理和典型应用；
4. 能够掌握光电式传感器的工作原理和典型应用；
5. 能够掌握常用环境量传感器的选用和使用方法。

能力目标：

1. 能够选用常用的环境量传感器解决简单的环境量检测的问题；

2. 会选用气敏传感器检测气体成分和浓度；
3. 会选用湿敏传感器检测湿度；
4. 会设计光电传感器的烟雾报警电路。

职业素质目标：

1. 培养学生自主学习、现代化信息技术应用的能力；
2. 培养学生认真、严谨、规范、高效的工作作风。
3. 培养学生团队协作、创新创业精神。

任务 1 基于气敏传感器的厨房可燃性气体泄漏检测

【任务背景】

在日常生产和生活中，环境中各种各样的气体与人们的生命和财产安全息息相关，对气体的检测涉及环境监测、安全报警等多个方面，如环境污染情况的监测、煤气泄漏、火灾报警、醉酒驾驶的检测、煤矿瓦斯浓度的检测与报警等。

其中，可燃气体是气体燃料的总称，通过燃烧为城市居民、商业以及工业企业提供热量。可燃性气体一般具有易扩散、易缩胀、易燃烧、易爆炸的特性，如果气体发生泄漏不能及时发现和处理，会带来灾难性危害。生活中，频发不断的燃气爆炸事故，让人越来越意识到燃气的正确使用和对燃气监测的必要性。生产中，特别是在煤矿等矿业、生物制药的化工企业、天然气行业中对可燃气体的有效监控可以在最大程度上避免火灾、爆炸等重大恶性事故的发生。

可燃气体检测报警器可探测可燃气体的浓度，能有效地对可燃气体泄漏进行检测和报警，让可燃气体泄漏“无处遁形”，把它安装在可能会发生可燃气体泄漏的场所，在有限空间中，在可燃气体浓度达到爆炸极限下限的 20%时，可燃气体检测报警器便开始报警，如果再搭配应急处理系统，比如：启动联动装置，进行通风或关闭气源，就可以排除险情，避免事故，保障生命财产的安全。

可燃气体报警器利用其内部的气敏传感器检测周围环境中的可燃气体，并相应地产生电信号，随着检测到的气体浓度的增大，电信号也逐渐增大，当信号达到报警上限后，触发声光报警系统进行报警。

可燃气体报警器的核心部件——气敏传感器通常有两类，一种为催化燃烧式气敏传感器，一种为红外式气敏传感器。催化燃烧式气敏传感器必须在氧气充足的环境中才能保证检测结果的准确性，如需要在密闭空间内检测可燃气体浓度时，就需要采用红外式气敏传感器，该种传感器在各种环境中进行检测，这类传感器制成的检测仪或者报警器的价格相对高一些。

气敏传感器又称为“电子鼻”，它能够感知被测环境中某种气体及其浓度，将气体的种类或其在环境中存在的情况转化为电信号,进而实现报警或控制等功能。因此,气敏传感器在环境保护、消防、化工、安全生产、日常生活等方面得到了广泛的应用。

【相关知识】

让我们来认识一下气敏传感器吧!

一、气敏传感器概述

气敏传感器是用来测量气体的类别、浓度和成分的传感器。由于气体种类繁多,性质各不相同,不可能用一种传感器检测所有类别的气体,因此,能实现气-电转换的传感器种类很多。根据工作原理可分为半导体式、接触燃烧式、固体电解质式、电化学式和其他类型。目前实际使用最多的是半导体气敏传感器。

半导体气敏传感器按照半导体与气体的相互作用是在其表面,还是在内部,可分为表面控制型和体控制型两类;按照半导体变化的物理性质,又可分为电阻型和非电阻型两类。半导体气敏元件的详细分类请参见表 2-1。电阻型半导体气敏元件是利用半导体接触气体时,其电阻值的改变来检测气体的成分或浓度;而非电阻型半导体气敏元件根据其对气体的吸附和反应,使其某些相关特性变化对气体进行直接或间接检测。

表 2-1　半导体气敏元件分类

类型	主要物理特性	类型	气敏元件	检测气体
电阻型	电阻	表面控制型	氧化锡(SnO_2)、氧化锌(ZnO)等的烧结体、薄膜、厚膜	可燃性气体
		体控制型	$La1-xSrCoO_3T-Fe_2O_3$,氧化钛(烧结体),氧化镁,SnO_2	酒精 可燃性气体 氧气
非电阻型	二极管整流特性	表面控制型	铂-硫化镉、铂-氧化钛(金属-半导体结型二极管)	氢气 一氧化碳 酒精
	晶体管特性		铂栅、钯栅 MOS 场效应管	氢气、硫化氢

自从 20 世纪 60 年代研制成功 SnO_2 半导体气敏元件后,气敏元件进入了实用阶段。SnO_2 敏感材料是目前应用最多的一种气敏材料,它已广泛地应用于工矿企业、民用住宅、宾馆饭店等内部对可燃和有害气体的检测。

二、电阻型半导体气敏传感器

1. 电阻型半导体气敏材料的导电机理

半导体气敏传感器是利用气体在半导体表面的氧化和还原反应导致敏感元件电阻值

发生变化而制成的。当半导体器件被加热到稳定状态，在气体接触半导体表面而被吸附时，被吸附的分子首先在表面自由扩散，失去运动能量，一部分分子被蒸发掉，另一部分残留分子产生热分解而化学吸附在吸附处。当半导体的功函数小于吸附分子的亲和力（气体的吸附和渗透特性），则吸附分子将从器件夺得电子而变成负离子吸附，半导体表面呈现电荷层。例如氧气等具有负离子吸附倾向的气体被称为氧化型气体或电子接收性气体。如果半导体的功函数大于吸附分子的离解能，吸附分子将向器件释放出电子，而形成正离子吸附。具有正离子吸附倾向的气体有氢气（H_2）、一氧化碳（CO）、碳氢化合物和醇类，它们被称为还原型气体或电子供给性气体。

当氧化型气体吸附到 N 型半导体，还原型气体吸附到 P 型半导体上时，将使半导体载流子减少，而使电阻值增大。当还原型气体吸附到 N 型半导体上，氧化型气体吸附到 P 型半导体上时，将使半导体载流子减少，而使电阻值增大。当还原型气体吸附到 N 型半导体上，氧化型气体吸附到 P 型半导体上时，则载流子增多，使半导体电阻值下降。

图 2-1 表示了气体接触 N 型半导体时所产生的器件电阻值变化情况。由于空气中的含氧量大体上是恒定的，因此氧化的吸附量也是恒定的，器件电阻值也相对固定。若气体浓度发生变化，其电阻值也将变化。根据这一特性，可以从电阻值的变化得知吸附气体的种类和浓度。半导体气敏响应时间一般不超过 1 min。N 型材料有 SnO_2、ZnO 等，P 型材料有 MnO_2、CrO_3 等。

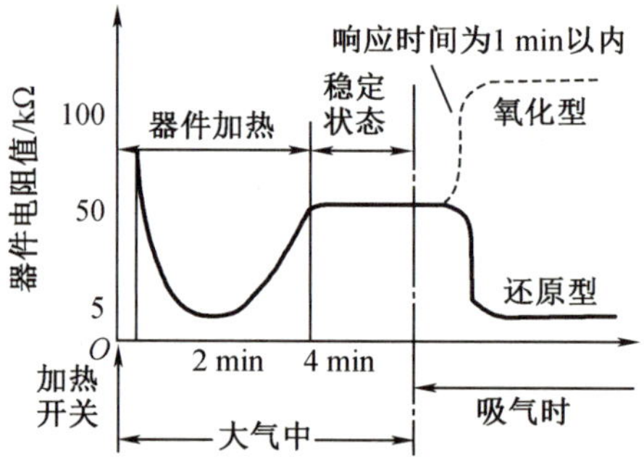

图 2-1　气体接触 N 型半导体时所产生的器件电阻值变化情况

2. 电阻型半导体气敏传感器的结构

气敏传感器通常由气敏元件、加热器和封装体等三部分组成。气敏元件从制造工艺来看分为烧结型、薄膜型和厚膜型三类。它们的典型结构如图 2-2 所示。

图 2-2（a）为烧结型元件。这类元件以 SnO_2 半导体材料为基体，将铂电极和加热丝埋入 SnO_2 材料中，用加热、加压、温度为 700~900 ℃的制陶工艺烧结成形。因此，被称为半导体导瓷，简称半导瓷。半导瓷内的晶粒直径为 1 μm 左右，晶粒的大小对电阻有一定影响，但对气体检测灵敏度则无很大的影响。烧结型器件制作方法简单，器件寿命长；但由于烧结不充分，器件机械强度不高，电极材料较贵重，电性能一致性较差，应用受到一定的限制。

图 2-2（b）为薄膜元件。这类元件采用蒸发或溅射工艺，在石英基片上形成氧化物半

导体薄膜(其厚度在 1 000 Å 以下)。其制作方法也很简单。实验证明,SnO_2 半导体薄膜的气敏特性最好;但这种半导体薄膜为物理性附着,元件间性能差异较大。

图 2-2(c)为厚膜型元件。这种器件是将 SnO_2 或 ZnO 等材料与 3%~15%(质量)的硅凝胶混合制成能印刷的厚膜胶,把厚膜胶用丝网印刷到装有铂电极的氧化铝(Al_2O_3)或氧化硅(SiO_2)等绝缘基片上,再经 400~800 ℃温度烧结 1 h 制成。由于这种工艺制成的元件离散度小、机械强度高,适合大批量生产,所以是一种很有前途的器件。

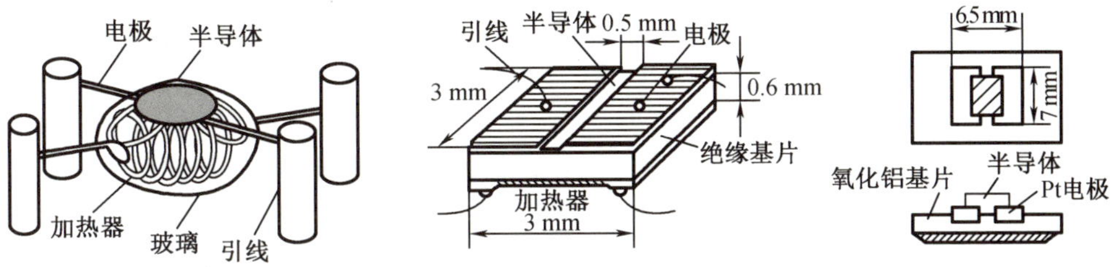

(a)烧结型元件 (b)薄膜型元件 (c)厚膜型元件

图 2-2 半导体传感器的器件结构

加热器的作用是将附着在敏感元件表面上的尘埃、油雾等烧掉,加速气体的吸附,提高其灵敏度和响应速度。加热器的温度一般控制在 200~400 ℃。

加热方式一般有直热式和旁热式两种,因而形成了直热式和旁热式气敏元件。

如图 2-3 所示,直热式是将加热丝直接埋入 SnO_2、ZnO 粉末中烧结而成,因此直热式常用于烧结型气敏结构。如图 2-4 所示,旁热式是将加热丝和敏感元件一同置于一个陶瓷管内,管外涂梳状金电极作为测量极,在金电极外再涂上 SnO_2 等材料。

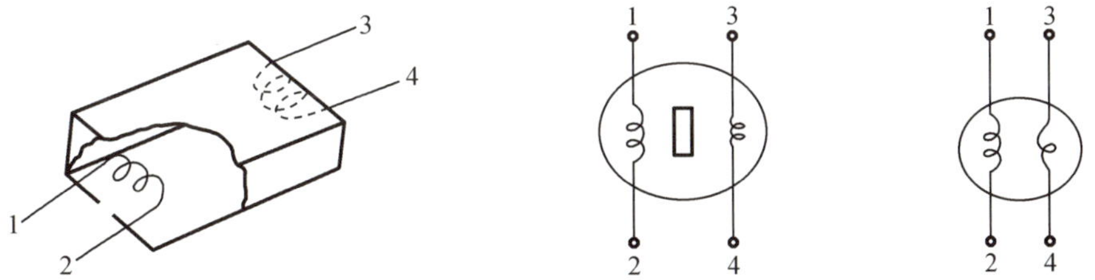

图 2-3 直热式电阻型半导体气敏传感器结构

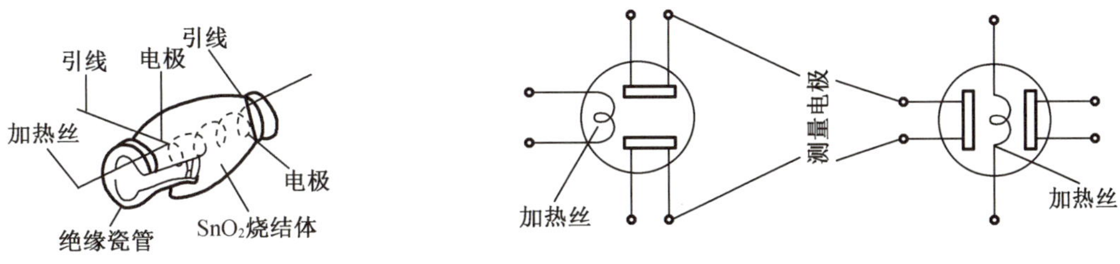

图 2-4 旁热式电阻型半导体气敏传感器结构

三、气敏元件特性

1. SnO_2 系列

烧结型、薄膜型和厚膜型 SnO_2 气敏器件对气体的灵敏度特性如图 2-5 所示。气敏元件的电阻值 R_C 与空气中被测气体的浓度 C 成对数关系变化。

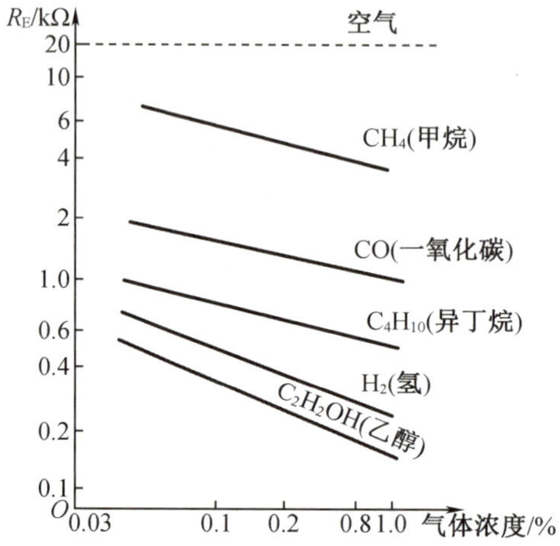

图 2-5　SnO_2 气敏元件灵敏度特性

在气敏材料 SnO_2 中添加铂(Pt)或钯(Pd)等作为催化剂,可以提高其灵敏度和对气体的选择性。添加剂的成分和含量、元件的烧结温度和工作温度都将影响元件的选择性。

经实验证明,在 SnO_2 中添加氧化钍(ThO_2)的气敏元件,不仅对 CO 的灵敏程度远高于其他气体,而且其灵敏度随时间而产生周期性的振荡现象;同时,该气敏元件在不同浓度的 CO 气体中,其振荡波形也不一样,如图 2-6 所示,可以利用这一现象对 CO 浓度做精确的定量检测。

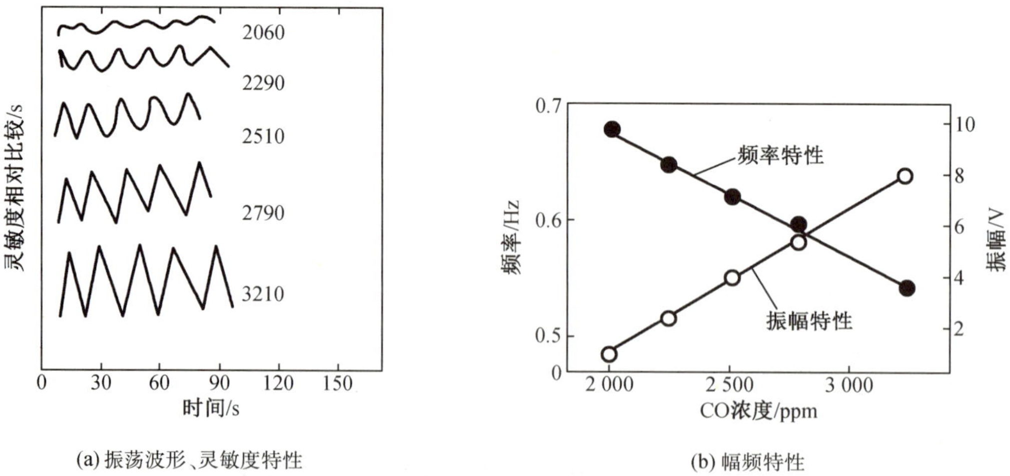

图 2-6　添加 ThO_2 的 SnO_2 气敏元件在不同浓度 CO 气体中的特性

注:工作温度为 200 ℃,添加 1%(质量)的 ThO_2。

SnO_2 气敏元件易受环境温度和湿度的影响，图 2-7 给出了 SnO_2 气敏元件受环境温度、湿度影响的综合特性曲线。由于环境温度、湿度对其特性有影响，所以使用时，通常需要加温度补偿。其中，R_t/R_0 为电阻值变化率，即：气敏电阻随温度变化时电阻值与标称电阻值的比。

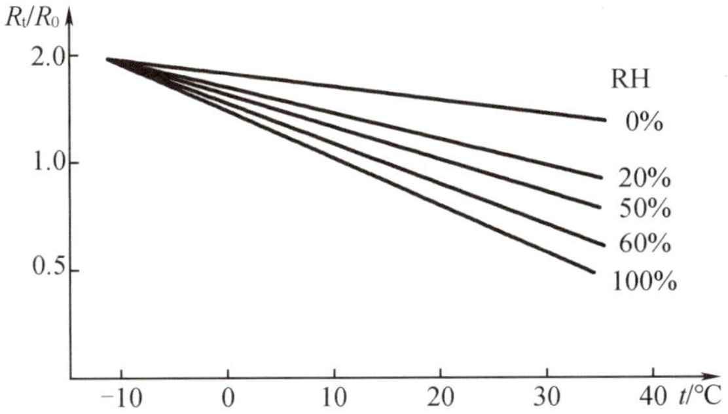

图 2-7　SnO_2 气敏电阻温湿特性曲线（纵坐标为 R_t/R_0）

2. ZnO 系列

ZnO 系列气敏元件对还原性气体有较高的灵敏度。它的工作温度比 SnO_2 系列气敏元件约高 100 ℃，因此不及 SnO_2 系列元件应用普遍。同样如此，要提高 ZnO 系列元件对气体的选择性，也需要添加 Pt 和 Pd 等添加剂。例如，在 ZnO 中添加 Pd，则对 H_2 和 CO 呈现出高的灵敏度；而对丁烷（C_4H_{10}）、丙烷（C_3H_8）、乙烷（C_2H_6）等烷烃类气体则灵敏度很低，如图 2-8(a)所示。如果在 ZnO 中添加 Pt 则对烷烃类气体有很高的灵敏度，而且含碳量越多，灵敏度越高，而对 H_2、CO 等气体则灵敏度很低，如图 2-8(b)所示。

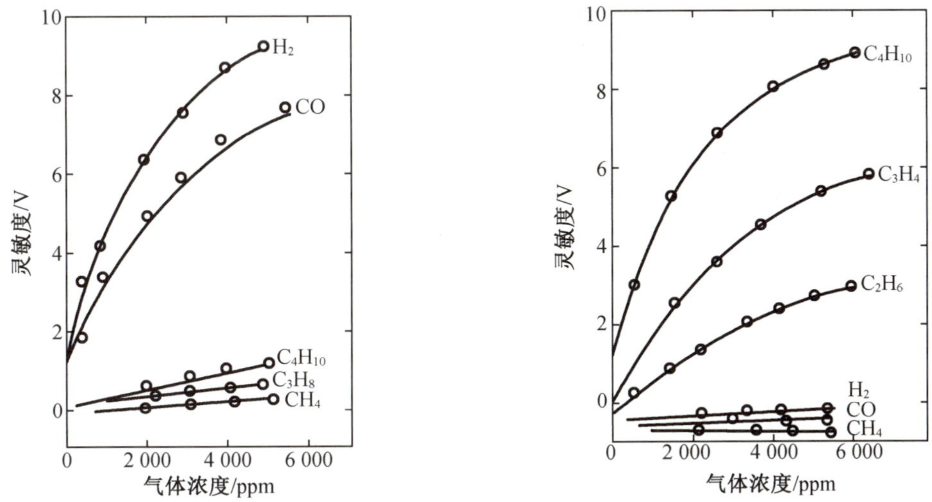

图 2-8　ZnO 系列气敏元件的灵敏度特性

四、半导体气敏传感器的应用

半导体气敏传感器由于具有灵敏度高、响应时间和恢复时间快、使用寿命长以及成本低等优点,从而得到了广泛的应用。按其用途可分为以下几种类型:气体泄漏报警、自动控制、自动测试等。表 2-2 给出了半导体气敏传感器的各种检测对象及应用场所。

表 2-2 半导体气敏传感器的各种检测对象及应用场所

分类	检测对象气体	应用场所
爆炸性气体	液化石油气、城市用煤 甲烷 可燃性煤气	家庭 煤矿 办事处
有毒气体	一氧化碳(不完全燃烧的煤气) 硫化氢、含硫的有机化合物 卤素、卤化物、氨气等	煤气灶 (特殊场所) (特殊场所)
环境气体	氧气(防止缺氧) 二氧化碳(防止缺氧) 水蒸气(调节温度、防止结露) 大气污染(SO_x,NO_x 等)	家庭、办公室 家庭、办公室 电子设备、汽车 温室
工业气体	氧气(控制燃烧、调节空气燃料比) 一氧化碳(防止不完全燃烧) 水蒸气(食品加工)	发电机、锅炉 发电机、锅炉 电炊灶
其他	呼出气体中的酒精、烟等酒驾检测、火灾预警	呼出气体中的酒精、烟等酒驾检测、火灾预警

【任务实施】

气敏传感器的选用原则

气敏传感器的类型较多,其性能差异也大,在实际应用时应根据具体的使用场合、条件和要求进行合理选择,做到既经济合理又安全可靠。目前,对于气体成分浓度的测量都采用一体式仪器完成。这类仪器就是将气敏传感器、测量电路、显示器、报警器、电源(充电电池)、抽气泵等组装成一个整体,成为一体式仪器。对某一种气敏传感器的选择实际上就是对某一种气体检测仪的选择。选择时应把握以下几点:

1. 确认所要检测气体的种类和浓度范围

每一个生产部门所遇到的气体种类都是不同的。在选择气体检测仪时就要尽可能考虑到所有可能发生的情况。对有害气体的检测有两个目的,第一是测爆,第二是测毒。测爆的范围是 0~100%LEL,测毒的范围是 0 到百万分之几十(或几百),两者相差很大。危险场所有害气体有三种情况,第一种是无毒(或低毒)可燃,第二种是不燃有毒,第三种是可燃有毒。前两种情况容易确定,第一测爆,第二测毒,第三种情况如果有人员暴露则测毒,如果无人员暴露可测爆。测爆选择可燃气体检测报警仪,测毒选择有毒气体检测报警仪。

2. 确定使用场合

根据工业环境的不同，选择气体检测仪的种类也不同。检测仪有两种类型：便携式和固定式。生产或储存岗位长期运行的泄漏检测选用固定式检测报警仪；其他如检修检测、应急检测、进入检测和巡回检测等选用便携式（或袖珍式）仪器。

3. 选择仪器型号

选择仪器型号要考虑以下几点原则：生产厂家讲诚信、信誉好。生产的产品质量有保证，通过 ISO9002 质量体系认证，具有技术监督部门颁发的 CMC 生产许可证，具有消防、防爆合格证；选择的产品功能指标要符合国际标准的要求；仪器的检测原理要适应检测对象和检测环境的要求。

不同应用领域对气敏传感器的选用

1. 可燃性气体泄露报警

为防止常用气体燃料如煤气（H_2、CO 等）、天然气（CH_4）、液化石油气（C_3H_8）及 CO 等气体泄漏引起中毒、燃烧或爆炸，应用可燃性气敏传感器配上适当电路制成报警器。目前在报警器上大都使用 SnO_2 气敏传感器。但在湿度较大的场合，如厨房等，宜使用 $\alpha-Fe_2O_3$ 气敏传感器为核心的报警器，因为此类传感器对湿度敏感性小，稳定性好。

2. 在汽车中应用的气敏传感器

为了节约能源，防止环境污染和保持一个良好的车内环境，需要在汽车上配备各种气敏传感器；内部空调，需用 CO、烟和湿度等传感器。在控制燃空比中使用的传感器最好选用固体电解质稳定化的 ZrO_2 气敏传感器。

3. 在工业中应用的气敏传感器

在 Fe 和 Cu 等矿物冶炼过程中常使用氧传感器，在半导体工业中需用多种气敏传感器，在食品工业中也常用氧传感器，如高炉用氧传感器。在铁矿精炼时，用的传感器必须满足 600 ℃以上的高温，耐热冲击性好，与熔融金属不发生反应，耐腐蚀，电阻小，因此常用稳定的 ZrO_2 气敏传感器。

在半导体工业中常用的气体，其毒性大，需检测浓度极低（为 10^{-19} 级），故需要能够检测极低浓度、可靠性好的传感器。如果从保存方便、经济角度考虑，电化学气敏传感器是有希望应用的。在食品工业方面，在对水产物的鲜度进行科学评价时，常用气敏传感器。如在鱼筋肉中有的核酸会分解，消耗氧量可用电化学氧传感器测定，也可用氧电极测其鲜度。

4. 检测大气污染应用的气敏传感器

对于污染环境需要检测的气体有 SO_2、H_2S、NO_x、CO 和 CO_2 等，因为需要定量测量，宜选用电化学气敏传感器。

5. 在家电方面应用的气敏传感器

气敏传感器在家电中除用于可燃性气体泄漏报警及换气扇、抽油烟机的自动控制外，也用于微波炉和燃气炉等家用电器中。在微波炉中常选用 SnO_2 气敏传感器，气敏传感器测量出从食品中发出气体的浓度，可根据事先对不同食品的特性，选择负载电阻，实现烹调的自动控制。在燃气炉中常使用 ZrO_2 气敏传感器测量燃空比。

6. 在其他方面应用的气敏传感器

除上述以外，气敏传感器还被广泛用于医疗诊断、矿井安全等场合。目前各类传感器已有实用商品。半导体类传感器目前只能半定量化，所以被广泛用于控制系统中。这类传感器的缺点是对气体的识别能力不强、稳定性较差和寿命短。而电化学传感器可以定量检测气体的浓度，所以目前已较好地应用在对环境监测的设备中，但其弱点是使用寿命短。

自动排风扇控制器（检测可燃性气体并报警）

当厨房由于油烟污染或由于液化石油气（或其他可燃性气体）泄漏达到一定浓度时，它能自动开启排风扇，净化空气，防止事故。

如图 2-9 所示为自动排风扇控制器电路图。该电路采用 QM-N10 型气敏传感器，它对天然气、煤气、液化石油气有较高的灵敏度，并且对油烟也敏感。传感器的加热电压直接由变压器次级（6 V）经 R_{12} 降压提供；工作电压由全波整流后，经 C_1 滤波及 R_1、VD_5 稳压后提供。传感器负载电阻由 R_2 及 R_3 组成（更换 R_3 大小，可调节控制信号与待测气体的浓度的关系）。R_4、VD_6、C_2 及 IC_1 组成开机延时电路，调整使其延时为 60 s 左右（防止初始稳定状态误动作）。

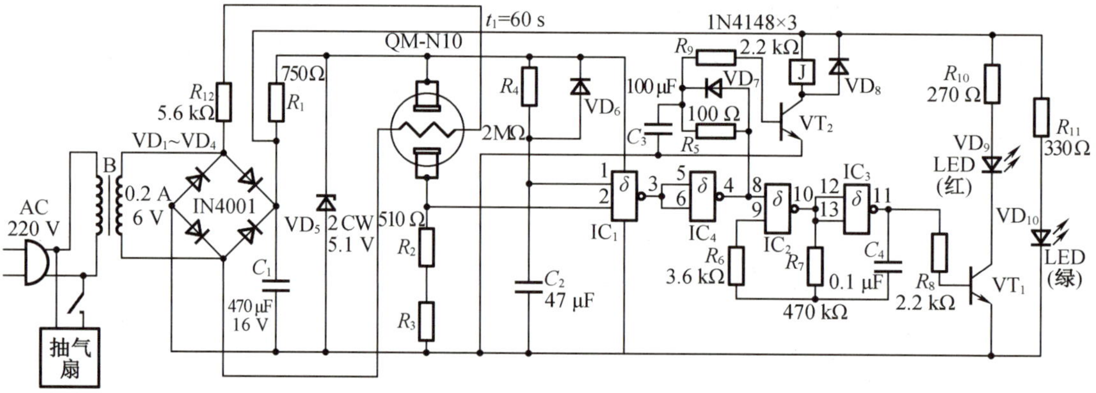

图 2-9　自动排风扇控制器电路图

当到达报警浓度时，IC_1 的 2 端为高电平，使 IC_4 输出高电平，此信号使 VT_2 导通，继电器吸合（启动排气扇）；组成排气扇延迟停电电路，使 IC_4 出现低电平后 10 s 才使 J 释放；另外，IC_4 输出高电平使 IC_2、IC_3 组成的压控振荡器起振，其输出使 VT_1 导通或截止交替出现，则 LED（红色）产生闪光报警信号。LED（绿色）为工作指示灯。

便携式矿井瓦斯超限报警器

气敏传感器 QM-N5 为对瓦斯敏感元件。如图 2-10 所示，闭合开关 S，4 V 电源通过 R_1 对气敏元件 QM-N5 预热。当矿井无瓦斯或瓦斯浓度很低时，气敏元件的 A 与 B 间等效电阻很大，经与电位器 RP 分压，其动触点电压小于 0. 7 V，不能触发晶闸管 VT。因此，由 LC179 和 R_2 组成的警笛振荡器无供电，扬声器不发声；如果瓦斯浓度超过安全标准，气敏元件的 A 和 B 间的等效电阻迅速减小，致使电压大于 0.7 V 而触发 VT 导通，接通警笛电路的电源，警笛电路产生振荡，扬声器发出报警声。电位器 RP 设定报警浓度。

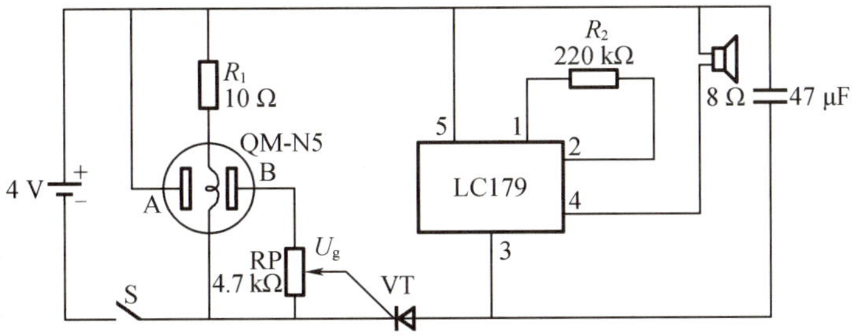

图 2-10 矿井瓦斯超限报警器工作原理图

【任务评价】

对本任务的完成情况进行综合评价、总结与反思。

评价单自行打印，详情见附录。

任务 2 基于湿敏传感器的花卉土壤湿度检测

【任务背景】

在生产和生活中，湿度的检测与控制起着极其重要的作用，如大规模集成电路生产车间内，当相对湿度低于 30%时，容易发生静电而影响生产；面粉厂、煤场等粉尘大的地方，当湿度小而产生静电时，容易发生爆炸；纺织厂为了减少棉纱断头，车间要保持相当高的湿度(60%～70%RH)；一些存放烟草、茶叶盒药材的仓库，湿度过大时会发生变质或霉变现象；农业上，温室育苗、菌类培养、水果蔬菜保鲜等都离不开湿度的检测与控制；居室内湿度的检测与控制也很重要，湿度过大会对家具有一定的损害；湿度太小，呼吸道发干，容易上火。

湿度的检测已广泛应用于工业、农业、国防、科技、生活等各个领域，湿度不仅与工业产品质量有关，而且是环境条件的重要指标，在生产和生活中，湿度的检测与控制起着极其重要的作用。

【相关知识】

让我们来认识一下湿敏传感器吧！

一、湿度

湿度是指大气中的水蒸气含量，通常采用绝对湿度和相对湿度两种表示方法。

1. 绝对湿度

绝对湿度是指在一定温度和压力条件下，每单位体积的混合气体中所含水蒸气的质量，单位为 g/m^3，一般用符号“AH”表示。

2. 相对湿度

相对湿度是指气体的绝对湿度与同一温度下达到饱和状态的绝对湿度之比，一般用符号%RH 表示。相对湿度给出大气的潮湿程度，它是一个无量纲的量，在实际应用中多使用相对湿度这一概念。

湿度检测较之其他物理量的检测显得困难，这首先是因为空气中水蒸气含量要比空气少得多；另外，液态水会使一些高分子材料和电解质材料溶解，一部分水分子电离后与溶入水中的空气中的杂质结合成酸或碱，使湿敏材料不同程度地受到腐蚀和老化，从而丧失其原有的性质；再者，湿信息的传递必须靠水对湿敏元件直接接触来完成，因此湿敏元件只能直接暴露于待测环境中，不能密封。

通常，对湿敏元件有下列要求：在各种气体环境下稳定性好，响应时间短，寿命长，有互换性，耐污染和受温度影响小等。微型化、集成化及廉价是湿敏元件的发展方向。

二、湿敏传感器的分类

湿敏传感器是能够感受外界湿度变化，并通过器件材料的物理或化学性质变化，将湿度转化成有用信号的器件。湿度传感器通常由湿敏元件及转换电路组成。湿敏元件是指对环境湿度具有响应或转换成相应可测信号的元件。湿敏元件是最简单的湿度传感器。

下面介绍一些现已发展比较成熟的几类湿敏传感器。

1. 氯化锂湿敏电阻

氯化锂(LiCl)湿敏电阻是利用吸湿性盐类潮解，离子导电率发生变化而制成的测湿元件。它由引线、基片、感湿层与金电极组成，如图 2-11 所示。

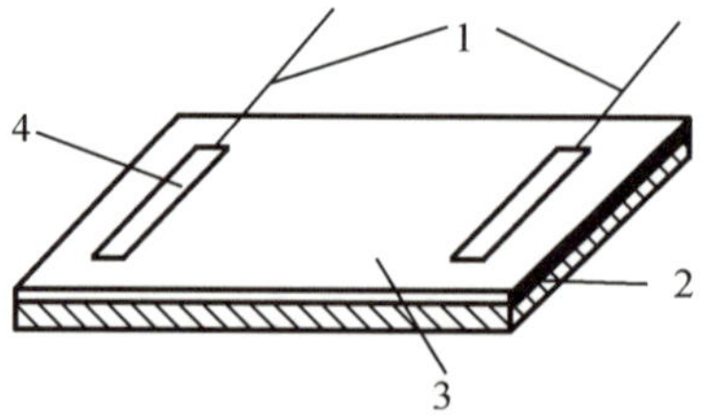

1—引线；2—基片；3—感湿层；4—金电极。

图 2-11　湿敏电阻结构示意图

氯化锂通常与聚乙烯醇组成混合体，在氯化锂的溶液中，Li 和 Cl 均以正负离子的形式存在，而 Li^+ 对水分子的吸引力强，离子水合程度高，其溶液中的离子导电能力与浓度成正比。当溶液置于一定温湿场中，若环境相对湿度高，溶液将吸收水分，使浓度降低，因此，其溶液电阻率增高。反之，环境相对湿度变低时，则溶液浓度升高，其电阻率下降，从而实现对湿度的测量。氯化锂湿敏元件的电阻-湿度特性曲线如图 2-12 所示。

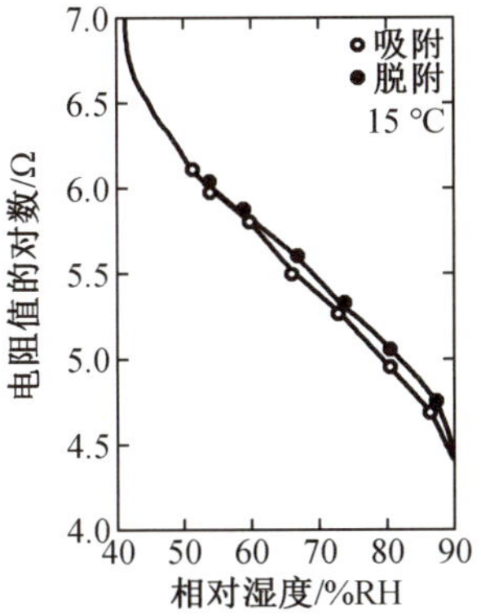

图 2-12　氯化锂湿敏元件的电阻-湿度特性曲线

由图 2-12 可知，在 50%～80%相对湿度范围内，电阻与湿度的变化呈线性关系。为了扩大湿度测量的线性范围，可以将多个氯化锂含量不同的器件组合使用，如将测量范围分别为(10%～20%)RH、(20%～40%)RH、(40%～70%)RH、(70%～90%)RH 和(80%～99%)RH 五种元件配合使用，就可自动地转换完成整个湿度范围的湿度测量。

氯化锂湿敏元件的优点是滞后小，不受测试环境风速影响，检测精度高达±5%，但其耐热性差，不能用于露点以下测量，元件性能重复性不理想，使用寿命短。

2. 半导体陶瓷湿敏电阻

通常，用两种以上的金属氧化物半导体材料混合烧结而成为多孔陶瓷。这些材料有 $ZnO-LiO_2-V_2O_5$ 系、$Si-Na_2O-V_2O_5$ 系、$TiO_2-MgO-Cr_2O_3$ 系、Fe_3O_4 等，前三种材料的电阻率随湿度增加而下降，故称为负特性湿敏半导体陶瓷，最后一种的电阻率随湿度增加而增大，故称为正特性湿敏半导体陶瓷(以下简称半导瓷)。

图 2-13 表示了几种负特性半导瓷电阻值与湿度的关系。图 2-14 给出了 Fe_3O_4 正特性半导瓷湿敏电阻值与湿度的关系曲线。从图 2-13 与图 2-14 可以看出，当相对湿度从 0%RH 变化到 100%RH 时，负特性材料的电阻值均下降三个数量级，而正特性材料的电阻值只增大了约一倍。

(1) $MgCr_2O_4-TiO_2$ 湿敏元件

$MgCr_2O_4-TiO_2$ 湿敏材料通常制成多孔陶瓷型“湿-电”转换器件，它是负特性半导瓷，$MgCr_2O_4$ 为 P 型半导体，它的电阻率低，电阻值温度特性好，结构如图 2-15(a)所示，在 $MgCr_2O_4-TiO_2$ 陶瓷片的两面涂覆有多孔金电极。金电极与引出线烧结在一起，为了减少测量误差，在陶瓷片外设置由镍铬丝制成的加热线圈，以便对器件加热清洗，排除恶劣气氛对器件的污染。整个器件安装在陶瓷基片上，电极引线一般采用铂-铱合金。

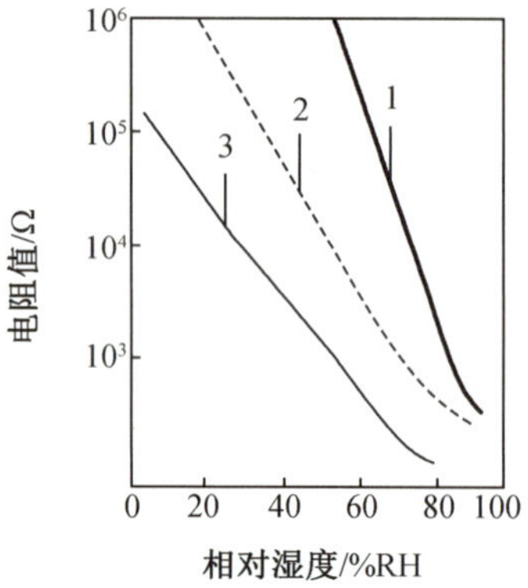

1—$ZnO—LiO_2-V_2O_3$ 系；2—$Si—Na_2O—V_2O_3$ 系；

3—$TiO_2—MgO—Cr_2O_3$ 系。

图 2-13　几种半导瓷湿敏负特性图

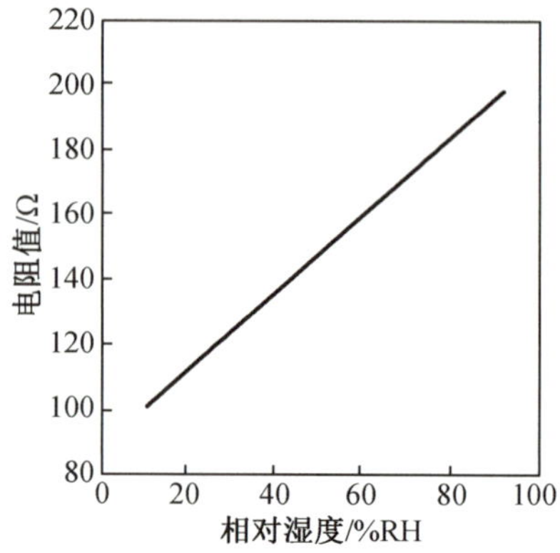

图 2-14　Fe_3O_4 半导瓷的正湿敏特性

$MgCr_2O_4-TiO_2$ 陶瓷湿度传感器的相对湿度与电阻值之间的关系如图 2-15(b)所示，传感器的电阻值既随所处环境的相对湿度的增加而减小，又随周围环境温度变化而有所变化。

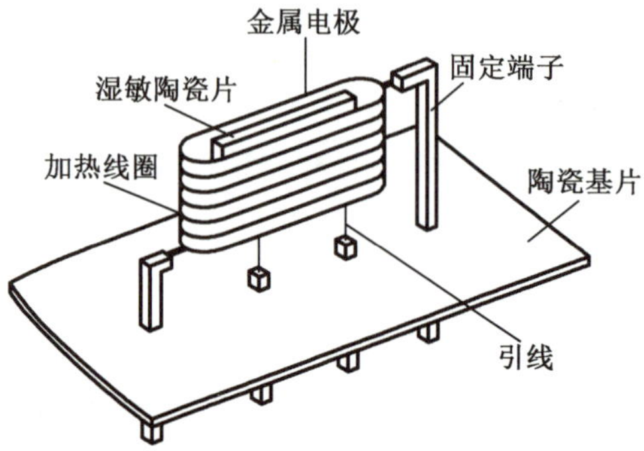

(a)

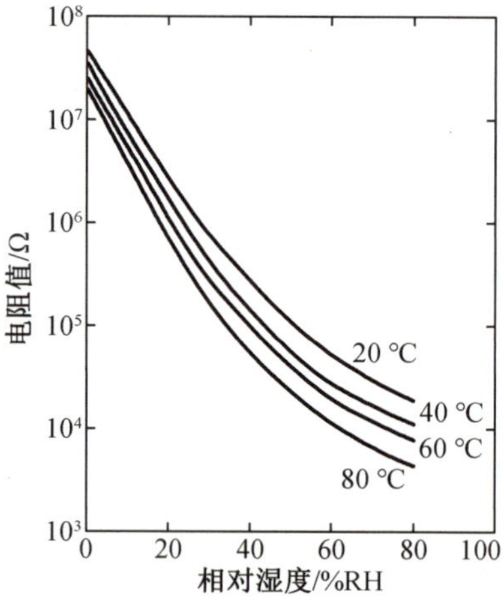

(b)

图 2-15　$MgCr_2O_4-TiO_2$ 陶瓷湿度传感器结构图及相对湿度与电阻关系图

(2) $ZnO-Cr_2O_3$ 湿敏元件

$ZnO-Cr_2O_3$ 湿敏元件的结构是将多孔材料的金电极烧结在多孔陶瓷圆片的两表面上，并焊上铂引线，然后将敏感元件装入有网眼过滤的方形塑料盒中用树脂固定，其结构如图 2-16 所示。$ZnO-Cr_2O_3$ 传感器能连续稳定地测量湿度，而无须加热除污装置，因此功耗低于 0.5 W，体积小，成本低，是一种常用测湿传感器。

(3) Fe_3O_4 湿敏元件

Fe_3O_4 湿敏元件由基片、电极和感湿膜等组成，其构造如图 2-17 所示。基片材料选用滑石板，该材料的吸水率低，机械强度高，化学性能稳定。基片上制作一对梭状金电极，最

后将预先配制好的 Fe_3O_4 胶体液覆在梭状金电极的表面，进行热处理和老化。Fe_3O_4 胶体之间的接触呈凹状，粒子间的空隙使薄膜具有多孔性，当空气相对湿度增大时，Fe_3O_4 胶膜吸湿，由于水分子的附着，强化颗粒之间的接触，降低颗粒间的电阻和增加更多的导流通路，所以元件电阻值减小。当处于干燥环境中，胶膜脱湿，粒间接触面减小，元件电阻值增大。当环境温度不同时，涂覆膜上所吸附的水分也随之变化，使梭状金电极之间的电阻产生变化。

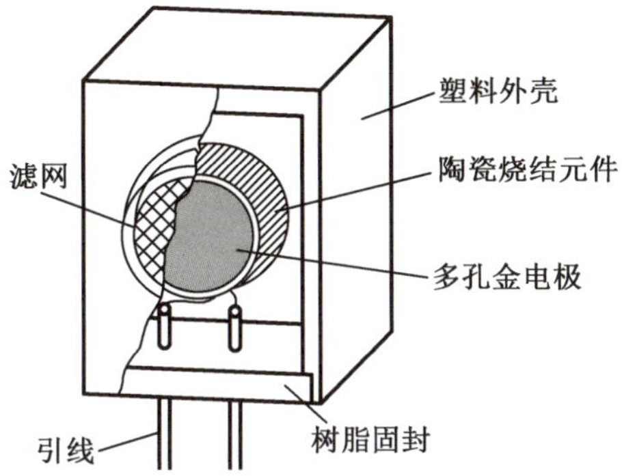

图 2-16　$ZnO-Cr_2O_3$ 陶瓷湿敏传感器结构

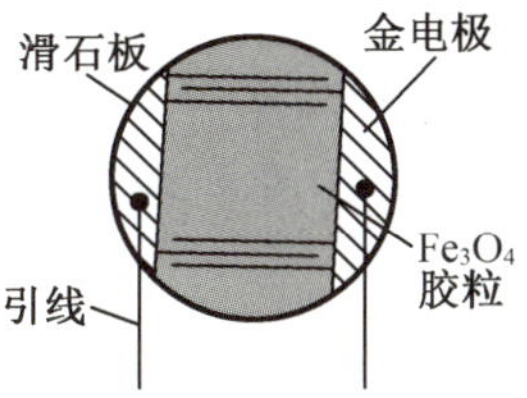

图 2-17　Fe_3O_4 湿敏元件构造

Fe_3O_4 湿敏元件在常温、常湿下性能比较稳定，有较强的抗结露能力，测湿范围广，有较为一致的湿敏特性和较好的温度-湿度特性，但元件有较明显的湿滞现象，响应时间长，吸湿过程（60%RH→98%RH）需要 2 min，脱湿过程（98%RH→12%RH）需 5~7 min。

3. 其他湿敏传感器——湿敏电容传感器

除了工业上常用的半导体陶瓷湿敏元件、氯化锂湿敏电阻和有机高分子膜湿敏电阻型湿度检测元件外，常用的还有湿敏电容传感器。

如图 2-18 所示为湿敏电容传感器的工作原理示意图。湿敏电容一般使用高分子薄膜电容制成，当环境湿度发生改变时，湿敏电容的介电常数发生变化，使其电容量也发生变化，其电容变化量与相对湿度成正比。

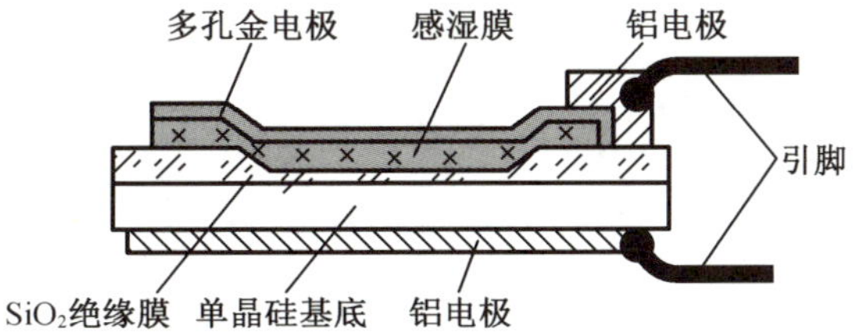

图 2-18　湿敏电容传感器的工作原理示意图

【任务实施】

湿敏传感器的选择依据

1. 确定测量范围

和测量质量、温度一样,选择湿敏传感器首先要确定测量范围。除了气象、科研部门外,高温、湿度测控的一般不需要全湿程(0~100%RH)测量。

2. 选择测量精度

测量精度是湿敏传感器最重要的指标,每提高一个百分点,对湿敏传感器来说就是上一个台阶,甚至是上一个档次。

3. 考虑时漂和温漂

在实际使用中,由于尘土、油污及有害气体的影响,使用时间一长,电子式湿敏传感器会产生老化,精度下降,电子式湿敏传感器年漂移量一般都在±2%左右,甚至更高。一般情况下,生产厂商会标明 1 次标定的有效使用时间为 1 年或 2 年,到期需重新标定。

湿敏传感器使用的注意事项

湿敏传感器是非密封性的,为保护测量的准确度和稳定性,应尽量避免在酸性、碱性及含有机溶剂的气氛中使用,也要避免在粉尘较大的环境中使用。为正确反映欲测空间的湿度,还应避免将传感器安放在离墙壁太近或空气不流通的死角处。如果被测的房间太大,就应放置多个传感器。

有的湿敏传感器对供电电源要求比较高,否则将影响测量精度。或者传感器之间相互干扰,甚至无法工作。使用时应按照技术要求提供合适的、符合精度要求的供电电源。

传感器需要进行远距离信号传输时,要注意信号的衰减问题。当传输距离超过 200 m 以上时,建议选用频率输出信号的湿度传感器。

利用湿敏传感器测量花卉土壤湿度

盆中的花卉是否缺水,光凭观察土壤表层是否湿润是不科学的。利用湿敏元件制作缺水指示器,当盆中缺水时,它会发出闪光,提醒及时浇水。土壤缺水指示器电路如图 2-19 所示。其中湿敏传感器由埋在土壤中的两个电极组成,如果土壤的湿度较小,其电阻率会明显增加,此时两电极间电阻很大,致使场效应晶体管 VT_1 截止,晶体管 VT_2 导通,电阻 R_4 上产生较大电压降,使 IC555 时基电路组成的振荡器开始工作。当振荡器工作时,发光二极管 VL 将随着低频振荡信号闪耀发光,提醒给花盆浇水。

当花盆不缺水时,土壤电阻率很小,两电极间电阻很小,VT_1 的栅极相当于接地,则 VT_1 导通,VT_2 截止,振荡电路停止工作,发光二极管熄灭。制作完成后,需要反复试验湿度条件与电路的输出关系,直至在合适的湿度下 VL 刚好不点亮为止。调节方法的关键是改变两个电极插入土壤的深度。

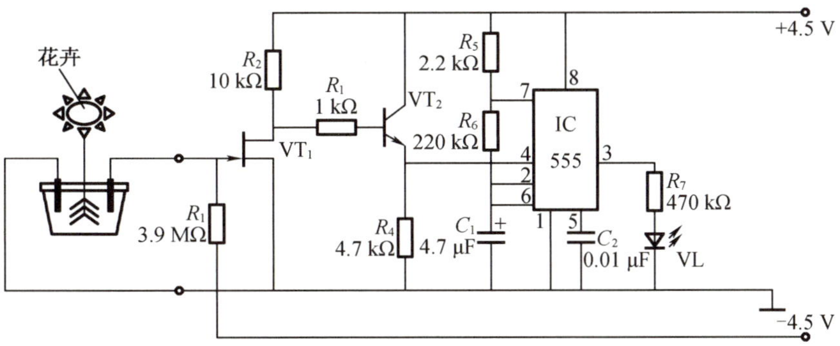

图 2-19　土壤缺水指示器电路

家用房间湿度控制器电路

如图 2-20 所示，该湿度控制电路工作原理如下：对两个可变电阻 R_{P1}、R_{P2} 分别设定 2 个比较电压，即相当于设定了大小 2 个湿度临界点。

当湿度偏大，超过 2 个临界点中的大值，将导致去湿继电器工作；

当湿度过小，小过 2 个临界点中的小值，将导致加湿继电器工作；

当湿度处于 2 个临界点之间时，去湿继电器和加湿继电器均不工作。

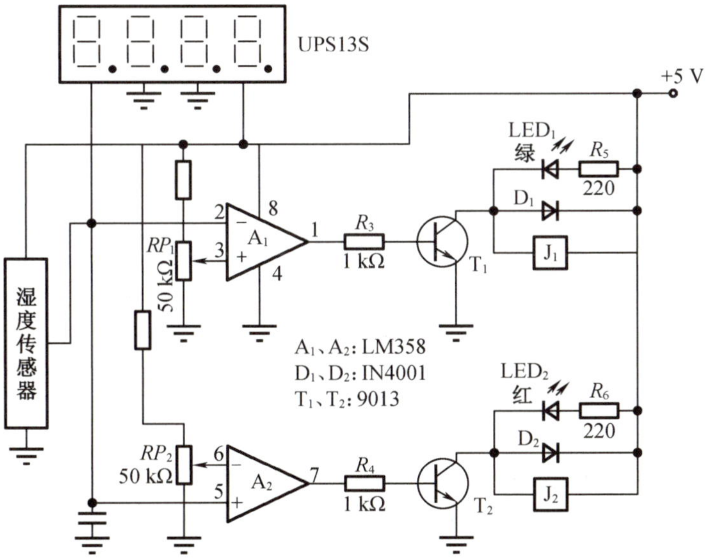

图 2-20　家用房间湿度控制电路

汽车挡风玻璃自动除湿控制

如图 2-21 所示是一种用于汽车驾驶室挡风玻璃自动去湿电路。其目的是防止驾驶室的挡风玻璃结露或结霜。晶体管 VT_1、VT_2 为施密特触发电路，VT_2 的集电极负载为继电器 K 的线圈绕组。R_1、R_2 为 VT_1 的基极电阻，R_H 为湿敏元件 H 的等效电阻。在不结露时，调整各电阻值，使 VT_1 导通，VT_2 截止。一旦湿度增大，湿敏元件 H 的等效电阻 R_H 值下降到某一特定值，R_2 与 R_H 的并联电阻值减小，使 VT_1 截止，VT_2 导通，VT_2 集电极负载——继电器 K 的线圈通电，它的常开触点 S_1 接通加热电源 E 并且点亮指示灯，电阻丝 R_L 通电，挡风玻璃被加热，可驱散湿气。当湿气减少到一定程度时，R_2 与 R_H 的并联电阻值回到不结露时的电阻值，VT_1、VT_2 恢复初始状态，指示灯熄灭，电阻丝断电，停止加热，从而实现了自动去湿控制。

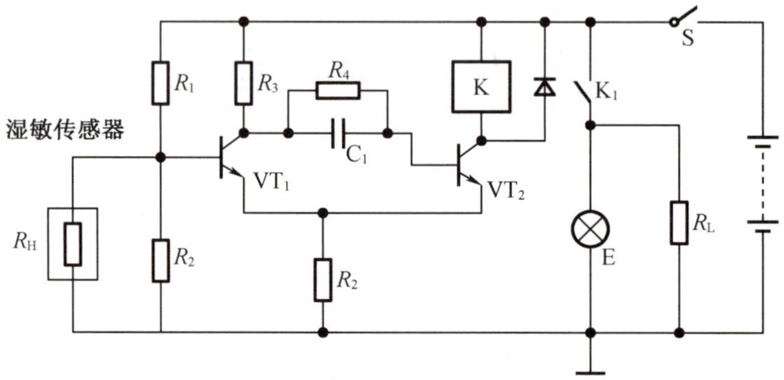

图 2-21　汽车驾驶室挡风玻璃自动去湿电路

【任务评价】

对本任务的完成情况进行综合评价、总结与反思。

评价单自行打印，详情见附录。

任务 3　基于光电式传感器的火灾烟雾检测

【任务背景】

烟雾是一种由固体颗粒物、液滴和气体组成的复杂混合物，其主要成分包括一氧化碳、氮氧化物、挥发性有机化合物和细颗粒物等。烟雾不仅对人体健康有害，还会导致火灾蔓延加剧，因此烟雾检测成为重要的安全技术之一。

烟雾检测指标主要包括烟雾浓度、颗粒物浓度、一氧化碳含量等。通过监测这些指标，可以及时了解烟雾的浓度和成分，为火灾预警和空气质量监测提供重要依据。烟雾检测技术的发展为提高人们的生活质量和保障人们的安全提供了有效手段，随着科技的不断进步，烟雾检测技术将会越来越智能化、精准化，为人们提供更好的保护。

烟雾传感器以烟雾的有无决定输出信号，所以不能定量地连续测量。烟雾传感器可以分为散射式烟雾传感器、离子式烟雾传感器两类。

散射式烟雾传感器：在发光管和光电器件之间设置遮光屏，无烟雾时接收不到光信号，有烟雾时借微粒的散射光使光电器件发出电信号，这种传感器的灵敏度与烟雾种类无关。

离子式烟雾传感器：用放射性同位素镅放射出微量的 α 射线，使附近空气电离，当平行平板电极间有直流电压时，产生离子电流，有烟雾时，微粒将离子吸附，而且离子本身也吸收 α 射线，其结果是离子电流减小。若将一个密封有纯净空气的离子室作为参比元件，对两者的离子电流比较，就可以清除外界干扰，得到可靠的检测结果。此法的灵敏度与烟雾种类有关。

其中，散射式烟雾传感器其实是一种光电传感器，光电传感器是一种小型电子设备，它可以检测出其接收到的光强的变化，通过把光强的变化转换成电信号的变化实现控制功能，具有非接触、响应快、性能可靠等特点。

【相关知识】

让我们来认识一下光电传感器吧！

一、概述

光电传感器是将光信号的变化变换为电信号的装置。如图 2-22 所示为光电传感器的工作过程。

图 2-22　光电传感器的工作过程

光电传感器一般由光源、光学通路和光电器件三部分组成。被测量通过对光源或者光学通路的影响将待测信息调制到光波上，通常使光波的强度、相位、空间分布和频谱分布发生改变，光电器件将光信号的变化变换为电信号。电信号经后续电路的解调分离出被测量的信息，从而实现对被测量的测量。光源是光电传感器的一个组成部分，大多数光电传感器都离不开光源。光电传感器对光源的选择要考虑很多因素，例如波长、谱分布、相干性、体积、造价和功率等。常用的光源可分为热辐射光源、气体放电光源、激光器和电致发光器件四大类。光学通路是由一定的光学元件，按照一些光学定律和原理构成的各种各样的光路。常用的光学元件有各种反射镜和透镜。光电器件的作用是将光信号变换为电信号，它的作用原理是基于一些物质的光电效应。

光电传感器具有频谱宽、不受电磁干扰的影响、非接触测量、体积小、质量轻、造价低等特点。特别是 20 世纪 60 年代以来，随着激光、光纤、CCD 等技术的起步和发展，光电传感器也得到了飞速发展，在生物、化学、物理和工程技术等领域中获得了广泛的应用。

二、光电传感器的工作原理——光电效应

光电传感器是以光电效应为基础，将光信号转换成电信号的光电器件。

由光的粒子学说可知，光可以被看成是具有一定能量的粒子组成的，而每个光子所具有的能量 E 正比于其频率。光照射在物体上就可以看成是一连串的具有能量为 E 的粒子轰击在物体上。所谓光电效应就是由于物体吸收了能量为 E 的光后产生的电效应，可分为外光电效应和内光电效应，其中，内光电效应包括光电导效应和光生伏特效应。

1. 外光电效应

外光电效应指在光的照射下，材料中电子逸出表面的现象，也称为光电发射效应。光电管及光电倍增管均属这一类，它们的光电发射极-光阴极就是用具有这种特性的材料制造的。

某些物质吸收了光的能量，电子将逸出表面。根据爱因斯坦假说，一个光子的能量只能给一个电子。因此，如果一个电子要从物体中逸出表面，必须使光子能量 $E=hf$ 大于表面逸出功 A，这时逸出表面的电子就具有动能 E_K。

$$E_K=\frac{1}{2}mv^2=hf-A \tag{2-1}$$

式中 m——电子质量；

v——电子逸出初速度；

h——普朗克常数，$h=6.63\times10^{-34}\ \mathrm{J\cdot s}$；

f——光的频率。

各种不同的材料具有不同的逸出功 A。

2. 内光电效应

当光照射在物体上，使物体的电阻率发生变化，或产生光生电动势的现象称为内光电效应。内光电效应又分为光电导效应和光生伏特效应。

(1)光电导效应

光电导效应指在光的照射下材料的电阻率发生改变的现象，如光敏电阻。光电导效应的物理过程是光照射到半导体材料时，价带中的电子受到能量大于或等于禁带宽度的光子轰击，并使其由价带越过禁带跃入导带，使材料中导带内的电子和价带内的空穴浓度增大，从而使电导率增大。

(2)光生伏特效应

光生伏特效应指在光照射下，物体内部产生一定方向的电动势的现象。光照射 PN 结中，若能量达到禁带宽度时，价带中的电子跃迁到导带，便产生电子空穴对。被光激发的电子在势垒附近电场梯度的作用下向 N 侧迁移，而空穴则向 P 侧迁移。从而使 N 区带负电，P 区带正电，形成光电动势。

还有一种被称为“丹倍效应”的也属于光生伏特效应一类。这是指当光只照射在某种光电导材料的一部分上时，被照射的部分产生电子空穴对，使照射到和未被照射到的两部分中载流子的浓度不同，从而产生载流子扩散，如果电子的迁移率大于空穴的迁移率，必将使未被照射到的部分获得过多的电子，并带负电；而被照射到的部分失去过多的电子而带正电，从而产生光生伏特。

三、常用的光电器件

1. 光电管

光电管是利用外光电效应制成的光电器件。图 2-23 为光电管典型结构和测量电路，它是在真空玻璃管内装入两个电极——光阴极和光阳极。光阴极可以有多种形式，最简单的是在玻璃泡内壁上涂以阴极涂料作为阴极。或是在玻璃泡内装入柱面形金属板，在此金属板内壁上涂有阴极涂料组成阴极。而阳极为置于光电管中心的环形金属丝或是置于柱面中心轴位置上的金属丝柱。

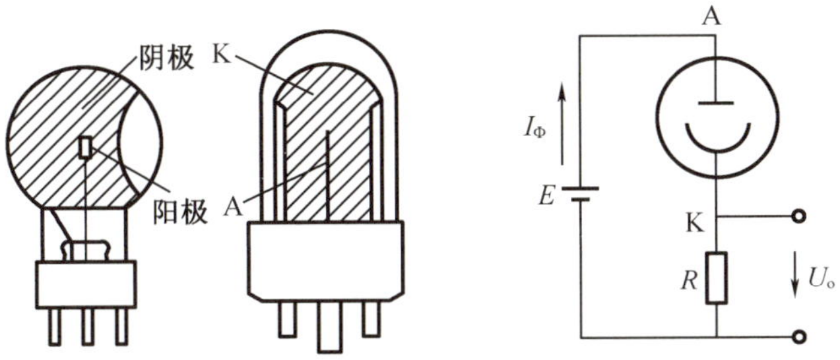

(a)光电管典型结构　　(b)符号及测量电路

图 2-23　光电管典型结构和符号及测量电路

光电管的阴极受到适当的光线照射后便发射电子，这些电子被具有一定电位的阳极吸引，在光电管内形成空间电子流。如果在外电路中串入一适当电阻值的电阻，则在此电阻上将有正比于光电管中空间电流的电压降，其值与照射在光电管阴极上的光强度成函数关系。

除真空光电管外，还有充气光电管，二者结构相同，只是前者泡内为真空，后者泡内充入惰性气体如氩、氖等。当电子在被吸向阳极的过程中，运动着的电子对惰性气体进行轰击，并使其电离，于是会有更多的自由电子产生，从而提高了光电变换灵敏度。可见充气光电管比真空光电管的灵敏度高。

2. 光电倍增管

光电倍增管结构如图 2-24 所示。它是在一个玻璃泡内除装有光电阴极和光电阳极以外，还装有若干个光电倍增极，且在光电倍增极上涂以在电子轰击下可发射更多次级电子的材料，倍增极的形状及位置要正好能使轰击进行下去，在每个倍增极间均应依次增大加速电压，设每极的倍增率为 δ，若有 n 级，则光电倍增管的光电流倍增率将为 $n\delta$。

光电倍增极一般采用 Sb-Cs 涂料或 Ag-Mg 合金涂料，倍增极数为 4~14，δ 值可为 3~6。

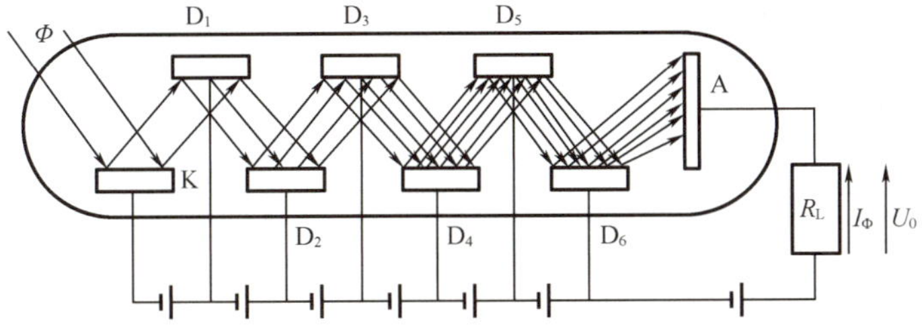

图 2-24　光电倍增管结构

光电倍增管的灵敏度比光电管高出几万倍，在微光下就可产生较大的电流。例如：可用来探测高能射线产生的辉光等，由于光电倍增管有如此高的灵敏度，因此使用时应注意避免强光照射而损坏光电阴极。

3. 光敏电阻

光敏电阻是用具有内光电效应的光导材料制成的一种均质半导体光电器件，由于内光电效应仅限于光线照射的表面层，所以光电半导体材料一般都做成薄片并封装在带有透明窗的外壳中。光敏电阻除用硅、锗制造外，还可用硫化镉、硫化铅、硒化铟、碲化铅等材料制造。光敏电阻常称光导管，为了避免外来干扰，光敏电阻外壳的入射孔上盖有一种能透过所要求的光谱范围的透明保护罩（如玻璃）。

光敏电阻没有极性，如图 2-25 所示，使用时在电阻两端既可加直流电压，也可加交流电压，在光线的照射下，可改变电路中电流的大小。在无光照射时，光敏电阻呈高阻，回路中仅有微弱的电流（称为暗电流）通过。在有光照射时，光敏材料吸收光能，使电阻率变小，光敏电阻呈低阻态，从而在回路中有较强的电流（称为亮电流）通过。光照越强，电阻值越小，亮电流越大。如果将该亮电流取出，经放大后即可作为其他电路的控制电流。当光照射停止时，光敏电阻又逐渐恢复原有的高阻状态。

4. 光敏二极管、光敏晶体管

光敏二极管和普通二极管相比虽然都属于单向导电的非线性半导体器件，但在结构上有其特殊的地方。光敏二极管的 PN 结装在透明管壳的顶部，可以直接受到光的照射。如图 2-26 所示，使用时要反向接入电路中，即 P 极接电源负极，N 极接电源正极。无光照时，与普通二极管一样，反向电阻很大，电路中仅有很小的反向饱和漏电流，称暗电流。当有光照射时，PN 结受到光子的轰击，激发形成光生电子-空穴对，因此在反向电压作用下，反向电流大大增加，形成光电流。光照越强，光电流越大，即反向偏置的 PN 结受光照控制。

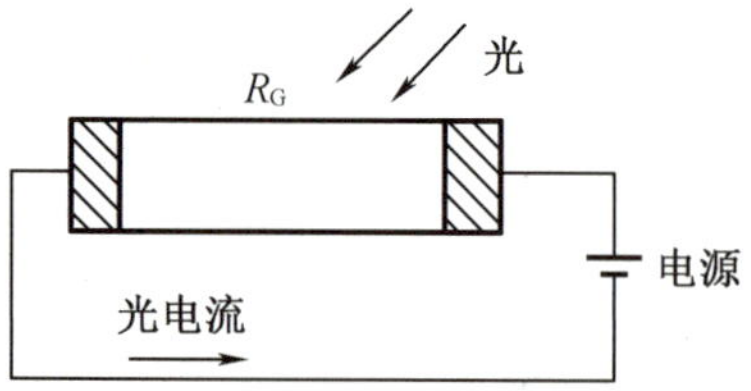

图 2-25　光敏电阻的使用电路

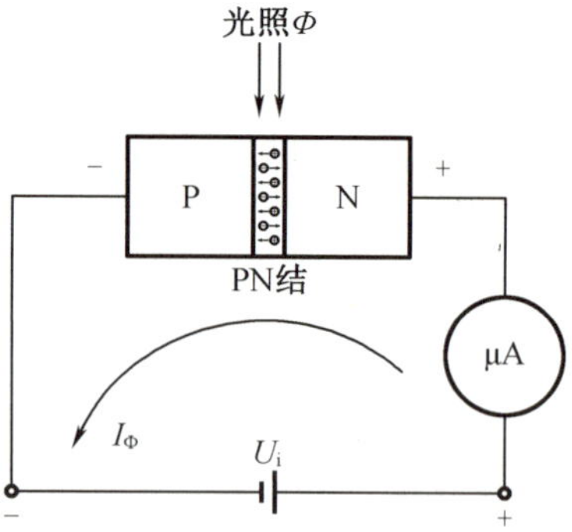

图 2-26　光敏二极管的使用电路

光敏晶体管又称“光敏三极管”，它有两个 PN 结，与普通晶体管相似，灵敏度比光敏二极管高。多数光敏晶体管的基极没有引出线，只有正负（C、E）两个引脚；其外形与光敏二极管相似，从外观上很难区别。

如图 2-27 所示为光敏晶体管的结构和电气符号，光敏晶体管和普通晶体管的结构相类似。不同之处是光敏晶体管必须有一个对光敏感的 PN 结作为感光面，一般用集电结作为受光结，因此，光敏晶体管实质上是一种相当于在基极和集电极之间接有光敏二极管的普通晶体管。

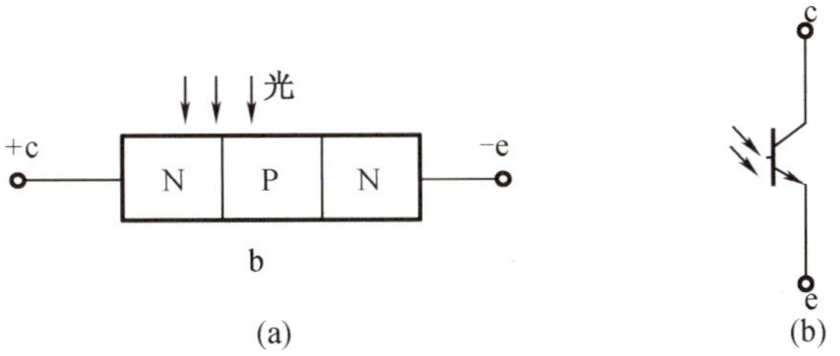

图 2-27　光敏晶体管的结构和电气符号

当入射光子在基区及集电区被吸收而产生电子-空穴对时，便形成光电流。由此产生的光生电流由基极进入发射极，从而在集电极回路中得到一个放大了 β 倍的电流信号。

光敏晶体管比光敏二极管有着更高的灵敏度。

5. 光电池

如图 2-28 所示为光电池的结构和电气符号，光电池能将入射光能量转换成电压和电流。硅光电池是在 N 型硅片衬底上制造一薄层 P 型层作为光照敏感面，形成一个大面积的 PN 结；P 型层做得很薄，从而使光线能穿透到 PN 结上。当光照能量足够大时，就将在 PN 结附近激发产生电子-空穴对，这种由光激发生成的电子-空穴对称为光生载流子。它们在电场的作用下，电子被推向 N 区，而空穴被拉向 P 区。这种推拉作用的结果：使得 N 区积累了多余电子而成为光电池的负极，而 P 区因积累了空穴而成为光电池的正极，因而两电极之间便有了电位差，这就是光生伏特效应。

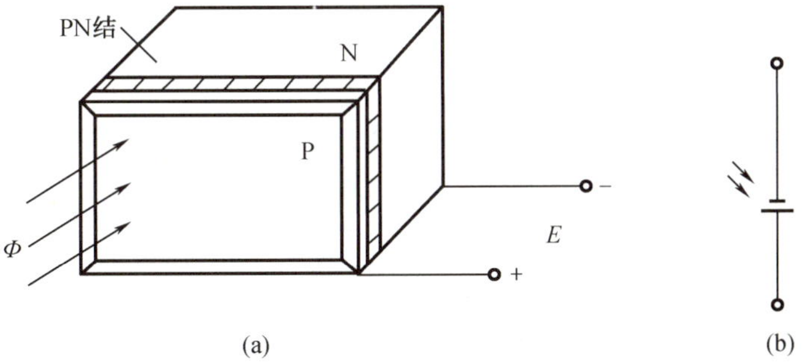

图 2-28　光电池的结构和电气符号

光电池的制作材料种类很多，如硅、砷化镓、硒、锗、硫化锡等，其中应用最广泛的是硅光电池。硅光电池性能稳定、光谱范围宽、频率特性好、转换效率高且价格便宜。

四、光电传感器的分类

光电传感器根据光通量对光电元件的作用原理不同，制作的光学装置是多种多样的，按其输出量性质可分为两类。

第一类光电传感器测量系统是把被测量转换成连续变化的光电流，它与被测量间呈单值对应关系。一般有下列几种情形。

（1）被测物是光源。光辐射源本身是被测物，如图 2-29（a）所示，被测物发出的光通量射向光电元件。这种形式的光电传感器可用于光电比色高温计中，它的光通量和光谱的强度分布都是被测温度的函数。

（2）被测物能吸收光通量。恒光源是白炽灯（或其他任何光源），如图 2-29（b）所示，光通量穿过被测物，部分被吸收后到达光电元件上。吸收量决定于被测物介质中被测的参数，例如，测量液体、气体的透明度、混浊度的光电比色计。

（3）被测物是有反射能力的表面。恒光源发出的光通量到被测物，如图 2-29（c）所示，再从被测物表面反射后投射到光电元件上。被测物表面的反射条件决定于表面性质或状态，因此光电元件的输出信号是被测非电量的函数，如：测量表面光洁度、粗糙度等仪器中的传感器等。

（4）被测物遮蔽光通量。从恒光源发射到光电元件的光通量遇到被测物，被遮蔽了一部分，如图 2-29（d）所示，由此改变了照射到光电元件上的光通量。在某些测量尺寸或振动等仪器中，常采用这种传感器。

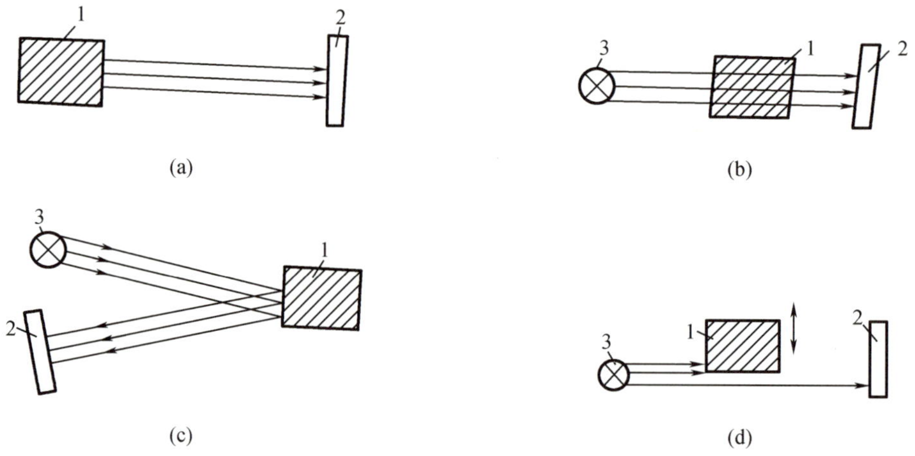

1—被测物；2—光电元件；3—恒光源。

图 2-29　光电传感器的应用形式

第二类光电传感器测量系统是把被测量转换成断续变化的光电流，系统输出为开关量的电信号。这一类传感器大多用在光电继电器式的检测装置中，如电子计算机的光电输入机及转速表的光电传感器等。

【任务实施】

光电式火灾烟雾报警器

宾馆等场所强制安装火灾报警器，火灾发生时伴随有光和热的化学反应。物质在燃烧过程中一般有下列现象产生：

产生热量，使环境温度升高，可以用各种温度传感器来测量。但是在燃烧速度非常缓慢的情况下，火灾初期的环境温度上升不易鉴别。产生可燃性气体，有机物在燃烧的初始阶段，首先释放出来的是可燃性气体，如 CO 等，可以用气敏检测。产生火焰，可利用紫外管检测，但须设计带通滤波器，只让检测紫外线的抖动信号通过，避开太阳光的照射。产生烟雾，烟雾是人们肉眼能见到的微小悬浮颗粒。烟雾有很大的流动性，可潜入烟雾传感器中，是检测火灾比较有效的手段，可以用反射式光电传感器检测烟雾。

反射式烟雾报警检测器的原理图和检测电路图如图 2-30 所示。图中，灯的作用是作为光源和热源。光隔板阻止了灯光直接照射在光敏电阻上。箱中空气受灯的热作用而上升，因而引起空气对流，从底部进入，顶部溢出。如果通过检测箱的空气中无烟雾，则白炽灯无反射光照射到光敏电阻上，其电阻值很大。如果空气中有烟雾，则烟尘将灯光反射到光敏电阻上使其电阻值减小。

报警电路中，当 R_t 无光照时，R_t 很大，U_A 很小，晶闸管触发电压太小，SCR 截止。当 R_t 受光照时，R_t 变小，U_A 电压升高足够使 SCR 导通，电铃响，发出报警。

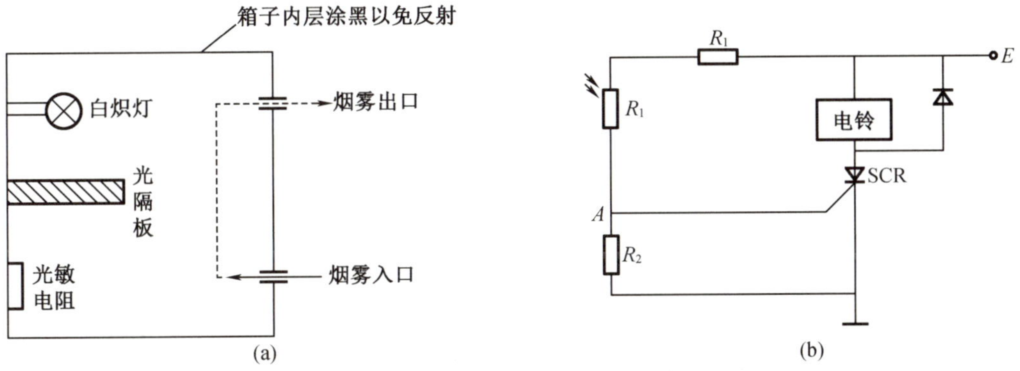

图 2-30　反射式烟雾报警检测器的原理图和检测电路图

应用案例 1：光电反射式转速表

光电反射式转速表属于反射式光电传感器，它可以在距被测物数十毫米外非接触地测量其转速。如图 2-31 所示为光电反射式转速表的原理框图，光源发出的光线经聚焦透镜 2 会聚成平行光束，照射到被测旋转物 3 上，光线经事先粘贴在旋转物体上的反光纸 4 反射回来，经聚焦透镜 6 聚焦后落在光敏二极管 7 上。旋转物体每转一圈，光敏二极管就产生一个脉冲信号，经放大整形电路得到 TTL 电平的脉冲信号，该信号在与门中和“秒信号”相“与”。与门在 1 s 的时间间隔内输出的脉冲数正比于旋转物体的每秒转数，再经数据运算电路处理后，由数码显示器显示出每分钟的转数。转速 n 为 $n=60f/z$。

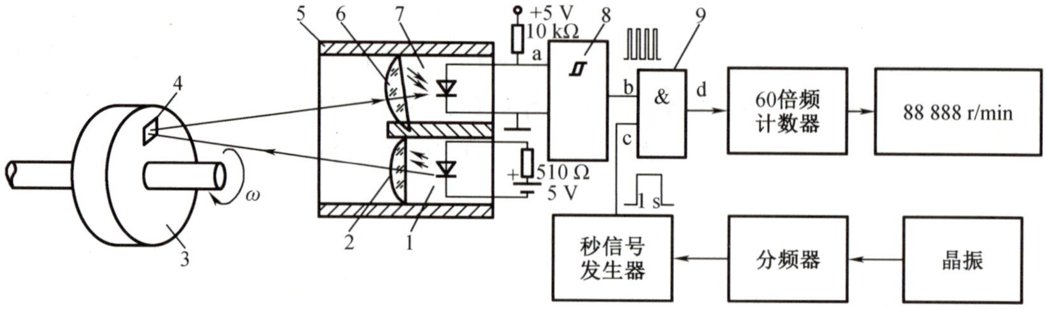

1,7—光源(光敏二极管);2,6—聚焦透镜;3—被测旋转物;4—反光纸;5—遮光罩;
8—信号处理电路(放大、整形);9—逻辑运算电路(逻辑“与”运算)。

图 2-31　光电反射式转速表的原理框图

应用案例 2:光电式带材跑偏测控系统

在带材生产线上,由带材横向厚度及压辊压力不均等原因,导致带材边缘或纵向标志线与加工机械的中心线不平行或不重合,从而发生带材横向运行偏差,称为“跑偏”,带材走偏时,边缘经常与传送机械发生碰撞,易出现卷边,造成废品,需要以带材边缘纵向为基准,实行边缘位置控制,称为“纠偏”。

如图 2-32 和图 2-33 所示,在带材纠偏装置中,边缘位置检测传感器的位置固定不动,开卷机的开卷辊可左右移动。在伺服液压缸的推动下,开卷机构(包括减速箱和开卷辊等)沿着导轨做垂直于带材行进方向的纠偏运动。

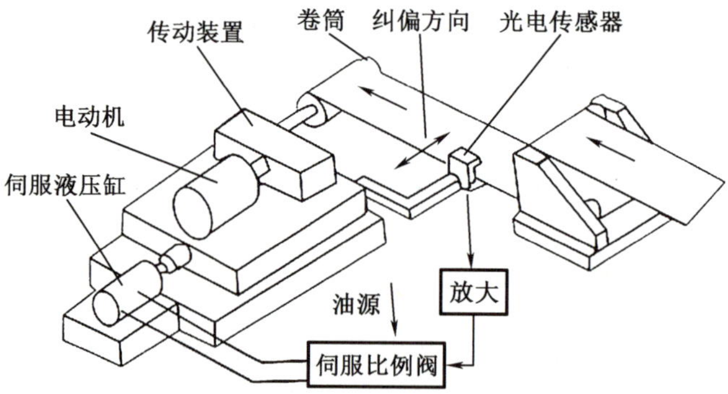

图 2-32　带材纠偏系统结构示意图 1

当带材未跑偏时,跑偏检测传感器输出的偏差信号为零;当边缘位置检测传感器检测到带材向左偏离中心位置时,偏差信号为正值,控制电液伺服比例调节阀和压力油,使液压缸的活塞向右做横向移动,直到带材的位置偏差消除,光电检测器的输出信号为零。

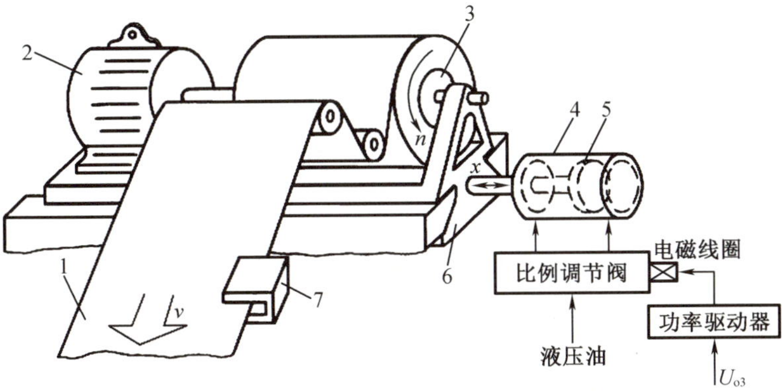

1—被测带材；2—开卷电动机；3—开卷辊；4—伺服液压缸；5—活塞；6—滑台；7—光电边缘位置检测传感器。

图 2-33　带材纠偏系统结构示意图 2

应用案例 3：光电式浊度计

浊度仪是一种用于测量液体浊度的仪器，在许多实验室和工业应用中，浊度是一个非常重要的参数，因为它可以告诉我们液体中微小的悬浮物的含量。浊度仪的工作原理是基于光电比色法，当光线碰到液体中的颗粒时，它会被分散，这会导致光线变得模糊或“浊”。利用这种现象，浊度仪可以测量液体中的颗粒数量和大小。光电式浊度计工作原理如图 2-34 所示。

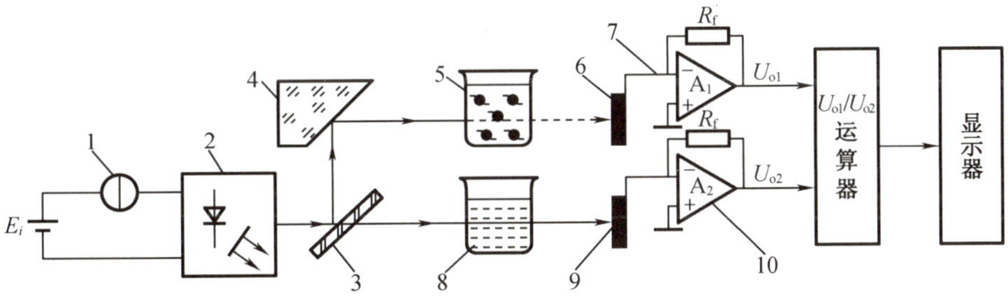

1—恒流源；2—半导体激光器；3—半反半透镜；4—反射镜；5—被测水样；

6、9—光电池；7，10—电流/电压转换器；8—标准水样。

图 2-34　光电式浊度计工作原理

光源发出的光线经过半反半透镜 3 分成两束强度相等的光线：一路光线穿过标准水样 8，到达光电池 9，产生作为被测水样浊度的参比信号；另一路光线穿过被测水样 5 到达光电池 6，其中一部分光线被样品介质吸收，样品水样越混浊，光线衰减量越大，到达光电池 6 的光通量就越小。两路光信号均转换成电压信号 U_{01}、U_{02}，由运算器计算出 U_{01}、U_{02} 的比值，并进一步算出被测水样的浊度。参比通道目的：当光源的光通量由于种种原因有所变化，或环境温度变化引起光电池灵敏度发生改变时，由于两个通道的结构完全一样，所以在最后运算 U_{01}/U_{02} 的值，其值的范围是 0~1 时，上述误差可自动抵消，减小了测量误差。

【任务评价】

对本任务的完成情况进行综合评价、总结与反思。

评价单自行打印,详情见附录。

项目三　选择与应用智能传感器

【引导案例】

我国载人空间站“天宫”中，仅核心舱就使用了 300 多只传感器。再如，曾经作为主要航天工具的航天飞机，它的各大系统均使用了大量传感器，航天飞机一次发射飞行过程中所用的传感器的总量达到约 3 500 只（运载火箭的用量有约 2 500 只，航天飞机上有约 1 000 只）。其主要功能如下。

1. 监视飞行器各分系统与部件在飞行过程中的工作状态。

运载火箭的箭上系统有动力系统（固、液体发动机，燃料贮箱，泵，活门，增压系统，管路等）、控制系统、附加系统、推进剂利用系统、遥测系统等。在载人飞行器中（航天飞机、飞船）则有故障检测与诊断系统、舱内环境控制与生命保障系统、逃逸救生系统、飞船舱外活动（EVA）与再入登陆系统（陆地或水面）。在所有系统中，都离不开仪表传感器对其工作状态进行检测。

2. 监视飞行器自身的工作状态与相对位置等运动信息，向飞行器上的测控系统提供有用信息。

3. 向载人飞行器的测控系统中的故障检测、环境控制逃逸救生、飞船舱外活动与载人登陆等系统提供有用信息（含生物医学、化学量等）。

为保证整个飞行过程的安全可靠，不仅要求传感器精度高、响应快、稳定性好，而且要求具有一定的数据存储和处理能力，同时能够实现自诊断、自校准、自补偿、自适应及远程通信等功能。而传统的传感器因其功能单一、体积大，性能和工作容量已不能满足这样的要求，智能传感器便随之应运而生。

【学习目标】

知识目标：

1. 能够掌握智能传感器的基本概念、特点和应用领域；
2. 能够了解智能图像传感器的工作原理和典型应用；
3. 能够了解智能生物传感器的工作原理和典型应用；
4. 能够了解 MEMS 传感器的工作原理和典型应用。

能力目标：

1. 能够辨识常规传感器和智能传感器；
2. 能够熟悉多种智能传感器的应用。

职业素质目标：

1. 培养学生现代化信息技术应用素养，爱国主义情怀，严谨求实的科学态度。
2. 培养学生认真、严谨、规范、高效的工作作风。
3. 培养学生团结协作、爱岗敬业的职业精神。

【知识储备】

随着微电子技术的发展，1983 年，美国 Honeywell 公司首次推出用于过程工业的智能压力传感器，其他公司纷纷效仿，先后研制出各自的智能传感器产品。

智能传感器是当今世界正在迅速发展的高新技术，至今还没有形成规范化的定义。早期，人们简单地强调在工艺上将传感器与微处理器两者紧密结合，认为“传感器的敏感元件及其信号调理电路与微处理器集成在一块芯片上就是智能传感器”，这种提法在实际中并不总是必需的，而且也不经济。于是，就产生了新的定义：“传感器通过信号调理电路与微处理器赋予智能的结合，兼有信息检测与信息处理功能的传感器就是智能传感器。”这一提法突破了传感器与微处理器结合必须在工艺上集成在一块芯片上的框框，而着重于两者赋予智能的结合可以使传感器的功能由以往只起“信息检测”作用扩展到兼有“信息处理”功能，因此，智能传感器是既有获取信息又有信息处理功能的传感器。

智能传感器过去主要用于过程工业，如今在离散自动化领域和商业领域都有广泛应用，尤其是近年，由于半导体技术的迅速发展，使微控制器的功能不断升级，价格不断下降，从而引起工业传感器设计的革命，也使检测技术的发展跃上一个新台阶。

让我们来认识一下智能传感器吧！

一、智能传感器的定义

自动化领域所取得的一项最大进展就是智能传感器的发展与广泛使用，极大地促进了制造、装备产业的升级换代，其典型代表为：数控立式加工中心、自动化生产线上的工业机器人，设备中使用的位移、压力、温度、状态等不同类型的传感器至少超过 60 只，如此量大的信号检测只能采用智能传感器完成。但究竟什么是“智能”传感器目前众说纷纭，以下是来自 5 个传感器厂家的专家对这一术语的表述：

“一个良好的‘智能传感器’是由微处理器驱动的传感器与仪表套装，并且具有通信与板载诊断等功能，为监控系统和操作员提供相关信息，以提高工作效率及减少维护成本。”

“智能传感器的优势，是能从过程中收集大量的信息以减少宕机时间及提高质量。”

“分布式智能的基本前提是，在适当位置和时间拥有有关系统、子系统或组件的状态的全部知识,以进行‘最优的’过程控制决策。”

“对于一种真正的‘智能’(机器视觉)传感器,它应该不需要使用者懂得机器视觉。”

“智能传感器,必须首先能监视自身及周围的环境,然后再决定是否对变化进行自动补偿或对相关人员发出警告。”

经过一段时间的技术研究和发展,专家们普遍认为,智能传感器是指具有信息检测、信息处理、信息记忆、逻辑思维和判断功能的传感器。它不仅具有传统传感器的各种功能,而且还具有数据处理、故障诊断、非线性处理、自校正、自调整以及人机通信等多种功能。它是微电子技术、微型计算机技术与检测技术相结合的产物。一般数控立式加工中心、智能机器人的检测系统都是由多个传感器集合而成,采集的信息需要计算机进行处理,而使用智能传感器就可将信息分散处理,从而提高系统运行的综合效率。

智能传感器(intelligent sensor)是一种带微处理器的兼有信息检测、信息处理、信息记忆、逻辑思维和判断功能的传感器。根据《智能传感器 第 3 部分:术语》(GB/T 33905. 3—2017)中的定义,智能传感器是具有与外部系统双向通信手段,用于发送测量、状态信息,接受和处理外部命令的传感器。

二、智能传感器的组成

智能传感器相对于传统传感器,智能传感器集感知、信息处理、通信于一体,可实现自校准、自补偿、自诊断等处理功能。

从具体结构上来讲,智能传感器由传感器、微处理器和相关电路构成。图 3-1 所示为典型智能传感器的构成框图。传感器负责信号的获取,微处理器根据设定,对输入信号进行分析处理,得到特定的输出结果。智能传感器通过外部网络接口模块与外部系统进行数据交换。

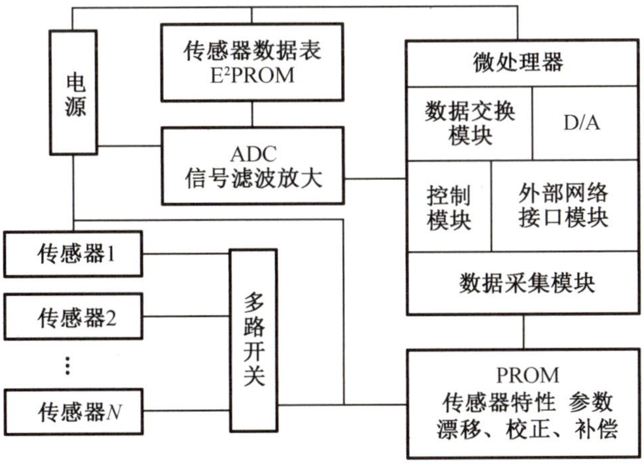

图 3-1　典型智能传感器的构成框图

三、智能传感器的功能与特点

1. 智能传感器的功能

智能传感器在传统传感器的基础上增加了丰富的信息处理功能。在智能传感器系统中,微处理器能够按照给定的程序对传感器实现软件控制,与传统传感器相比,智能传感器一般具有如下功能:

(1)数字输出功能。智能传感器内部集成了模数转换电路,能够直接输出数字信号,可缓解控制器的信号采集处理压力。

(2)数据处理功能。智能传感器充分利用微处理器的计算和存储能力,不仅能对被测参数进行直接测量,还可对被测参数进行特征分析和变换,获取被测参数变化的更多特征。

(3)信息存储功能。智能传感器内含一定的存储空间,除了能够存储信号处理、自补偿、自诊断等相关程序外,还能够进行历史数据、校正数据、测量参数、状态参数等数据的存储。

(4)自校准补偿功能。通过软件计算对传统传感器的非线性、温度漂移、时间漂移以及环境影响因素引起的信号失真进行自动校准补偿,达到软件补偿硬件的目的,实现自动调零、自动平衡、自动补偿等功能,提高传感器应用的灵活性。

(5)自动诊断功能。智能传感器通过其故障诊断软件和自检测软件,自动对传感器和系统工作状态进行定期和不定期的检测、测试,及时发现故障,诊断发生故障的原因、位置,并给予相应的提示。

(6)自学习与自适应功能。智能传感器可以通过编辑算法使传感器具有学习功能,利用近似公式和迭代算法认知新的被测量值,即有再学习能力。此外,还可以根据一定的行为准则自适应地重置参数。例如,自选量程、自选通道、自动触发、自动滤波切换和自动温度补偿等。

(7)多参数测量功能。智能传感器设有多种模块化的硬件和软件,根据不同的应用需求,可选择其模块的组合状态,实现多传感单元、多参数的测量。

(8)双向通信功能。智能传感器采用双向通信接口,既可向外部设备发送测量、状态信息,又能接收和处理外部设备发出的指令。

2. 智能传感器的特点

与传统传感器相比,智能传感器的功能更加丰富,主要具有以下特点:

(1)测量精度高。智能传感器有多项功能来保证它的精度,如通过自动校零去除零点误差,与标准参考基准实时对比,进行自动标定与非线性校正、异常值处理等。

(2)可靠性与稳定性高。智能传感器能自动补偿测量时环境因素带来的干扰影响,如温度变化导致的零点和灵敏度漂移;被测参数变化后能自动切换量程;能实时进行自检,检查各部分工作是否正常,并可诊断发生故障的部件。

(3)信噪比和分辨率高。智能传感器具有信息处理、信息存储和记忆功能,通过信息处理可以去除测量数据中的噪声,将有用信号提取出来;通过信息处理中的数据融合可以消除多参数测量状态下交叉灵敏度的影响,保证在多参数状态下对特定参数测量时具有高的分辨率。

(4)自适应性强。智能传感器具有判断分析与处理功能,能根据系统工作情况决策各部分的供电,使系统工作在最优功耗状态,也可根据情况优化与上位机的数据传送速率等。

(5)性价比高。智能传感器主要是通过软件而不是硬件实现传感测量功能,随着集成电路工艺的进步,微处理器芯片成本也越来越低,因此智能传感器具有较高的性价比。

(6)网络化。智能传感器以嵌入式微处理器为核心,集成了传感单元、信号处理单元和网络接口单元,能够将各种现场数据直接在有线/无线网络上传输、发布与共享。

智能传感器的应用种类

如图 3-2 所示,智能传感器可从集成化程度、信号处理硬件、应用领域等方面来分类。

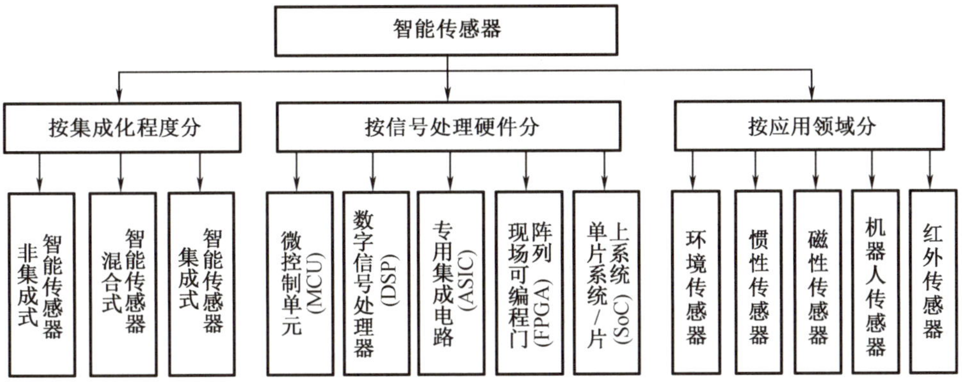

图 3-2　智能传感器的分类

1. 按集成化程度分类

智能传感器根据集成化程度可以分为非集成式、混合式和集成式三种形式。

(1)非集成式智能传感器是将传统传感器、预处理电路、模数(A/D)转换、带数字总线接口的微处理器组合为一体的智能传感器系统,实际上是在传统传感器系统上增加了微处理器的连接。非集成式智能传感器的原理框图如图 3-3 所示。

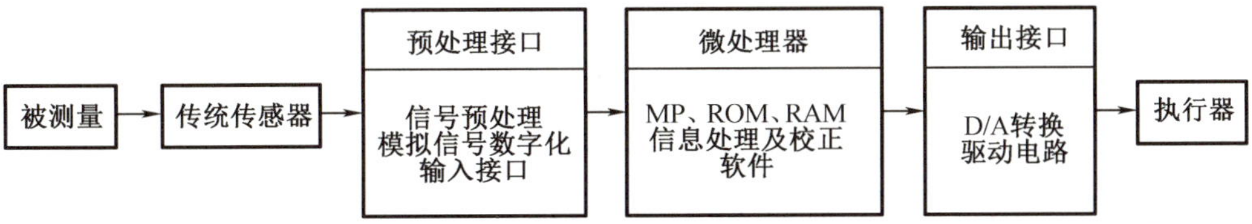

图 3-3　非集成式智能传感器的原理框图

非集成式智能传感器是在现场总线控制系统的推动下发展起来的。因为这种控制系统要求挂接的传感器、变送器必须是智能型的,对自动化仪表厂家来说,采用非集成式智能传感器可使原有的一套生产工艺设备基本不变,是实现智能传感器系统最经济、最快捷的途径。例如电容式智能压力(压差)变送器系列产品就是在传统非集成化电容式压力(压差)变送器的基础上附加一块带数字总线接口的微处理器插板后组装而成的,并通过开发通信、控制、自校正、自补偿、自诊断等功能软件，提高了传感器的智能化程度。

(2)混合式智能传感器是将传感器的敏感单元、信号调理电路、微处理器单元、数字总线接口等以不同组合方式集成在2~3块芯片上，并将其封装于一个外壳里。通过混合集成实现智能化是一种技术、经济风险较低的途径。混合式智能传感器的原理框图如图3-4所示。

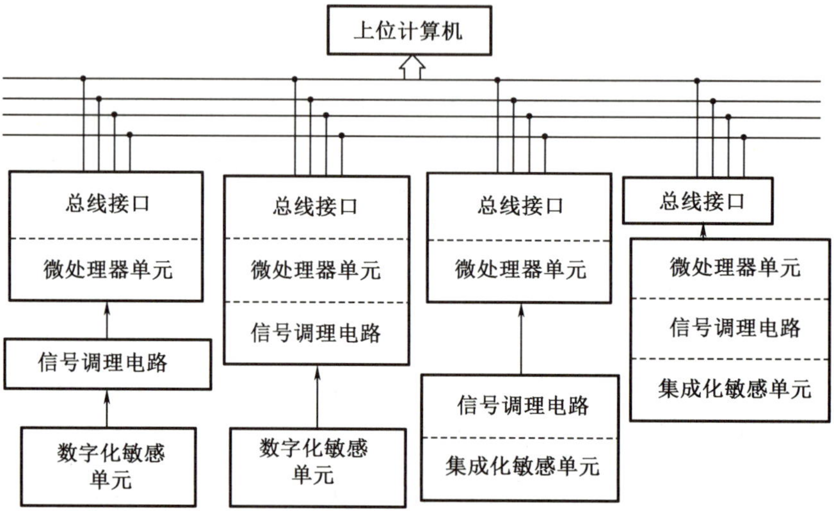

图3-4　混合式智能传感器的原理框图

混合集成的模块有：集成化敏感单元，包括敏感元件及变换器；集成化信号调理电路，包括多路开关、仪用放大器、电源基准、模数转换器等；智能信号调理电路，带有校正电路和补偿电路，能自动校零、自动进行温度补偿；微处理器单元，包括数字存储器（EPROM、ROM、RAM1）、数字I/O接口、数模转换器、微处理器等。

(3)集成式智能传感器采用大规模集成电路技术和微机械加工技术，利用硅作为基本材料来制作敏感元件、预处理和A/D电路、微处理器单元等，并把它们集成在一块芯片上。集成式智能传感器的原理框图如图3-5所示。

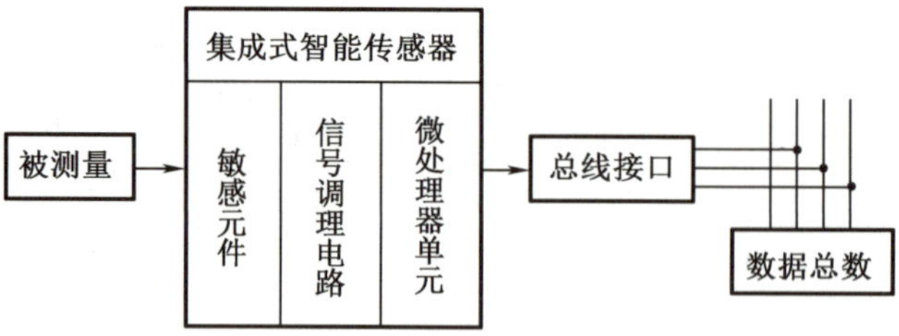

图3-5　集成式智能传感器的原理框图

随着微电子技术的飞速发展以及微纳米技术的应用，集成式智能传感器具有微型化、结构一体化、精度高、功能多等特点。

2. 按信号处理硬件分类

智能传感器最常见的是以 CPU 作为运算、处理和控制核心，这也是其区别于一般传感器的重要特征。智能传感器按信号处理硬件进行分类，可分为微控制单元（MCU）、数字信号处理器（DSP）、专用集成电路（ASIC）、现场可编程门阵列（FPGA）、单片系统/片上系统（SoC）等类型。

3. 按应用领域分类

目前，智能传感器主要应用在工业、汽车、消费电子和医疗等领域。据统计，工业上的应用占 31%，在汽车车联网和自动驾驶方面的应用占 21%，在健康监测与医疗诊断方面的应用占 12%。伴随物联网技术的逐渐成熟，智慧家居、可穿戴产品、智慧工厂、智慧交通等新兴领域市场迅猛发展，传感器的应用愈加广泛。其分类亦可按具体领域用途、被测量性质、测量原理等多种方式进行。

在智能制造领域，根据产品制造流程，一般按制造装备测控、刀具状态监测、工艺参数控制、零部件质量检测、仓储运输管理等应用场景进行分类。

按制造装备测控用途，智能传感器可分为测量机床、机器人等设备直线或回转运动位移、速度的运动传感器，测量机床部件或设备整机振动的加速度传感器，测量机床驱动传动部件的温度、电流、电压传感器等类型。

按刀具状态监测用途，智能传感器可分为测量刀具磨损、切削振动、切削度的传感器等类型。

按工艺参数控制用途，智能传感器可分为测量切削深度、切削速度、切削温度、切削力、冷却液温度、流量压力的传感器等类型。

按零部件质量检测用途，智能传感器可分为测量零件加工尺寸或形状、零件表面或表层质量的传感器等类型。

按仓储运输管理用途，智能传感器可分为零部件编码传感器、零部件位置测量传感器、物联网传感器等类型。

智能传感器作为获取制造现场设备及生产状态信息的基本手段，对构建基于智能化装备、智能化工艺、传感识别网络、智能决策处理、人机互联的制造系统，实现对产品设计、制造、服务的全过程支持，具有重要的基础作用。

智能传感器的发展

传感器的发展经历了三个阶段，即结构型传感器、物性型传感器和智能传感器。结构型传感器是利用结构参量（如形状、尺寸等）的变化来感受和转化信号的。例如以传感器机构的位移或力的作用使传感器产生电阻、电感或电容等值的变化来反映被测量的大小。

物性型传感器是 20 世纪 70 年代发展起来的，这种传感器由半导体、电介质、磁性材料等固体元件构成，是利用材料某些特性制成的产品。例如利用材料的热效应、霍尔效应、光敏效应制成的热电偶、霍尔传感器、光敏传感器。

智能传感器是随着半导体技术、微机电系统（MEMS）技术、集成电路技术的不断成熟而出现并快速发展的，是与微处理器有机结合的一种高度集成化的新型传感器。它与结构型、物性型传感器相比,能够快速地获得更精准、更全面的信息。

智能传感器的发展按照智能化程度经历了三个阶段:

早期的智能传感器只有敏感元件与智能信号调理电路,没有微处理器,从功能上来讲,有比较简单的自动校零、非线性的自校正、温度自补偿功能。这些简单的智能化功能由硬件电路来实现。随着计算机、微处理技术、半导体集成技术、现场总线技术的发展,智能传感器的构成中除了敏感元件与信号调理电路外,还有微处理器单元,从而形成了完整的传感器系统。智能化功能主要由强大的软件来实现。随着智能传感器集成度进一步提高,传感器敏感单元实现了多维阵列化,同时配备了更强大的信息处理软件,可实现多传感器信息融合功能。

1. 微型化

近年来微电子机械加工技术(MEMT)飞速发展,将半导体加工工艺引入传感器的生产制造。它采用微制造技术,在单一集成芯片上组合了传感器、机械元件、执行器和电子元件及其承载的嵌入式软件,形成了片上系统或产品。它们具有结构紧凑、使用灵活、便于规模化制造等特点。

2. 多传感器数据融合

多传感器数据融合技术先利用多个传感器同时进行信息检测,然后用计算机对这些信息进行综合分析处理,获得用单个传感器难以获得的综合性状态信息。

随着硬件技术、并行计算、人工智能技术的发展,更有效的数据融合方法将不断推出,多传感器数据融合必将成为未来复杂工业系统智能检测与数据处理的重要技术。尤其是结合大数据、云计算、物联网等新技术的多传感器数据挖掘和融合,形成决策,是未来智能制造系统传感器数据融合技术发展的重点。

3. 无线传感器网络

无线传感器网络(wireless sensor network,WSN)是多门学科相互融合而产生的一种新型的信息获取和处理平台。它集成了传感技术、微处理器技术、无线通信技术等多种技术,是一种集感测、计算、通信能力于一身的传感网络,具有感知、探测、采集感知范围内观测对象信息的能力。

无线传感器网络可以与其他无线网络、Internet 等实现无缝融合,组成物联网,以满足不同物体之间、人与物体之间的通信需求,从而提高信息化和智能化水平。无线传感器网络是物联网、泛在网的关键核心技术之一。

无线传感器网络现已广泛应用于军事、智能交通、环境监控、医疗卫生等多个领域,已成为下一代互联网和通信网的重要组成部分,在智能制造系统中也具有巨大的发展潜力。

任务 1 应用智能图像传感器

【任务背景】

航空航天中的纳米 CMOS 图像传感器

CMOS 图像传感器以其在系统功耗、体积、质量、成本、功能性、只需单一电源、抗辐射性以及可靠性等方面的优势而在空间成像领域中得到越来越广泛的应用。空间飞行器尺寸的不断减小促进了纳米 CMOS 图像传感器技术的快速发展,纳米 CMOS 图像传感器以其体积更小的优点,必将具有很好的应用前景,有望在下列领域得到更充分的发展。

1. 空中军事侦察

CMOS 图像传感器在近红外波段的灵敏度比在可见光波段高 5~6 倍,故可将纳米 CMOS 图像传感器用在侦察机中。它用于提高飞机驾驶员在光线不良和雨雪、灰尘、烟雾等恶劣大气下的驾驶能力,从而保证军用飞机可以在黑暗中或不易被敌方发现的模糊条件下驾驶。

2. 空间遥感成像

在目前对地观察卫星的主要遥感成像技术中,红外遥感技术设备复杂、昂贵;微波辐射计通常仅适用于大范围(如局部海域、沙漠或地质结构)的低分辨率数据获取;雷达系统质量较大,系统复杂,需要较大的功率、较高的数据传输速率和较强的存储能力。同时,这几种设备目前还存在难以实现微型化等问题。随着空间飞行器尺寸的不断减小,对于质量小于 10 kg 的微纳卫星来说,光成像技术(以可见光为主)将成为主要观察手段。纳米 CMOS 图像传感器在系统功耗、体积、质量、成本、功能性、抗辐射性以及可靠性等方面占据着绝对优势,故在微纳卫星上具有广泛的应用前景。

3. 星敏感器

星敏感器通过敏感恒星的辐射亮度来确定航天器基准轴与已知恒星视线之间的夹角。由于卫星对恒星的张角极小,故星敏感器是姿态敏感器中测量精度最高(可达秒级)的一类敏感器,随着微纳卫星的发展,对其姿态控制的精度要求越来越高,但传统的星敏感器因质量、功耗方面的原因难以应用在微纳卫星上。考虑到 CMOS 图像传感器技术的优点,如果能用纳米 CMOS 成像器件替代 CCD 成像器件,则可能将改进后的星敏感器应用到微纳卫星上,这对微纳卫星姿态控制技术发展大有益处。

【相关知识】

让我们来认识一下智能图像传感器吧!

智能图像传感器产品主要分为 CCD(charge coupled device,电荷耦合器件)图像传感器、CMOS(complementary metal-oxide semiconductor,互补金属氧化物半导体)图像传感器和CIS(contact image sensor,接触式图像传感器)三种。下面我们重点介绍一下 CCD 图像传感器和 CMOS 图像传感器。

一、CCD 图像传感器

CCD 图像传感器由一种高感光度的半导体材料制成,能把光线转变成电荷,并将电荷通过模/数转换器转换成数字信号“0”或“1”。CCD 图像传感器具有光电转换、信息存储、延时和将电信号按顺序传输等功能,并且具有低照度效果好、信噪比高、通透感强、色彩还原能力佳等优点,在科学、教育、医学、商业、工业和军事等领域得到广泛应用。

CCD 图像传感器是由按一定规律排列的 MOS(金属-氧化物-半导体)电容器组成的阵列。在 P 型或 N 型硅衬底上有一层很薄的二氧化硅,再在二氧化硅薄层上依次沉积金属或掺杂多晶硅电极,形成规则的 MOS 电容器阵列,再加上两端的输入及输出二极管,就构成了 CCD 芯片。

1. CCD 的工作原理

CCD 的突出特点是以电荷作为信号,而不同于其他大多数器件以电流或者电压作为信号,所以 CCD 的基本功能是存储和转移电荷。它存储由光或电激励产生的信号电荷,当对它施加特定时序的脉冲时,其存储的信号电荷便能在 CCD 内做定向传输。CCD 工作的主要流程是信号电荷的产生(将光转换成信号电荷)、存储(存储信号电荷)、传输(转移信号电荷)和检测(将信号电荷转换成电信号)。CCD 的工作原理示意图如图 3-6 所示。

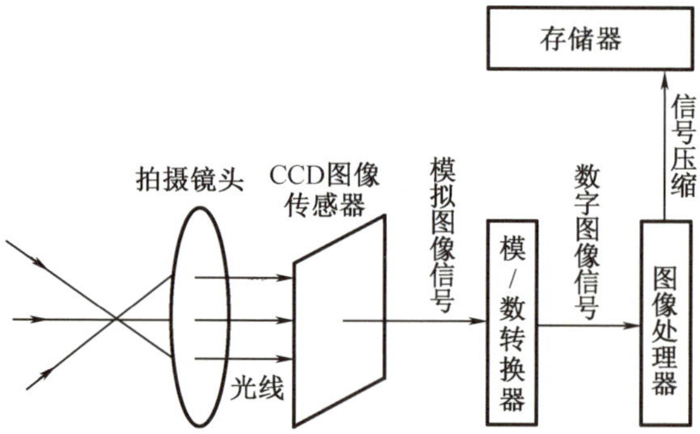

图 3-6 CCD 的工作原理示意图

CCD 以电荷为信号,电荷注入的方法有很多,归纳起来,可分为光注入和电注入两类。

CCD 工作过程的第一步是电荷的产生,CCD 可以将入射光信号转换为电荷输出,依据的是半导体的内光电效应(即光生伏特效应)。信号电荷的产生示意图如图 3-7 所示。

CCD 工作过程的第二步是信号电荷的存储收集,是将入射光子激励出的电荷收集起来使其形成信号电荷包的过程。CCD 的基本单元是 MOS 电容器,这种电容器能存储电荷。当金属电极上加正电压时,由于电场作用,电极下 P 型硅区的空穴被排斥到衬底电极一边,在电机下硅衬底表面形成一个没有可动空穴的带负电的区域——耗尽区。对电子而言,这是一个势能很低的区域,称为“势阱”,有光线入射到硅片上时,在光子作用下产生电子-空穴对,空穴在电场作用下被排斥出耗尽区,而电子被附近势阱"俘获",势阱内吸收的光子数与发光强度成正比。信号电荷的存储示意图如图 3-8 所示。

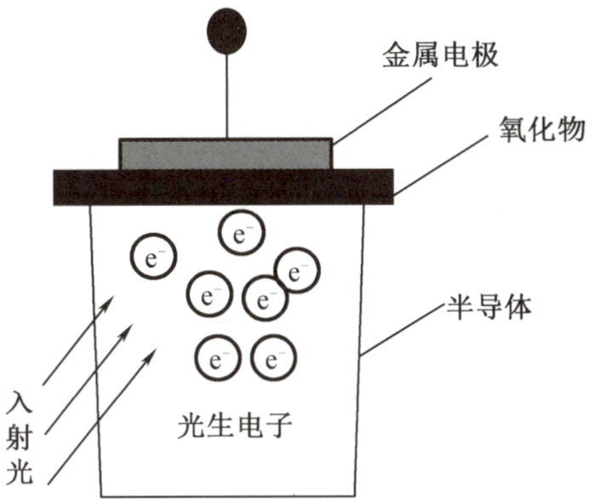

图 3-7 信号电荷的产生示意图

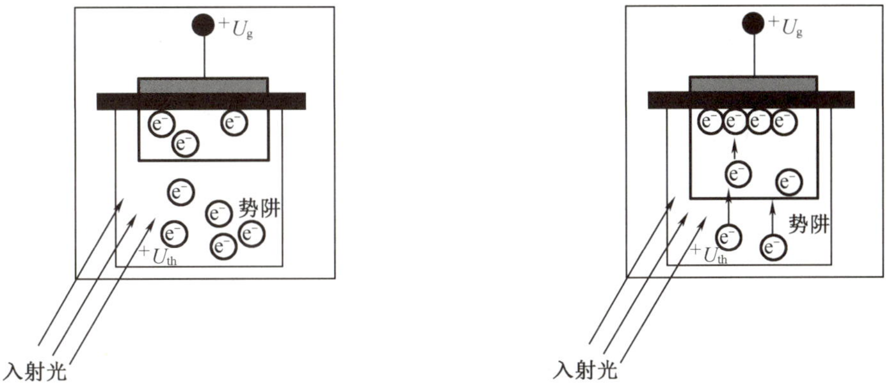

图 3-8 信号电荷的存储示意图

人们常把上述的一个 MOS 结构元称为一个 MOS 光敏元或一个像素,把一个势阱所收集的光生电子称为一个电荷包。CCD 器件实际是在硅片上制作成的数百甚至数万个 MOS 光敏元,对每个金属电极加电压,就形成了数百个或数万个势阱;如果照射在这些 MOS 光敏元上的是一幅明暗起伏的图像,那么这些 MOS 光敏元就感生出一幅与光照度相应的光生电荷图像。这就是 CCD 的光电物理效应基本原理。

CCD 工作过程的第三步是信号电荷包的传输转移,是将收集起来的电荷包从一个像元转移到下一个像元,直到全部电荷包输出完成的过程。通过一定的时序在电极上施加高低电平,可以实现光电荷在相邻势阱间的转移。CCD 信号电荷的读出方法有输出二极管电流法和浮置栅 MOS 放大器电压法两种。CCD 工作过程示意图如图 3-9 所示。

CCD 工作过程的第四步是电荷的检测,是将转移到输出级的电荷转化为电流或者电压的过程。输出类型主要有以下三种:电流输出;浮置栅放大器输出;浮置扩散放大器输出。

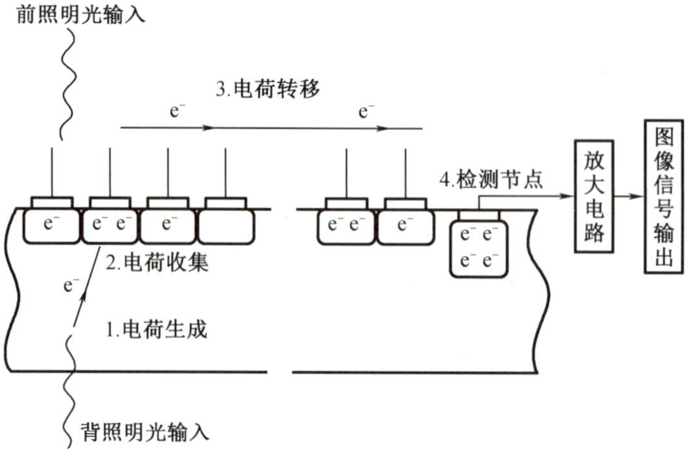

图 3-9　CCD 工作过程示意图

2. CCD 的分类

CCD 图像传感器有线阵和面阵之分。所谓线阵是指在一块硅芯片上制造了紧密排列的许多光敏元,它们排列成一条直线,感受一维方向的光强变化;所谓面阵是指将光敏元排列成二维平面矩阵,感受二维图像的光强变化,可用于数码照相机。线阵的光敏元件数目从 256 个到 4 096 个或更多;而在面阵中,光敏元的数目可以是 600×500 个、4 096×4 096 个以上。

CCD 图像传感器还有单色和彩色之分,彩色 CCD 可拍摄色彩逼真的图像。

3. CCD 的性能指标

CCD 图像传感器的性能指标有很多,如像素数、帧率、靶面尺寸、感光度、电子快门和信噪比等。其中,像素数和靶面尺寸是重要的指标。

(1)像素数。像素数是指 CCD 图像传感器上感光元件的数量。可以这样理解,摄像机拍摄的画面由很多个小的点组成,每个点就是一个像素。显然,像素数越多,画面就会越清晰,如果 CCD 图像传感器没有足够多的像素数,拍摄出的画面的清晰度就会大受影响。因此,理论上 CCD 的像素数应该越多越好,但 CCD 像素数的增加会使制造成本增加、成品率下降。

(2)帧率。帧率代表单位时间所记录或者播放的图片的数量,连续播放一系列图片就会产生动画效果。根据人类的视觉系统,当图片的播放速度大于 15 幅/s 时,人眼基本看不出来图片的跳跃;达到 24~30 幅/s 时,就已经基本觉察不到闪烁现象了。每秒的帧数(或者说帧率)表示图像传感器在处理图像时每秒钟能够更新的次数。高的帧率可以得到更流畅、更逼真的视觉体验。

(3)靶面尺寸。靶面尺寸也就是图像传感器感光部分的大小。一般用 in(1 in = 2.54 cm)来表示,和电视机一样,通常这个数据指的是这个图像传感器的对角线长度,常见的是 1/3 in。靶面越大,意味着通光量越大,而靶面越小,则比较容易获得更大的景深。比如,1/2 in 可以有比较大的通光量,而 1/4 in 可以较容易地获得较大的景深。

(4)感光度。感光度表征 CCD 以及相关的电子电路感应入射光强弱的能力。感光度越高,感光面对光的敏感度就越高,快门速度就越快,这在拍摄运动车辆、夜间监控的时候显得尤其重要。

二、CMOS 图像传感器

CMOS 图像传感器是采用一般半导体电路最常用的互补金属-氧化物-半导体工艺制作的图像传感器,简称 CMOS。采用传统的芯片工艺方法将光敏元件、放大器、A/D 转换器、存储器、数字信号处理器和计算机接口电路等集成在一块硅片上。

1. CMOS 的组成

CMOS 的主要组成部分是像敏单元阵列和 MOS 管集成电路,而且这两部分集成在同一硅片上。像敏单元阵列由光电二极管阵列构成,图 3-10 中的像敏单元阵列按 *X* 和 *Y* 方向排列成方阵,方阵中的每一个像敏单元都有它在 *X*、*Y* 方向上的地址,并可分别由两个方向的地址译码器进行选择,输出信号送 A/D 转换器进行模/数转换,变成数字信号输出。

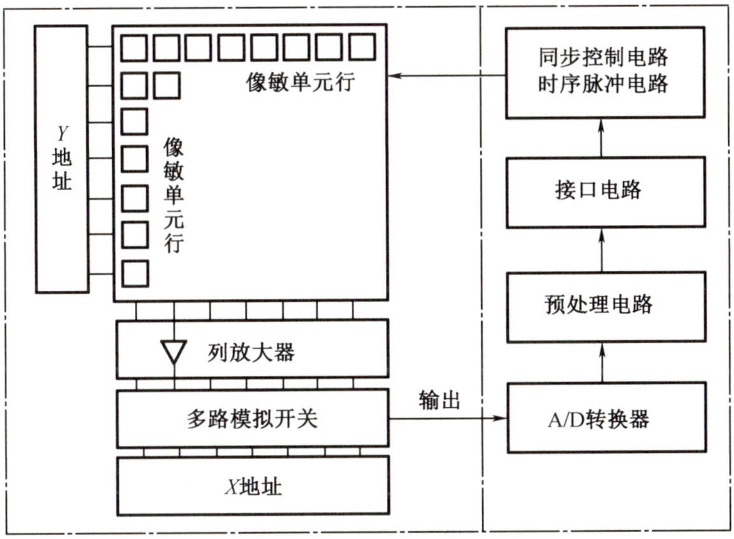

图 3-10　CMOS 的组成

2. CMOS 的技术参数

了解 CCD 和 CMOS 芯片的成像原理和主要技术参数,对产品的选型非常重要。同样,相同芯片经过不同的设计制造出的相机,性能也可能有所不同。

CMOS 的技术参数主要有以下几个。

(1)像元尺寸。像元尺寸指芯片像元阵列上每个像元的实际物理尺寸,通常的尺寸包括 14 μm、10 μm、9 μm、7 μm、6.45 μm、3.75 μm 等。像元尺寸从某种程度上反映了芯片对光的响应能力,像元尺寸越大,能够接收到的光子数量就越多,在同样的光照条件和曝光时间内产生的电荷数量也越多。对于弱光成像而言,像元尺寸是芯片灵敏度的一种表征。

(2)灵敏度。灵敏度是芯片的重要参数之一,它具有两种物理意义:一种是指光敏元件的光电转换能力,与响应率的意义相同,即在一定光谱范围内,单位曝光量的输出信号电压(电流);另一种是指光敏元件所能传感的对地辐射功率(或照度),与探测率意义相同。

(3)坏点数。由于受到制造工艺的限制,对于有几百万个像素点的传感器而言,所有的像元都是好的几乎不太可能。坏点数是指芯片中坏点(不能有效成像的像元或响应不一致性大于参数允许范围的像元)的数量。坏点数是衡量芯片质量的重要参数。

(4)光谱响应。光谱响应是指芯片对不同波长的光的响应能力,通常由光谱响应曲线给出。从产品的技术发展趋势看,无论是 CCD 还是 CMOS,体积小型化及高像素化仍是业界积极研发的目标。图像产品的分辨率越高,清晰度越好,体积越小,其应用面越广泛。

3. CMOS 的特点

CMOS 传感器经光电转换后直接产生电压信号,信号读取十分简单,还能同时处理各单元的图像信息,速度比 CCD 快得多。采用了数字/模拟信号混合设计,图像传感器所需的所有功能,如垂直位移、水平位移暂存器、传感器阵列驱动与控制系统、模数转换器(ADC)接口电路等,可以集成在一起,实现单芯片成像,因此体积小。使用单一工作电压(CCD 需要三相驱动电压),因此 CMOS 功耗低。CMOS 的暗电流和噪声比 CCD 大,随着 CMOS 工艺的改进,性能正迅速提高。

现在市售的视频摄像头多使用 CMOS 作为光电转换器件。虽然目前的 CMOS 图像传感器成像质量比 CCD 略低,但 CMOS 具有体积小、耗电量省、售价便宜的优点。随着硅晶圆加工技术的进步,CMOS 的各项技术指标有望超过 CCD,它在图像传感器中的应用也将日趋广泛。

现在的低端数码相机大部分采用 CMOS 图像传感器,还大量用于手机、汽车倒车监视器等视频装备。

三、CCD 图像传感器与 CMOS 图像传感器的区别

CCD 图像传感器与 CMOS 图像传感器是被普遍采用的两种图像传感器,两者都是利用光电二极管进行光电转换,将图像转换为数字数据的。

CCD 图像传感器与 CMOS 图像传感器的主要差异是数字数据传输的方式不同:CCD 图像传感器每一行的每一个像素的电荷数据都会依次传送到下一个像素中,由最底端部分输出,再经由传感器边缘的放大器进行放大输出;CMOS 图像传感器中,每个像素都会邻接一个放大器及 A/D 转换电路,用类似内存电路的方式将数据输出。

造成这种差异的原因在于:CCD 的特殊工艺可保证数据在传输时不失真,因此各个像素的数据可汇聚至边缘的放大器进行放大输出;而 CMOS 工艺的数据在传输距离较长时会产生噪声,因此必须先放大,再整合各个像素的数据。

CCD 图像传感器与 CMOS 图像传感器另一个主要差异是电荷读取方式不同:对于 CDD 图像传感器,光通过光电二极管转换为电荷,然后电荷通过传感器芯片传到转换器,最终信号被放大,因此电路较为复杂,速度较慢。对于 CMOS 图像传感器,光通过光电二极管的光电转换后直接产生电压信号,信号电荷不需要转移,因此 CMOS 图像传感器集成度高、体积小。

综上所述,CCD 图像传感器在灵敏度、分辨率、噪声控制等方面都优于 CMOS 图像传感器,而 CMOS 图像传感器则具有成本低、功耗低以及整合度高的优点。不过,随着 CCD 与 CMOS 图像传感器技术的进步,两者的差异有逐渐缩小的趋势。例如,CCD 图像传感器一直

在功耗上做改进，以应用于移动通信市场；CMOS 图像传感器则在不断地改善分辨率与灵敏度方面的不足，以应用于更高端的图像产品。

【任务实施】

线阵 CCD 可用于一维尺寸的测量，增加机械扫描系统，也可以用于大面积物体（如钢板、地面等）尺寸的测量和图像扫描。例如彩色图片扫描仪、卫星用的地形地貌测量等，彩色线阵 CCD 还可用于彩色印刷中的套色工艺的监控等。

面阵 CCD 除了可以用于拍照外，还可以用于复杂形状物体的面积测量、图像识别（如指纹识别）、印制电路板焊点短路识别等。

应用案例 1：CCD 在扫描仪中的应用

如图 3-11 所示为扫描仪的基本结构示意图，安装在扫描仪内部的可移动光源与光学系统、线阵 CCD 的扫描头一起，在步进电机的驱动下，沿 y 方向扫过整个原稿。

照射到原稿上的光线经反射后，穿过一个很窄的缝隙，形成沿 x 方向的光带，再经过一组反光镜，由光学透镜聚焦，照到彩色线阵 CCD 上，CCD 将光带转换为 RGB 串行模拟信号，此信号又被 A/D 转换器转变为数字信号。扫描仪每扫一行，就得到原稿 x 方向一行的图像信息。随着沿 y 方向的移动，在计算机内部逐步形成原稿的全图。

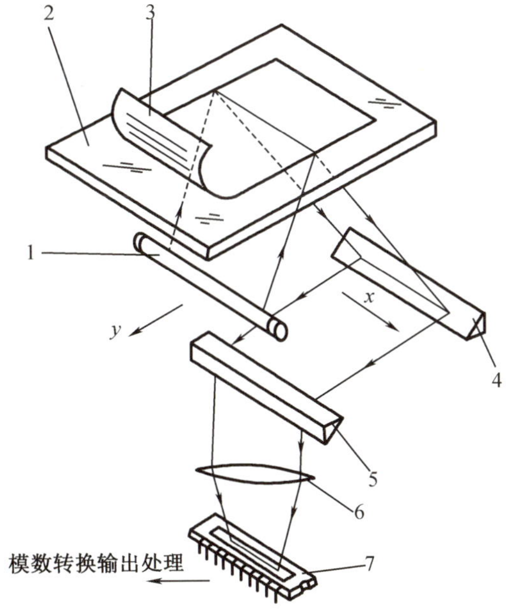

1—辉光放电管光源；2—平板玻璃；3—原稿；4—反光镜 1；5—反光镜 2；6—透镜；7—CCD。

图 3-11　扫描仪的基本结构示意图

应用案例 2:CCD 显微镜

CCD 又称显微镜成像系统、显微镜摄像头等。CCD 显微镜是数码显微镜最重要的附件之一,主要用于拍摄显微图片,传输到电脑。它可以将显微镜上观察到的图像输出到计算机中,并对这些显微图像进行比较和分析。

CCD 包含的像素越多,它提供的图像的分辨率就越高。CCD 的作用就像胶片,只将图像像素转换为数字信号。CCD 上有很多排列整齐的电容,可以通过感应光线,将图像数据转换成数字控制信号。在外部电路的控制下,每个小电容器可以将其电荷转移到其相邻的电容器。

应用案例 3:图像传感器在数码照相机中的应用

数码相机简称 DC,是一种利用电子传感器把光学影像转换成电子数据的照相机,它通常采用 CMOS 作为光电转换器件,将被摄物体的图像以数字形式记录在存储器中。

数码相机按用途分为:单反相机,微单相机,卡片相机,长焦相机和家用相机等。数码相机与普通照相机在胶卷上靠溴化银的化学变化来记录图像的原理不同,数码相机的传感器是一种光感应式的电荷耦合器件(CCD)或互补金属氧化物半导体(CMOS)。在图像传输到计算机以前,通常会先储存在数码存储设备中(通常是使用闪存)。

数码相机是集光学、机械、电子一体化的产品。它集成了影像信息的转换、存储和传输等部件,具有数字化存取模式,与电脑交互处理和实时拍摄等特点。

数码相机有光学镜头、取景器、对焦系统、光圈、电子快门、内置电子闪光灯、液晶显示器(LCD)。光线通过镜头或者镜头组进入相机,通过数码相机成像元件转化为数字信号,数字信号通过影像运算芯片储存在存储设备中。数码相机的成像元件是 CCD 或者 CMOS,该成像元件的特点是光线通过时,能根据光线的不同转化为电子信号。

【任务评价】

对本任务的完成情况进行综合评价、总结与反思。

评价单自行打印,详情见本项目最后。

任务 2　应用智能生物传感器

【任务背景】

数字健康和健身产品会越来越多地出现在人们的生活中。在未来,服装、鞋和配饰中都会安装生物传感器,比如智能袜子和智能运动装备。这些传感器会搜集人体的生物数据,并将这些数据传送到手机或网络上,通过互联网传输给相关人员,让其清楚地了解用户的身体状况、心跳速率、呼吸和运动强度等。

智能手环可以智能计算步数、距离和卡路里，内置传感器可以对运动中的心率、血压、血氧等进行检测和提示，使运动者能根据自身情况自由规划运动时间和运动量。此外，还有电话、短信、QQ、微信等信息相应提示。夜间佩戴还可测得睡眠数据，分析睡眠质量，尽享高品质生活。智能眼镜集拍照、录像、远程直播、语音导航、实时对讲于一体，受到了消费者的欢迎，在未来也将会得到广泛的应用。

【相关知识】

从 20 世纪 60 年代 Clark 和 Lyon 提出生物传感器的设想开始，生物传感器的发展已有几十年的历史了。作为一门在生命科学和信息科学之间发展的交叉学科，生物传感器在发酵工艺、环境监测、食品工程、临床医学、军事及医学等方面得到了深度重视和广泛应用。随着社会的进一步信息化，生物传感器必将获得越来越广泛的应用。

生物传感器是一种利用生物活性物质的分子识别功能，将感受到的被测物质的特征量转换成可用输出信号的传感器。它是由以生物敏感材料制成的分子识别元件（包含酶、抗体、抗原、微生物、细胞、组织、核酸等生物活性物质）、适当的理化换能器（如氧电极、光电管、场效应晶体管、压电晶体等）及信号放大装置构成的分析工具或系统，具有接收器与转换器的功能。

让我们来认识一下智能生物传感器吧！

一、生物传感器概述

1. 生物传感器的工作原理

生物传感器一般是在基础传感器上再耦合一个生物敏感膜，也就是说，生物传感器是半导体技术与生物工程技术的结合。生物敏感物质附着于膜上或包含于膜之中，溶液中被测定的物质经扩散作用进入生物敏感膜层，经分子识别发生生物学反应，所产生的信息可通过相应的化学或物理换能器转变成可定量和可显示的电信号，即可知道被测物质的浓度。

生物传感器的工作原理是：被测物质经扩散作用进入生物膜敏感层，被识别并发生生物学作用，产生的信息（如光、热、音等）被相应的信号转换器转换为可定量和可处理的电信号，再经二次仪表放大并输出，以电极测定其电流值或电压值，从而换算出被测物质的量或浓度。当改用其他的酶或微生物等固化膜时，便可开发出多种多样的基础生物传感器。

2. 几种生物传感器

（1）葡萄糖传感器

葡萄糖传感器是第一个生物传感器。葡萄糖传感器将葡萄糖氧化酶包含在聚丙烯酰胺胶体中加以固化，再将此胶体膜固定在隔膜氧电极的尖端，便制成了葡萄糖传感器。

葡萄糖是一种典型的单糖，是一切生物的能源。人体血液中都含有一定浓度的葡萄糖。正常人空腹血糖为 800~1 200 mg/L，现已研究出对葡萄糖氧化反应起一种特异催化作用的酶-葡萄糖氧化酶(GOD),并研究出用它来测定葡萄糖浓度的葡萄糖传感器,如图3-12所示。

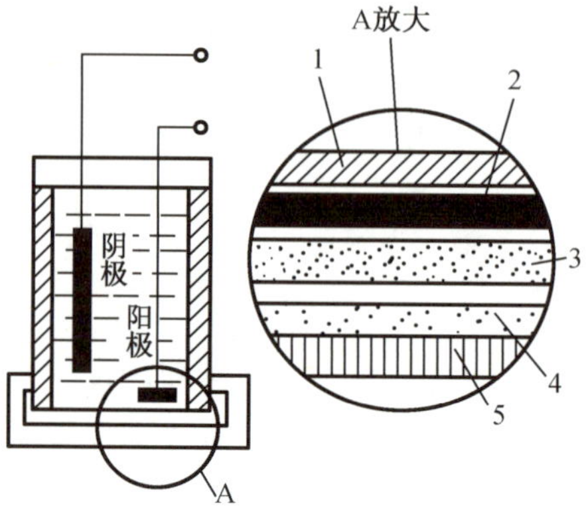

1—P1阳极;2—聚四氟乙烯膜;3—固相酶膜;4—半透膜多孔层;5—半透膜致密层。

图3-12 葡萄糖传感器

(2)酶传感器

酶传感器用电化学装置检测酶在催化反应中生成或消耗的物质(电极活性物质),将其变换成电信号输出。

(3)微生物传感器

微生物传感器由固定化微生物膜及电化学装置组成,如图3-13所示。以辅助酶再生系统、微生物的呼吸及新陈代谢为代表的全部生理机能都可以加以利用。因此,用微生物代替酶,有可能获得具有复杂及多功能的生物传感器。

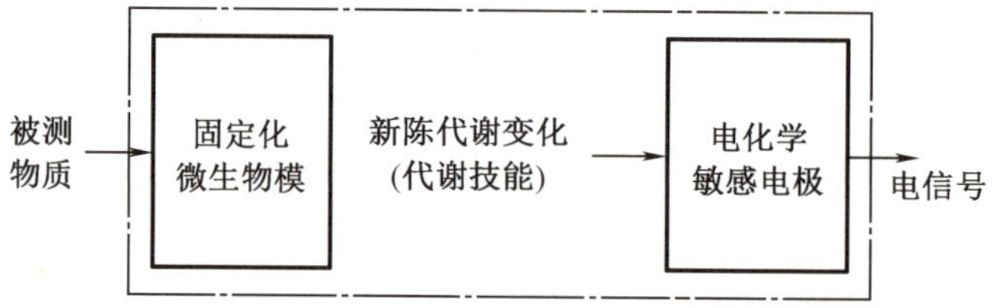

图3-13 微生物传感器工作原理

(4)免疫传感器

由生理学可知,抗原是能够刺激动物机体产生免疫反应的物质,抗体是由抗原刺激机体产生的具有特异免疫功能的球蛋白,又称免疫球蛋白。免疫传感器是利用抗体对抗原结合的功能研制成功的,如图3-14所示。

图3-14中,1,2室注入0.9%的生理盐水,当3室内注入含有抗体的盐水时,由于抗体和固定化抗原膜上的抗原相结合,使膜表面吸附了特异的抗体,而抗体是有电荷的蛋白质,从而使固定化抗原膜带电状态发生变化,于是1,2室内的电极间有电位差产生。电位差信号经放大后,即可检测出超微量的抗体。

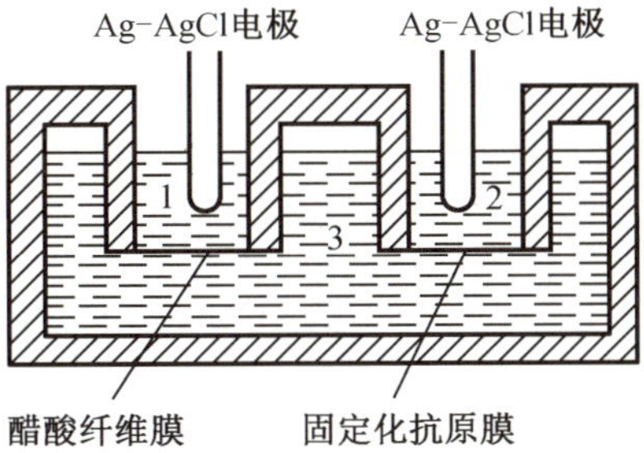

图 3-14　免疫传感器结构原理图

(5)半导体生物传感器

半导体生物传感器是由半导体传感器、生物分子功能膜和识别器件所组成的,通常所用半导体器件是酶光电二极管和酶场效应晶体管,酶光电二极管如图 3-15 所示。

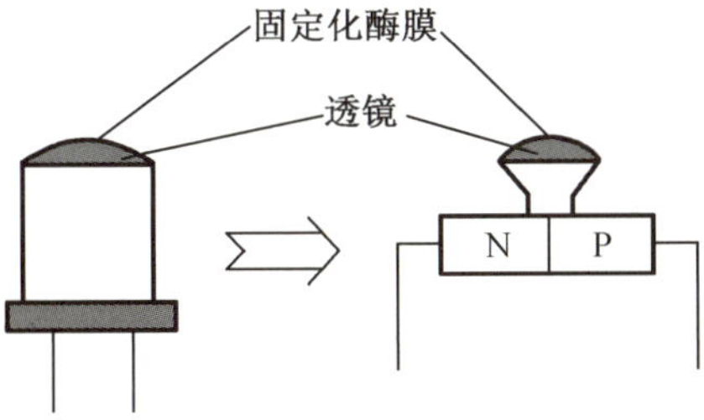

图 3-15　酶光电二极管

二、生物芯片

进入 21 世纪以来,电子技术和生物技术相结合,诞生了生物芯片。生物芯片原名为"核酸微阵列",是通过微加工技术和微电子技术,在一块 1 cm^2 大小的硅片、玻璃片、凝胶或尼龙膜上,构建密集排列的生物分子微阵列。

生物芯片的模样五花八门,有的和计算机芯片一样规矩、方正,有的是一排排微米级圆点或一条条的蛇形细槽,还有的是一些不同形状、头发丝粗细的管道和针孔大小的腔体。例如,从正常人的基因组中分离出 DNA 与 DNA 芯片相互作用,就可以得出标准图谱;从病人的基因组中分离出 DNA 与 DNA 芯片相互作用,就可以得出病变图谱。经过对比分析这两种图谱,就可以得出病变的 DNA 信息。

【任务实施】

认识智能生物传感器

1. 智能生物传感器的概述

近年来,受生物科学、信息科学和材料科学发展的推动,智能生物传感器技术飞速发展。未来的智能生物传感器将进一步应用在医疗保健、疾病诊断、食品检测、环境监测和发酵工业等各个领域。

生物传感器研究中的重要内容之一就是研制能代替生物视觉、嗅觉、味觉、听觉和触觉等感觉器官的生物传感器,即仿生传感器或称为以生物系统为模型的智能生物传感器。

智能生物传感器是躯感网的前端,它能搜集到很多人体特征数据。用于躯感网的智能生物传感器一般可分为两种:一种是可以移植到人体之内的智能生物传感器;一种是佩戴在体表的智能生物传感器。

未来的生物传感器必定与计算机紧密结合,可自动采集数据、处理数据,更科学、更准确地提供结果,实现采样、进样、结果"一条龙",形成检测的自动化。同时,芯片技术将进一步与传感器技术融合,实现智能检测系统的集成化、一体化。

2. 智能生物传感器的应用

智能生物传感器的研究开发,已成为世界科技发展的新热点。

智能生物传感器在国民经济的各个部门(如食品、制药、化工、临床检验、生物医学、环境监测等部门)有广泛的应用前景。在科学技术快速发展的今天,分子生物学与微电子学、光电子学、微细加工技术及纳米技术等新学科、新技术结合,正改变着传统医学、环境科学、动植物学的面貌。

(1)智能生物传感器在食品分析中的应用

智能生物传感器在食品分析中的应用包括食品成分、食品添加剂、药残留量、生物有害毒物及食品鲜度等的测定分析。

在食品工业中,葡萄糖的含量是衡量水果成熟度和储藏寿命的一个重要指标。已开发的酶电极型生物传感器可测定分析白酒、苹果汁、果酱和蜂蜜中的葡萄糖含量。其他糖类,如果糖、啤酒及麦芽汁中的麦芽糖,也有相应成熟的测定传感器。

(2)智能生物传感器在环境测量中的应用

近年来,环境污染问题日益严重,人们迫切希望拥有一种能对污染物进行连续、快速、在线监测的仪器,生物传感器满足了人们的要求。目前,已有大量智能生物传感器应用于水体和大气环境监测中。

(3)智能生物传感器在发酵工业中的应用

在各种智能生物传感器中,微生物传感器具有成本低、设备简单、不受发酵液混浊程度的限制、可消除发酵过程中干扰物质的干扰等优点。因此,发酵工业中广泛采用微生物传感器作为一种有效的测量工具。

(4)智能生物传感器在医学与健康领域中的应用

在医学领域,智能生物传感器发挥着越来越大的作用。生物传感技术不仅为基础医学研究及临床诊断提供了一种快速、简便的新型方法,而且因为其具有反应灵敏、响应快等特点,在军事医学方面也具有广泛的应用前景。

DNA 传感器是目前生物传感器中报道得最多的一种。用于临床疾病诊断是 DNA 传感器的最大优势,它可以帮助医生从 DNA、RNA、蛋白质及其相互作用的层次上了解疾病的发生、发展过程,有助于对疾病进行及时诊断和治疗。

【任务评价】

对本任务的完成情况进行综合评价、总结与反思。

评价单自行打印,详情见附录。

任务3　应用 MEMS 传感器

【任务背景】

在运动员的日常训练中,MEMS 传感器可以用来进行 3D 人体运动测量,对每一个动作进行记录,教练们对结果进行分析,反复比较,以便提高运动员的成绩。随着 MEMS 技术的进一步发展,MEMS 传感器的价格也会降低,使得其在大众健身房中也可以广泛应用。

在滑雪方面,3D 运动追踪设备中的 MEMS 传感器(压力传感器、加速度传感器、陀螺仪以及 GPS)可以让使用者获得极精确的观察能力,除了可提供滑雪板的移动数据外,还可以记录使用者的位置和距离。在冲浪方面也是如此,安装在冲浪板上的 3D 运动追踪设备,可以记录海浪高度、速度、冲浪时间、桨板距离、水温以及消耗的热量等信息。

【相关知识】

让我们来认识一下 MEMS 传感器吧!

一、MEMS 基本概念

MEMS,全称 micro electro-mechanical system,即微机电系统,也叫作微电子机械系统、微系统、微机械等,构成它的机械零件和半导体元器件尺寸一般在微米甚至纳米量级,其目标是把信息的获取、处理和执行集成在一起,组成具有多功能微型智能系统,可大批量生产,可对声、光、热、磁、压力、运动等自然信息进行感知、识别、控制和处理的微型机电装置,是融合了硅微加工、光刻铸造成型和精密机械加工等多种微加工技术制作的系统。

MEMS 主要由传感器、动作器(执行器)和微能源三大部分组成。MEMS 涉及物理学、半导体、光学、电子工程、化学、材料工程、机械工程、医学、信息工程及生物工程等多种学科和工程技术,为智能系统、消费电子、可穿戴设备、智能家居、系统生物技术的合成、生物学与微流控技术等领域开拓了广阔的应用领域。

常见的 MEMS 产品包括 MEMS 加速度计、MEMS 传声器、微马达、微泵、微振子、MEMS 压力传感器、MEMS 陀螺仪、MEMS 湿度传感器等以及它们的集成产品。

MEMS 具有微型化、智能化、多功能、高集成度和适于大批量生产等特点,其研究内容一般可以归纳为以下三个基本方面。

1. 理论基础

MEMS 内在敏感元件的物理效应仍然存在，但尺度变小，许多原来的物理效应会发生变化，如力的尺寸效应、微结构的表面效应、微观摩擦机理等，因此有必要对微动力学、微流体力学、微热力学、微摩擦学、微光学和微结构学进行深入的研究。MEMS 内在敏感元件的物理效应有半导体的电导率、压电效应、电磁学诸效应等。

2. 技术基础研究

技术基础研究主要包括微机械设计、微机械材料、微细加工、微装配与封装、集成技术、微测量等。

3. 微机械在各学科领域的应用研究

MEMS 最初大量用于汽车安全气囊，而后以 MEMS 传感器的形式和具有“轻、薄、短、小”的特点，其产品需求增势迅猛，消费电子、医疗等领域都有了 MEMS 产品。

MEMS 技术研究内容极为广泛，它的关键技术包括设计技术、材料的选择技术、制作和加工工艺、封装和测试技术、多传感信息融合技术、微能源技术、微驱动技术。此外，还涉及智能技术，它是一个全新的多学科边缘交叉研究领域，并集成了这些学科的许多尖端成果技术。

目前在整个 MEMS 制作之前，已经能够通过计算机辅助设计（CAD）进行制造过程模拟、器件操作模拟及封装后的微系统行为仿真等一系列操作，对 MEMS 的各种参数进行优化，即在设计阶段就能够对各种设计方案进行分析、比较和验证。

微机电系统的多学科设计优化系统的基本功能为：对复杂系统进行学科分解，得到若干个分属于不同学科的子系统，子系统具有相对的独立性，分别由相应学科的专家在前处理模块中采用该学科的分析工具对子系统进行分析建模，并通过驱动系统，调用算法库中相应的多学科设计优化专用算法和用于子系统优化的通用算法，在系统的协调控制下，使各子系统在独立优化的基础上满足相互之间的耦合关系，最终达到系统总体性能的最优化，将结果输出到后处理模块中做进一步处理。

二、MEMS 基本物理效应

按照被测量物体的物理性质，可以将微型传感器分为化学微传感器、物理微传感器、生物微传感器等，由于体积很小，各个部分集中在一个元件，可以将微传感器的基本物理效应按照“介观”理解。

“介观”指介于宏观与微观体系之间的一种领域，其物体在尺寸上算作是宏观，所以具有宏观体系的所有特点；但在物体中的电子在运动时具有相干性，导致电子之间会产生微观的一些干涉现象。所以，处于“介观”的物体的分析规律，不能单纯地用宏观的计算方式去计算，又不能简单地用微观的物理规律去分析，所以处于这类体系的物体，称为“介观”物体。

介观物理学（又称纳米科学）是物理学的一个全新分支，是在介观尺度上进行研究的一种全新物理分支。与介观物理学相关联的一些效应，称为介观物理效应，如介观压阻效应、介观压光效应、介观光电效应、介观声光效应以及介观温光效应等。

1. 介观压阻效应

电子在共振隧穿时,等效电阻大小随应变的变化而发生急剧变化的现象即为介观压阻效应。介观压阻效应通过四个物理过程来实现。当外加应力作用于纳米材料上时,材料会产生一个内建电场,纳米结构的量子能态会发生变化,同时共振隧穿的电流将会发生变化;通过外接电路,测量这个电流的变化,即可得到外加应力的大小变化,从而测得一些想要测得的数据,例如,加速度、力及光的透射率等。介观压阻效应突破了传统测量的方法,例如机电转换、压电、压容及压阻等的局限,使得测量技术有了全新的理论支持。

2. 介观压光效应

介观压光效应是指当纳米材料受到外界应力时,会改变材料的厚度,导致有光照射时,材料的透射率和折射率会发生改变的一种现象。在已知一些参量的基础上,利用传输矩阵法,可以算出纳米材料的透射率,利用 MATLAB 进行模拟,就可以得出应力与透射率的关系。这个效应是介观压阻效应的横向延伸,可以应用在设计高灵敏度传感器及光学滤波器等。

3. 介观光电效应

介观光电效应是光电效应在介观范围发生的现象,是介观压阻效应的横向延伸。这个理论是在介观理论发展的基础上进行研究的,属于源头性基础理论,具有深远的科学意义。

4. 介观温光效应

介观温光效应是指当温度改变时,引起材料透射率急剧变化的一种现象。光子晶体通过一些手段可产生一条明显的透射缝,改变光子晶体的温度时,由于热膨胀效应,材料厚度会发生变化,同时由于材料的弹光效应,光子晶体的折射率也会发生变化;材料厚度和折射率的变化导致光子晶体的透射率发生剧烈变化,而这两种变化都是由温度变化引起的,即温度的变化引起的光子晶体透射率的变化。反过来,通过检测透射率,可计算出温度变化,为温度传感器的设计提供理论基础。

三、MEMS 的应用领域

MEMS 传感器具有体积小、灵敏度高、响应速度快、便于集成化和多功能化、可靠性高、电力消耗低、价格低廉、适于批量化生产等优点。因此,MEMS 传感器被广泛应用于航空航天、汽车工程、生物医学、环境监测、军事以及几乎人们接触到的所有领域中。

MEMS 传感器是新型传感器应用中非常受到重视并较为迅速予以实施的,在一些重要领域已经有成熟应用,如惯性导航系统(含 GPS)、姿态测控系统、区域定位系统等。

1. MEMS 在空间科学上的应用

MEMS 在导航、飞行器设计和微型卫星等方面有着重要应用。例如基于航天领域里的小卫星、微卫星、纳米卫星和皮米卫星的概念,提出了全硅卫星的设计方案,整个卫星的质量缩小到以千克计算,进而大幅度降低成本,使较密集的分布式卫星系统成为现实。

1995 年美国提出硅固态卫星的概念设计,即整个卫星由硅太阳能电池板、硅导航模块、硅通信模块等组合而成,这个卫星除了蓄电池外,全由硅片构成,直径仅为 15 cm。

MEMS 已在空间超微型卫星上得到应用,该卫星外形尺寸为 2.54 cm×7.62 cm×10.6 cm,质量仅为 250 g。2000 年 1 月,发射的两颗试验小卫星证明基于 MEMS 的超微型卫星能大大增强美国的空基防御能力。

2. MEMS 在军事国防上的应用

用 MEMS 技术制造的微型飞行器、战场侦察传感器、智能军用机器人和其他 MEMS 器件,在军事上的无人技术领域发挥着重要作用。美国采用 MEMS 技术已制成尺寸为 10 cm×10 cm 的微型侦察机。

海上的应用方面:一个实例是 MEMS 引信/保险和引爆装置已成功地用于潜艇鱼雷对抗武器上。引信/保险和引爆装置的工作包括三个独立步骤:发射鱼雷后解除炸药保险,引爆引信和防止在不正确时间爆炸保险。

陆地上的应用方面:包括灵活且坚固的爆破装置、发射装置和其他使用 MEMS 惯性制导系统的武器平台。MEMS 轮胎压力传感器已经用在美国军队装甲运兵车的轮胎中。分布式战场微型传感器网络系统是可以准确地探测与查明敌人的作战部署与军队调动的新型探测装置,这种微型机电系统在布设、耐久和易损性等方面有明显的优点。

空中的应用方面:MEMS 压力传感器已在 F-14 战斗机弹射座的助推火箭上进行了测试。喷射式涡轮发动机使用的适于在恶劣环境下工作的材料,被用于各种监视该类发动机内部动力学特性的传感器上。

3. MEMS 在汽车工业上的应用

汽车是传感器第二大市场,汽车发展趋势(智能化)需要更多传感器,特别是安全方面。MEMS 传感器在汽车应用中的优势有成本低、性能高、可靠性好及质量轻。MEMS 压力传感器在汽车上主要用于测量气囊压力、燃油压力、发动机机油压力、进气管道压力及轮胎压力等。

汽车发动机控制模块是最早使用 MEMS 技术的汽车装备,在汽车领域应用最多的是微加速度计和微压力传感器,并且以每年 20%的比例在迅速增长。此外,角速度计也是应用于汽车行业的重要 MEMS 传感器,它可用于车轮的侧滑控制。

MEMS 传感器及其组成的微型惯性测量组合在汽车自动驾驶、汽车防撞气囊、汽车防抱死系统(ABS)、减震系统、防盗系统及 GPS 定位系统等方面有广泛的应用。

MEMS 传感器在汽车里作为加速表来控制碰撞时安全气囊防护系统的施用;在汽车里作为陀螺来测定汽车倾斜,控制动态稳定控制系统;在轮胎里作为压力传感器使用。

4. MEMS 在医疗和生物技术上的应用

微机械技术在生物医疗中的应用尤其令人惊叹。例如,将微型传感器用口服或皮下注射法送入人体,就可对体内的五脏六腑进行直接有效的监测。将特制的微型机器人送入人体,可刮去导致心脏病的油脂沉积物,除去体内的胆固醇,可探测和清除人体内的癌细胞。

MEMS 传感器可用于无创胎心检测。检测胎儿心率是一项技术性很强的工作,由于胎儿心率很快,每分钟 120~160 次,用传统的听诊器,甚至只有放大作用的超声多普勒仪都很难测量准确,而具有数字显示功能的超声多普勒胎心监护仪价格昂贵,仅为少数大医院所使用,在中小型医院及广大的农村地区无法普及。基于 MEMS 加速度传感器设计的胎儿心率检测仪在适当改进后能够以此为终端,做一个远程胎心监护系统,由医院端的中央信号采集分析监护主机给出自动分析结果,医生对该结果进行诊断,如果有问题及时通知孕妇到医院。该系统有利于医生随时检查胎儿的状况，有利于胎儿和孕妇的健康。

微小的 MEMS 可进入很小的器官和组织，智能自动地进行细微精确的操作，从而大大提高介入治疗的精度，直接进入相应病变地进行工作，降低手术风险。此外，还可进行基因分析和遗传诊断。

利用微加工技术制造各种微泵、微阀、微镊子、微沟槽、微器皿和微流量计的器件适合于操作生物细胞和生物大分子。所以，MEMS 在现代医疗技术中的应用潜力巨大，为人类最后征服各种绝症、延长寿命带来了希望。

5. MEMS 在环境科学上的应用

利用 MEMS 技术制造的微型仪器在环境检测、分析和处理方面大有作为，它们主要是由化学传感器、生物传感器和数据处理系统组成的微型测量和分析设备，其优势在于体积小、价格低、功耗小和易于携带。

6. MEMS 在信息技术领域中的应用

MEMS 技术的发展对信息技术产生了深远的影响。近年来，MEMS 又逐渐向光通信领域渗透，形成了由微光学、微电子学、微机械学和材料科学相结合的全新研究领域，即微光电子机械系统（MOEMS）。随着世界通信业务量的飞速增长，光传送网技术已成为国际上的研究热点。

7. MEMS 在个人产品中的应用

智能游戏机是运动跟踪和手势识别应用的突出代表，以具有革命性的任天堂 WII 游戏机为例，微型运动传感器能够捕捉到玩家任何细微的动作，并将其转化成游戏动作。MEMS 技术让玩家动起来，陶醉于真实的游戏体验，通过不同的动作融入游戏中。例如，模仿一场真实的网球赛、一场引人入胜的高尔夫球赛、一场紧张的拳击赛或轻松的钓鱼比赛的动作等。

目前大多数智能手机都含有 MEMS 传感器实现重力加速计和陀螺仪的功能，例如通过对旋转时运动的感知，智能手机可以自动地改变横竖屏显示，以便消费者能够以合适的水平和垂直视角看到完整的页面或者数字图片。

【任务实施】

MEMS 陀螺仪与机器人运动感知

机器人运动感知需要配置姿态传感器（attitude sensor），姿态传感器在机器人与多数自动生产线上的工业机器人固定台位（指工业机器人在生产线上具有固定的安装位置和工作区域）的应用中起着重要作用。当机器人能移动时，就需要姿态传感器。它安置在机器人内部，用于检测移动中的姿态和方位变化，保持机器人的正确姿态。

目前的姿态传感器是基于 MEMS 技术的高性能三维运动姿态综合测量系统。它包含三轴角速度计（陀螺仪）、三轴加速度计、三轴磁场强度计（电子罗盘）等运动传感器，通过内嵌的低功耗 ARM 微处理器得到经过温度补偿的三维姿态与方位等数据。利用基于四元数的三维算法和特殊数据融合技术,实时输出以四元数、欧拉角表示的零漂移三维姿态方位数据。

姿态传感器具有如下特点:

(1)由陀螺仪、加速度计和电子罗盘构成高度集成 MEMS 9 轴输出,核心技术为陀螺仪;

(2)能跌落检测与输出、超动态检测与输出,核心输出为加速度信号;

(3)全角度无盲区三维姿态方位数据输出,以地球磁场方向为准输出绝对磁场方向;

(4)欧拉角、四元数、旋转矩阵等多种数据输出形式选择;

(5)提供灵活的数据输出通信协议(IC、SPI 等),高速数据输出率(最高 500 Hz);

(6)可在动态环境下启动,启动稳定时间快速(0.1 s),能高动态响应与长时间稳定性相结合;

(7)有效的滤波和数据融合计算,具有软件开发编程接口和演示程序;

(8)运行能耗较低,实测电流不大于 20 mA。

绕一个支点高速转动的刚体称为陀螺。这里所说的陀螺是特指对称陀螺,它是一个质量均匀分布、具有轴对称形状的刚体,其几何对称轴就是它的自转轴。在一定的初始条件和一定的外在力矩作用下,陀螺会在不停自转的同时,还绕着另一个固定的转轴不停地旋转,这就是陀螺的旋进,也称为回转效应。人们利用陀螺的力学性质所制成的陀螺装置都称为陀螺仪,如机械陀螺仪、压电陀螺仪(压电效应型)、光纤陀螺仪、激光陀螺仪(LPMS 型:激光功率测量系统)、MEMS 陀螺仪等。

MEMS 陀螺仪融合微机械技术、微电子技术和智能技术,其产品达到的性能指标已经超出激光陀螺仪和光纤陀螺仪,成为目前最主要的陀螺仪选型,并有诸多分类,如图 3-16 所示。

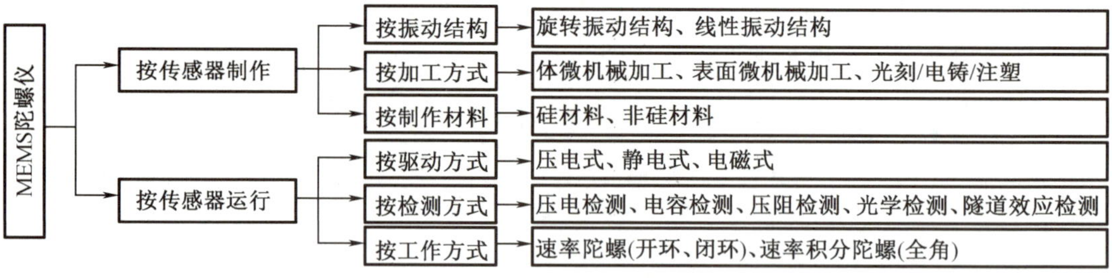

图 3-16　微机械陀螺仪分类图

姿态传感器中最关键的就是陀螺仪。陀螺仪是一种传感器,具有旋转盘或轮机构装置,是利用高速回转体的动量矩敏感壳体相对惯性空间绕正交于自转轴的一个或两个轴的角运动检测装置。陀螺仪在智能机械装置、飞行体等移动/运动/飞行的自动控制系统中,作为水平、垂直、俯仰、航向和角速度传感器。

MEMS 陀螺仪内部通过由硅制成的振动微机械部件来检测角速度,因此优点显著,如功耗低、体积小、质量轻、反应快、可靠性高、动态范围大、测量量程宽,易于数字化、智能化及与智能电路连接方便、能适应恶劣环境、小型化和适于批量生产等。

MEMS 陀螺仪利用科里奥利力-旋转物体在有径向运动时所受到的切向力如图 3-17 所示。假设旋转物体有径向速度 v_r,那么将会产生切向科里奥利加速度 $a_c=-2v_r\vec{r_0}\vec{\omega}$,从式中可以看到,科里奥利加速度的大小正比于物体旋转的角速度。如果在切向安装一个加速度计测出科里奥利加速度,就可以间接得到物体旋转的角速度。

实际的 MEMS 陀螺仪原理是:如果被测物体在空间坐标系中没有径向运动,科里奥利力就不会产生。如果被测物体被驱动,不停地来回做径向运动或者振荡,与此对应的科里奥利力就不停地在横向来回变化,使被测物体在横向做微小振荡,相位正好与驱动力差 90°,如图 3-18 所示。

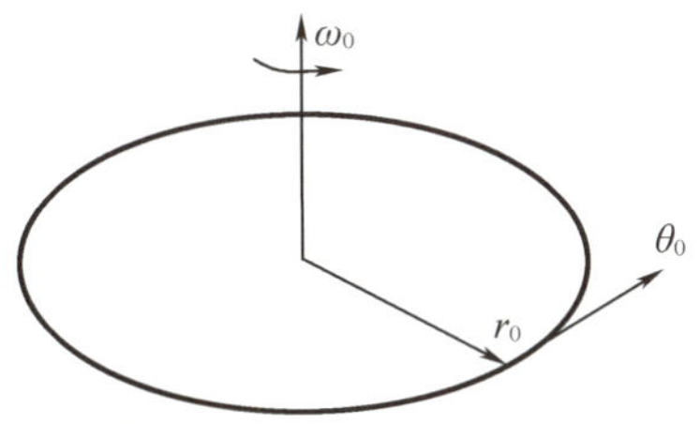

图 3-17　空间动态坐标系

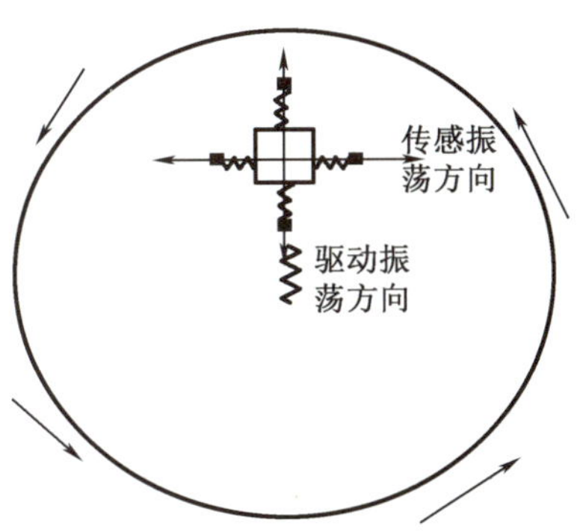

图 3-18　旋转体科里奥利力分析示意图

MEMS 陀螺仪通常有两个方向的可移动电容板,径向的电容板加振荡电压迫使被测物体做径向运动,横向的电容板测量由于横向科里奥利运动带来的电容变化。因为科里奥利力正比于角速度,所以由电容的变化可以计算出角速度。测量原理如图 3-19 所示。

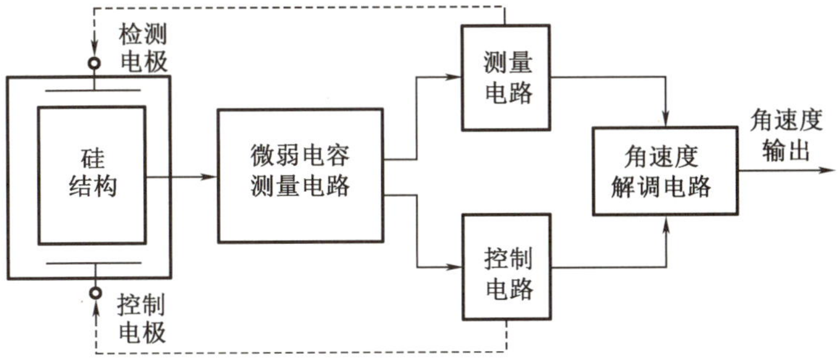

图 3-19　微机械陀螺仪测量原理

目前 MEMS 陀螺仪的主要应用有:

(1)惯性稳定平台。惯性稳定平台由于能够隔离载体(飞行器、车辆和舰船)的运动干扰,根据陀螺测得的惯性角速率,输出一个反向作用力以抵消载体运动的影响,不断调整平台的姿态和位置变化,精确保持动态姿态。

(2)姿态平衡。陀螺仪在运动物体(如飞行器、机器人)快速运动时并不是起稳定作用,而是指示运动姿态,作为姿态仪,显示仰角、俯角、倾角等。由于陀螺仪在运动状态下保持绝对姿态,所以可以显示运动姿态,保证运动物体能控制运动姿态,实现物体正常运动。

(3)电子设备。MEMS 陀螺仪不断深化在电子市场的应用,如在智能玩具、运动器械、数码相机和手机等领域,手机中运用陀螺仪,极大提高了轨迹导航能力和手机拍摄防震防抖能力。

MEMS 加速计

MEMS 技术在手机中的使用率正在提高,目前市场上采用 MEMS 加速计的手机越来越多。手机中的 MEMS 加速计使人机界面变得更简单、更直观,通过手的动作就可以操作界面功能,全面增强了用户的使用体验。

根据终端设备的指向,MEMS 传感器可以把图像、视频和网页(无论是人物肖像还是风景画面)进行旋转。通过上下左右倾斜手机,还可以查看手机菜单;只要轻轻击打手机机身,就可以在屏幕上选中不同的图标。

有了 MEMS 加速计,只要把设备向某一方向倾斜,就能在小屏幕上详细查看地图,显示放大的图像。MEMS 还能检测到用户抖动手机和音乐播放器的动作,通过简单的手势可以让播放器跳到下一首歌或返回到上一首歌。

低功耗的 MEMS 运动传感器可用作先进的节能技术,当手机没有关闭放在饭桌上时,MEMS 传感器将会把耗电大的模块(如显示器背光板和 GPS 模块)全部关闭,以降低手机和便携导航仪的能耗,只要碰触一下机身,又可以打开全部功能。

同样地,无论何时,把手机正面向下反放在桌子上,手机设置就会切换到静音模式;只要碰触一下机身,就可以关闭静音功能。MEMS 运动控制技术折射出了未来手机的样子:只有数量很少的按键,不再有普通的键盘。向手机输入信息时,用户在空中书写数字和字母,MEMS 传感器识别这些动作,手机软件将这些动作还原成数字和字母;软件还可以把用户预定的动作变成特殊的自定义功能。

【任务评价】

对本任务的完成情况进行综合评价、总结与反思。

评价单自行打印,详情见附录。

项目四　选择与应用智能仪表(器)

【引导案例】

仪表,显示数值的仪器总称。仪器仪表是用以检出、测量、观察、计算各种物理量、物质成分、物性参数等的器具或设备,包括检修仪、电阻表、分析仪、测试仪、校验仪等。广义来说,仪器仪表也可具有自动控制、报警、信号传递和数据处理等功能,例如用于工业生产过程自动控制中的气动调节仪表和电动调节仪表,以及集散型仪表控制系统都属于仪器仪表。仪器仪表应用领域广泛,覆盖了工业、农业、交通、科技、环保、国防、文教卫生、人民生活等各方面,在国民经济建设各行各业的运行过程中承担着把关者和指导者的任务。其地位特殊、作用大,对国民经济有着巨大的倍增和拉动作用,有着良好的市场需求和巨大的发展潜力。具体的需求对象可以从以下几个方面进行表述:

(1)在人类社会进入知识经济时代、信息技术高速发展的背景下,仪器仪表及其测量控制技术得到日益广泛的应用,给仪器仪表行业的快速发展提供了良好契机。仪器仪表是信息产业的源头和组成部分,是信息技术的重要基础。钱学森院士对新技术革命有如下论述:新技术革命的关键技术是信息技术,信息技术是由测量技术、计算机技术、通信技术三部分组成的,测量技术则是关键和基础。国际上也将信息技术生产行业定性为计算机、通信、仪器仪表三个行业。

(2)仪器仪表广泛应用于装备、改造传统产业的工艺流程的测量和控制,是现代化大型重点成套装备的重要组成部分,是信息化带动工业化的重要纽带。据有关资料显示,随着装备水平的提高,仪器仪表在工程设备总投资中的比例已达到18%左右;现代化的宝钢技术装备投资中,有1/3的经费用于购置仪器和自控系统。

(3)高水平科学研究和高新技术产业的发展迅速提高了对仪器仪表的需求,仪器仪表在实施科教兴国、知识创新和技术创新的过程中,正发挥十分重要的作用。各项高水平的科学实验是不能离开科学仪器的,现代科学的进步也越来越依靠尖端仪器的发展。现代生物、医学、生态环境保护、新材料(纳米材料等)、现代农业的发展等,同样是建立在尖端精密仪器科技的发展基础上。

(4)仪器仪表已成为现代国防建设技术装备的重要组成部分,我国航天工业的固定资产1/3是仪器仪表和计算机;运载火箭的仪器开支占全部研制经费的1/2左右;导弹的高精度制导、控制,航天经纬测量和红外成像、专用高温实验设备等都是国防装备中的重点产品。

(5)仪器仪表在探索人类社会可持续发展、抵御自然灾害、依法治国并实施有关法律

(质量、商检、计量、环保等)的过程中作为重要实施手段和保障工业被普遍采用。

微电子技术和计算机技术的不断发展引起了仪表结构的根本性变革,以微型计算机(单片机)为主体,将计算机技术和检测技术有机结合,组成了新一代"智能化仪表",最初的智能仪表被称为自动抄表系统(AMR),远程自动抄表也成为智能仪表最基本的功能。利用智能仪表的红外线等通信功能,就能够实现自动抄表。这样就不需要工作人员前往现场进行人工抄表,提升了效率,也削减了抄表业务的成本。此外,还能够减少人为因素造成的失误,抄表精度得到提升,也使得收益得到提升。之后双向通信的远程操作功能也增加进来,防止非法使用电力/燃气等。

在测量过程自动化、测量数据处理及功能多样化方面与传统仪表的常规测量电路相比较,智能仪表(器)取得了巨大进展。智能仪表不仅能解决传统仪表不易或不能解决的问题,还能简化仪表电路,提高仪表的可靠性,更容易实现高精度、高性能、多功能的目的。随着科学技术的进一步发展,仪表的智能化程度将越来越高。智能仪表不但能完成多种物理量的精确显示,同时可以带变送输出、继电器控制输出、通信、数据保持等多种功能。智能仪表和智能传感器一般是用在现场总线系统中,这种仪表和传感器内部嵌入的有通信模块和控制模块,可以完成数据采集,数据处理和数据通信功能。

【学习目标】

知识目标:

1. 能够掌握模拟式仪表和数字式仪表的工作原理;
2. 能够掌握智能仪表(器)的基本概念和应用领域;
3. 能够了解虚拟仪器的基本概念和应用领域。

能力目标:

1. 能够辨识常规拟式仪表和数字式仪表和智能仪表;
2. 能够认识智能仪表(器);
3. 能够认识虚拟仪器。

职业素质目标:

1. 培养学生自主学习、现代化信息技术应用的能力;
2. 培养学生肯于钻研、乐观向上、永攀高峰的开拓进取精神;
3. 培养学生严谨求实、爱岗敬业、诚实守信的工作态度,爱国主义情怀。

任务 1　应用模拟式仪表和数字式仪表

【任务背景】

在工业过程的测量与控制领域，不但要用传感器把各种过程变量检测出来，往往还要把测量结果准确直观地显示或记录下来，以便人们对被测对象有所了解，进一步对其进行控制。

早期的检测仪表是把测量与显示功能合为一体的。随着科学技术的进步和工业过程自动化水平的不断提高，逐步将工业自动化仪表的测量与显示功能分开，并把显示与记录仪表集中在控制室的仪表屏上，而将传感器获取的测量信号通过一定的传输方式远传给显示仪表，以实现集中监测与控制。

显示仪表和记录仪表可以按不同的方法分类。从显示方式而言，可以分为模拟式、数字式以及图形显示等三种显示方式。若从仪表的结构特点而言，可以分为带微处理器和不带微处理器的两大类型。目前，除模拟式显示仪表和数字式显示仪表早已得到广泛应用外，数字-模拟混合式记录仪和无纸记录仪等微机化显示记录仪表的应用也日益广泛。本任务介绍几种典型的模拟式仪表及数字式显示仪表的基本构成及工作原理。模拟式仪表和数字式仪表主要区别在于信号的显示方式不同。具体来说，模拟式仪表是通过物理手段直接将信号显示在仪表盘上，而数字式仪表则需要将信号先转换为数字信号，再通过数字显示器显示出来。

【相关知识】

让我们来认识一下模拟式仪表吧！

模拟式仪表是以模拟量（如指针的转角、记录笔的位移等）来显示或记录被测值的一种自动化仪表。在工业过程测量与控制系统中，比较常见的模拟式显示仪表可按其工作原理分为以下几种类型：磁电式显示与记录仪表，如动圈式显示仪表；自动平衡式显示与记录仪表，如自动平衡电位差计、自动平衡电桥等；光柱式显示仪表，如 LED 光柱显示仪。

模拟式仪表一般具有结构简单可靠、价格低廉的优点，其最突出的特点是可以直观地反映测量值的变化趋势，便于操作人员一目了然地了解被测参数的总体状况。因此，即使在数字式和微机化仪表技术快速发展的今天，模拟式仪表仍然在许多场合得到广泛应用。

1. 动圈式显示仪表

在工业自动化领域，动圈式显示仪表发展较早，是工业生产中常用的一种模拟式显示仪表，特点是体积小、质量轻、结构简单、造价低，既能单独用作显示仪表，又能兼有显示、调节、报警功能；可以和热电偶、热电阻相配合来显示温度，也可以与压力变送器相配合显示压力等参数。温度、压力等被测参数首先由传感器转换成电参数,然后由测量电路转换成流过动圈的电流,该电流的大小由与动圈连在一起的指针的偏转角度指示出来。

动圈式显示仪表由测量线路和测量机构(又称表头)两部分组成。测量线路的任务是把被测量(热电势或热电阻值等)转换为测量机构可以直接接收的毫伏信号,转换方法因被测量而异。测量机构是动圈仪表中的核心部分,其工作原理如图 4-1 所示。

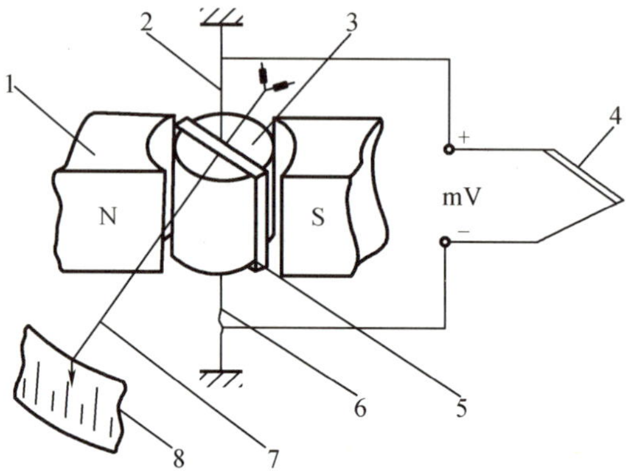

1—永久磁铁;2,6—张丝;3—软铁芯;4—热电偶;5—动圈;7—指针;8—刻度面板。

图 4-1　动圈式显示仪表的工作原理

动圈仪表的测量机构是一个磁电式毫伏计。其中,动圈是用具有绝缘层的细铜线绕成的矩形无骨框架。动圈处于永久磁铁的空间磁场中,当有直流毫伏信号在动圈上时,便有电流流过动圈,此时,该载流线圈将受到电磁力矩作用而转动。动圈的支撑是张丝,张丝同时还兼作导流丝。动圈的转动使张丝扭转,于是,张丝就产生反抗动圈转动的力矩,这个反力矩随着张丝扭转角的增大而增大。当电磁力矩和张丝反作用力矩平衡时,线圈就停留在某一位置上,这时,动圈偏转角度的大小与输入毫伏信号相对应。当面板直接刻成温度标尺时,装在动圈上的指针就指示出被测对象的温度值。

2. 自动平衡电位差计

自动平衡式显示与记录仪表的发展历史悠久,品种很多,应用也很广泛。自动平衡电位差计与自动平衡电桥均属于采用零值法进行测量的自动平衡式显示与记录仪表。

为说明零位平衡式显示与记录仪表的工作原理,先分析一下手动平衡电位差计是如何工作的。图 4-2 给出了手动平衡电位差计的原理图。E 为工作电池,由它产生的工作电流 I 流过电位器 W 形成压降 u_w。测量时,将开关 K 置向 2,用手调整电位器 W 的滑动触点,以获得一个压降 u_s,来平衡被测的输入电压 u_i,当两电压平衡时,串联在该回路中的高灵敏度检流计指零。这时,从电位器 W 的滑动触点(指针)位置,即可读出 u_s 的数值,它代表了被测电压 u_i 的数值。手动平衡电位差计是一种标准毫伏信号测试仪器,它广泛地应用于热电偶的校验及各种毫伏信号显示仪表的校验。

上述电位差计的平衡过程是靠手动来实现的。如果将电位器 W 的滑动触点由伺服电动机(可逆电动机)通过机械传动机构来带动,而伺服电动机则根据测量回路信号 Δu 的极性不同,可以正转或反转,这样就变成了自动平衡电位差计。

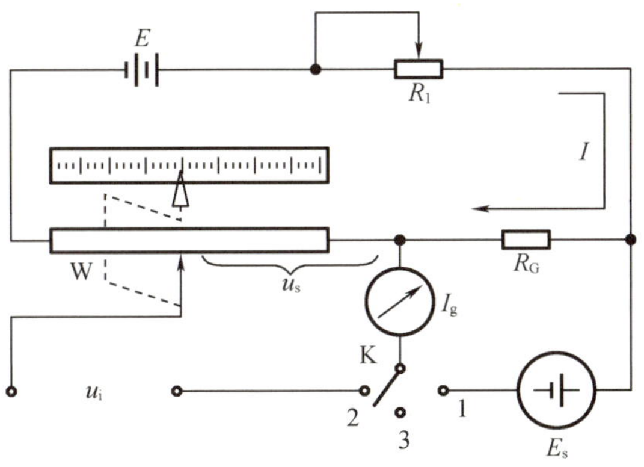

图 4-2　手动平衡电位差计的原理图

自动平衡电位差计的基本原理已如前述。图 4-3 所示是一种与热电偶配套的自动平衡电位差计,其输入信号是热电偶传感器输出的热电势。

如图 4-3 所示,热电偶的热电势与不平衡电桥的输出电压叠加比较之后,送到放大电路的输入端。不平衡电桥由起始调零电阻 R_G、冷端温度补偿电阻 R_2、限流电阻 R_3 与 R_4 及滑线电阻 R_P 组成。通过滑动 R_P 的滑动触点 A,就可以在电桥的输出端 A、B 获得不同的电压 u_s。此类仪表就是利用 u_s 来平衡被测的热电势 u_t 的。

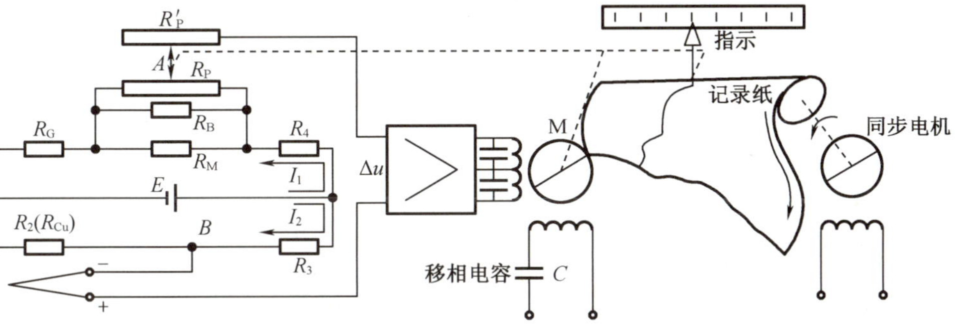

图 4-3　自动平衡电位差计原理图

3. 光柱式显示仪表

光柱式显示仪表是具有显示醒目、直观、抗震、防磁、性能稳定等特点,能够非常直观地显示过程控制中液位、流量、温度、压力、速度等各种物理量的变化趋势,而且可以用仪表面板的非线性刻度来方便地解决非线性信号的显示问题,可替代动圈式指针仪表和机械式色带仪等传统的模拟式仪表,在许多工业过程及某些恶劣的环境条件下广泛应用。

目前,可制成光柱显示器的有等离子体显示器件(PDP)、液晶显示器件(LCD)和发光二极管器件(LED) 等。其中,LED 光柱显示器件具有工作电压低、省电、价廉、机械强度高等特点,而且可以制成结构紧凑、精度高的显示屏,因此得到广泛应用。

光柱式显示仪表由显示光柱与驱动电路两大部分组成。显示光柱通常是用高亮度的 LED 按直线根据规定长度(例如 101 线为 100 mm 长) 等距排列,10 个为 1 组,每 10 个 LED 管芯的阳极或阴极连在一起,组成共阳或共阴极的 LED 矩阵。例如,每组中各 LED 管芯的阳极共同连接,各组中序号相同的芯片的阴极又共同相连,引出 n^{10}(n 为 LED 芯片数) 个公共阳极和 10 个公共阴极与相应的驱动电路连接。

让我们来认识一下数字式仪表吧！

数字式仪表是一种以十进制数码形式显示被测量值的仪表，它可按以下方法分类：

(1)按仪表结构分类，可分为带微处理器和不带微处理器两类。

(2)按仪表的输入信号形式分类，可分为电压型和频率型两类。电压型数字式仪表的输入信号是模拟式传感器输出的电压、电流等连续信号；频率型数字仪表的输入信号是数字式传感器输出的频率、脉冲、编码等离散信号。

(3)按仪表功能分类，可大致分为如下几种：

①显示型。与各传感器或变送器配合使用，可对工业过程中各种工艺参数进行数字显示。

②显示报警型。除可显示各种被测参数，还可用作有关参数的越限报警。

③显示调节型。在仪表内部配置有某种调节电路或控制机构，除具有测量、显示功能外，还可按照一定的规律将工艺参数控制在规定范围内。常用的调节规律有继电器节点输出的两位调节、三位调节、时间比例调节、连续 PID 调节等。

④巡回检测型。可定时地对各路信号进行巡回检测和显示。

与模拟式仪表相比，数字式仪表具有读数直观方便、无读数误差、准确度高、响应速度快、易于和计算机联机进行数据处理等优点。目前，数字式仪表普遍采用中、大规模集成电路，线路简单，可靠性好，耐振性强，功耗低，体积小，质量轻。特别是采用模块化设计的数字式仪表的机芯由各种功能模块组合而成，外围电路少，配接灵活，有利于降低生产成本，便于调试和维修。

1. 数字式仪表的基本构成

数字式仪表的基本构成如图 4-4 所示，图中各基本单元可以根据需要进行组合，以构成不同用途的数字式仪表。将其中一个或几个电路制成专用功能模块电路，若干个模块组装起来，即可制成一台完整的数字式仪表。

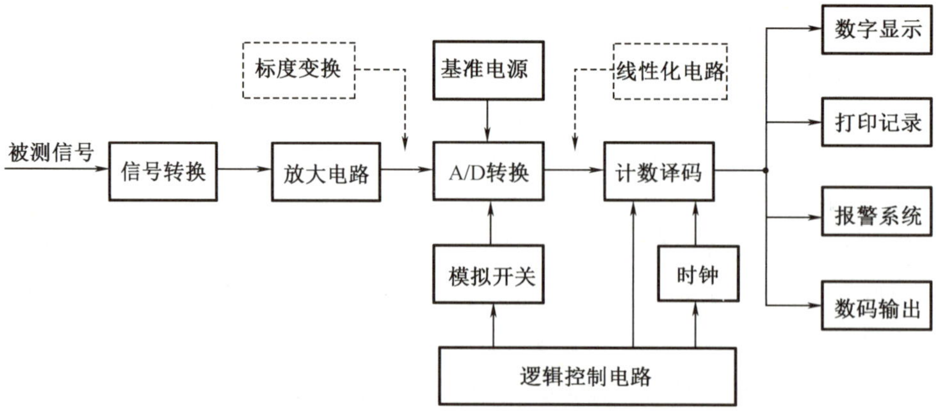

图 4-4　数字式仪表的基本构成

数字式仪表的核心部件是 A/D 转换器，它可以将输入的模拟信号转换成数字信号。以 A/D 转换器为中心，可将显示仪表内部电路分为模拟和数字两大部分。

仪表的模拟部分一般设有信号转换和放大电路、模拟切换开关等环节。信号转换电路和放大电路的作用是将来自各种传感器或变换器的被测信号转换成一定范围内的电压值并放大到一定幅值，以供后续电路处理。有的仪表还设有滤波环节，以提高信噪比。仪表的数字部分一般由计数器、译码器、时钟脉冲发生器、驱动显示电路及逻辑控制电路等组成。经放大后的模拟信号由 A/D 转换器转换成相应的数字量后，经译码、驱动，送到显示器件去进行数字显示。常用的数字显示器件如发光二极管、液晶显示器等。

数字式仪表除以数字显示形式输出外，还可以进行报警或打印记录。在必要时，还可以数码形式输出，供计算机进行数据处理。

逻辑控制电路也是数字式仪表不可缺少的环节之一，它对仪表各组成部分的工作起着协调指挥作用。目前，在许多数字式仪表中已经采用微处理器等集成电路芯片来代替常规数字仪表中的逻辑控制电路，从而由软件来进行程序控制。

对于工业过程检测用数字式仪表，往往还设有标度变换和线性化电路。标度变换电路用于对信号进行量纲换算，将仪表显示的数字量和被测物理量统一起来。而线性化电路的作用是为了克服某些传感器（如热电偶、热电阻等）的非线性特性，使显示仪表输出的数字量与被测参数间保持良好的线性关系。这两个环节的功能既可以在数字仪表的模拟部分实现，也可以在数字部分实现，还可以用软件来实现。除上述诸环节外，高稳定度的基准电源和工作电源也是数字式仪表的重要组成部分。

2. A/D 转换器

由于在工业过程检测技术领域，被测信号通过各种传感器或变送器转换后，一般都是随时间连续变化的模拟电信号，因此将模拟电信号转换成数字信号是实现数字显示的前提。

按照转换方式，A/D 转换器可分为反馈比较型（如逐次逼近型）、电压-时间变换型（如双积分型）、电压-频率变换型等多种类型，每种类型的 A/D 转换器又可分别制成不同型号的集成芯片。

【任务实施】

热电偶数字温度表的应用

热电偶数字温度表的种类很多，本任务介绍一种采用查表法进行非线性补偿的数字温度表。热电偶数字温度表工作原理框图如图 4-5 所示，该仪表由冷端补偿器、前置放大器、A/D 转换器、锁存器、EPROM 线性化器、译码器和 LED 等组成。

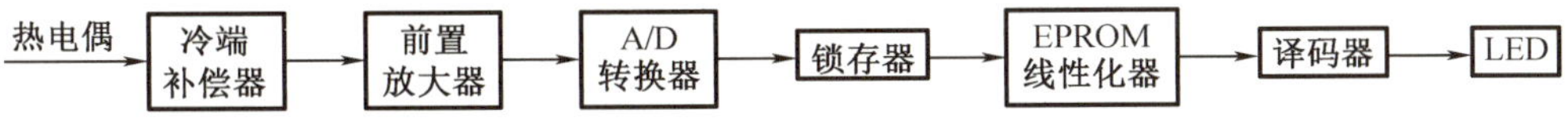

图 4-5　热电偶数字温度表工作原理框图

1. 冷端补偿器

热电偶冷端补偿一般是利用冷端补偿器获得补偿电势,然后与热电偶测得的热电势相叠加,从而获得真实电势。近年来,国外已广泛利用半导体二极管或三极管的 PN 结温度特性作为温度补偿。PN 结在-100~+100 ℃范围内,其端电压与温度有较理想的线性关系,温度系数约为-2.33 mV/℃,因此是理想的温度补偿器件。采用二极管作为冷端补偿,精度可达 0.3~0.8 ℃;也可采用单片集成温度传感器进行冷端补偿。

2. 前置放大器

由于热电偶信号微弱且变化缓慢,因而要选用漂移及失调极为微小的高精度放大器作为前置放大器。如选用 ICL7650(国内 5G7650)CMOS 斩波稳零单片集成运算放大器,它具有极低的输入失调电压(典型值为±1 μV);失调电压的温漂和长时间漂移也极低,分别为 0.01 μV/ ℃和 3.33 nV/d。也可选用 OP-07 超低失调运算放大器作为前置放大器,虽然失调电压和漂移比 ICL7650 大,在一般情况下仍能满足热电偶数字温度表的测量精度要求。

前置放大器的输出应满足 A/D 转换器的电平要求。该仪表中,在满量程时 A/D 转换器的输入电压为 1 V,要求前置放大器的放大倍数为

$$A=\frac{1\ 000}{\text{满度电势值(mV)}}$$

例如,选用镍铬-镍硅(分度号为 K)的热电偶,要求测量范围为 0~999 ℃,满度 999 ℃时的热电势值为 41.230 mV,前置放大器的放大倍数 A_1 为

$$A_1=\frac{1\ 000}{41.230}\approx 24.25$$

若选用镍铬-铜镍(分度号为 E)的热电偶,要求测量范围为 0~799 ℃,满度 799 ℃时的热电势值为 60.944 mV,放大器的放大倍数 A_1 为

$$A_1=\frac{1\ 000}{60.994}\approx 16.4$$

如果一台数字仪表选用两种或两种以上的热电偶测温时,则通过切换开关改变放大器的放大倍数;使之满度时的放大器输出为 1 V。

3. A/D 转换器

A/D 转换器是将放大了的热电势模拟量转换成数字量,再将数字量按查表的方式进行非线性校正,得到与被测温度成正比的数字量。

如果选用 5G14433A/D 转换器,则被测电压 U_2 与基准电压 U_R 之间有严格的比例关系。5G14433A/D 转换器的转换结果采用 BCD 码动态扫描输出,因此每位数字要增加一个四位的锁存器,把经过多路组合的数据分离出来,并寄存在相应的锁存器内(图 4-6)。

由 5G14433 的多路调制选通脉冲 DS_4~DS_2 控制 Q_0~Q_3BCD 码三位数据的输出,经个位、十位和百位锁存器锁存,输出个、十、百三位 2/10 进制数码。由于 EPROM 的寻址方式是二进制码,为此增设了 2/10 进制-2 进制变换器,以满足 EPROM 寻址的要求。

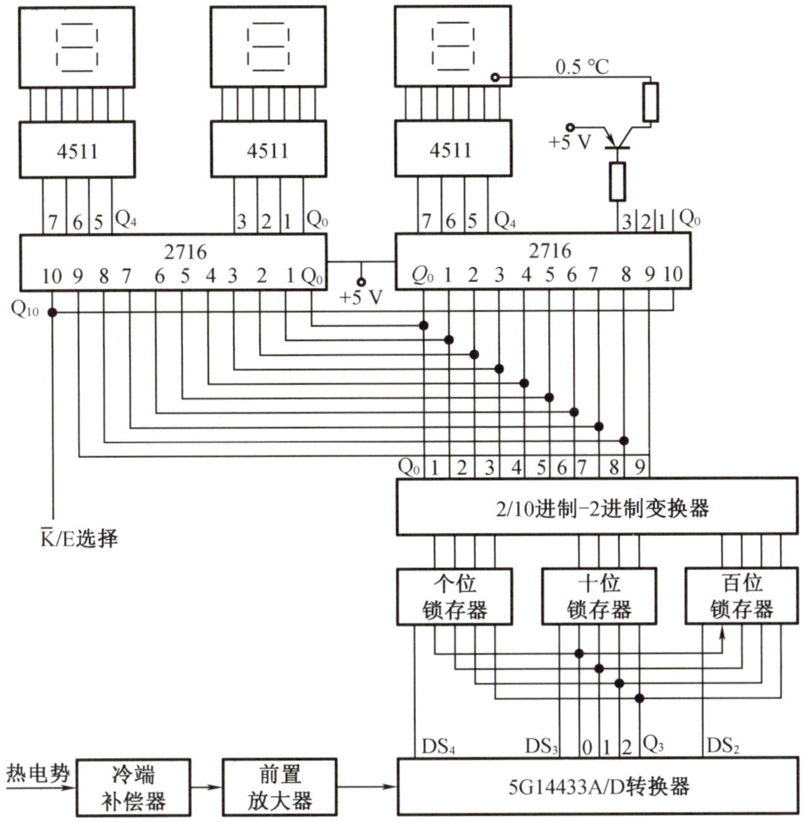

图 4-6　基于热电偶的数字温度测试仪的工作原理图

任务 2　应用智能仪表(器)

【任务背景】

随着微电子技术的不断发展,集成了 CPU、存储器、定时器/计数器、并行和串行接口、看门狗、前置放大器甚至 A/D、D/A 转换器等电路在一块芯片上的超大规模集成电路芯片(即单片机)出现了。以单片机为主体,将计算机技术与测量控制技术结合在一起,又组成了所谓的“智能化测量控制系统”,也就是智能仪器。因此,智能仪器是计算机技术与测量仪器相结合的产物,是含有微计算机或微处理器的测量仪器,由于它拥有对数据的存储、运算、逻辑判断及自动化操作等功能,具有一定的智能作用(表现为智能的延伸或加强等),因而被称为智能仪器。

自从 1971 年世界上出现了第一种微处理器以来,微计算机技术得到了迅猛的发展,测量仪器在它的影响下有了新的活力,取得了新的进步。电子计算机从过去的庞然大物已经缩小到可以置于测量仪器之中,作为仪器的控制器、存储器及运算器,并使其具有智能的作用。概括起来说,智能仪器在测量过程自动化、测量结果的数据处理及一机多用(多功能化)等方面已取得巨大的进展。到了20世纪90年代,在高准确度、高性能、多功能的测量仪器中已经很少有不采用微计算机技术的了。

近年来,由于微计算机的内存容量的不断增加,以及工作速度的不断提高,因而使其数据处理能力有了极大的改善,这样,就可把动态信号分析技术引入智能仪器之中。这些信号分析往往以数字滤波或快速傅里叶变换为主体,配之以各种不同的分析软件,如智能化的医学诊断仪及机器故障诊断仪等。这类仪器的进一步发展就是测试诊断专家系统,其社会效益及经济效益都是十分巨大的。智能仪器已开始从较为成熟的数据处理向知识处理方向发展,它体现为模糊判断、故障诊断、容错技术、传感器融合、机件寿命预测等,使智能仪器的功能向更高的层次发展。

【相关知识】

让我们来认识一下智能仪表(器)吧!

一、智能仪表(器)的工作原理

传感器拾取被测参数的信息并转换成电信号,经滤波去除干扰后送入多路模拟开关;由单片机逐路选通模拟开关将各输入通道的信号逐一送入程控增益放大器,放大后的信号经A/D转换器转换成相应的脉冲信号后送入单片机中;单片机根据仪器所设定的初值进行相应的数据运算和处理(如非线性校正等);运算的结果被转换为相应的数据进行显示和打印;同时单片机把运算结果与存储于片内Flash ROM(闪速存储器)或E2PROM(电可擦除存储器)内的设定参数进行运算比较后,根据运算结果和控制要求,输出相应的控制信号(如报警装置触发、继电器触点等),此外,智能仪器还可以与PC机组成分布式测控系统,由单片机作为下位机采集各种测量信号与数据,通过串行通信将信息传输给上位机——PC机,由PC机进行全局管理。

二、智能仪表(器)的特点

智能仪器相对于过去传统的、纯硬件的仪器来说是一种新的突破,其发展潜力十分巨大。与传统仪器仪表相比,智能仪器具有以下功能特点。

1. 测量过程的软件控制

测量过程的软件控制源起于数字化仪器测量过程的时序控制。20世纪60年代末,数字化仪器的自动化程度已经很高,如可实现自稳零放大、自动极性判断、自动量程切换、自动报警、过载保护、非线性补偿、多功能测试和数百点巡回检测等。但随着上述功能的增加,使其硬件结构越来越复杂,而导致体积及质量增大、成本上升、可靠性降低,给其进一步的发展造成很大困难。但不引入微计算机技术,使测量过程改用软件控制之后,上述困难即得到很好的解决,它不仅简化了硬件结构、缩小了体积及功耗、提高了可靠性、增加了灵活性,而且使仪器的自动化程度更高,如实现简单人机对话、自检、自诊、自校准及CRT显示及输出打印和制图等。这就是人们常说的“以软(件)代硬(件)”的效果。

在进行软件控制时，仪器在CPU的指挥下，按照软件流程不断取指（令）、寻（地）址，进行各种转换、逻辑判断，驱动某一执行元件完成某一动作，使仪器的工作按一定顺序进行下去。在这里，基本操作为以软件形式完成的逻辑转换，它与硬件的工作方式有很大的区别。操作中的每个步骤往往由若干指令组成，每条指令都需要有一定的执行时间。尽管很短，但较之硬件就方便得多。例如，对一个数求反，在组合逻辑上转换的时间就极短，可认为是瞬间完成，而在软件操作上，它就需经从存储器中取数、求反并退回存储器等几个步骤，其执行时间一般都是微秒级的。软件转换带来很大的方便，而且灵活性很强，当需改变功能时，改变程序即可，并不需要改变硬件结构。因此，灵活性强，但工作速度相对硬件逻辑较慢，这是软件控制的特点。这一特点使它在一些要求速度很高的地方，如实时处理或实时控制等方面的应用受到一定的限制。

2. 具有数据处理功能

对测量数据进行存储及运算的数据处理功能是智能仪器最突出的特点，它主要表现在改善测量精度及对测量结果的再加工两个方面。

在提高测量精度方面，大量的工作是对随机误差及系统误差进行处理。过去传统的方法是用手工的方法对测量结果进行后处理，不仅工作量大、效率低，而且往往会受到一些主观因素的影响，使处理的结果不理想。在智能仪器中采用软件对测量结果进行及时的、在线的处理可收到很好的效果，不仅方便、快速，而且可以避免主观因素的影响，使测量的精度及处理结果的质量都大为提高。由于可以实现各种算法，智能仪器不仅可进行各种误差的计算及补偿，而且使在线测量仪器中常遇到的诸如非线性校准等问题也易于解决。

对测量结果的再加工可使智能仪器提供更多高质量的信息。例如，一些信号分析仪器在微计算机的控制下，不仅可以实时采集信号的实际波形，在CRT上复现，并且可在时间轴上进行展开或压缩；还可对所采集的样本进行数字滤波，将淹没于干扰中的信号提取出来；也可对样本进行时域的（如相关分析、卷积、传递函数等）或频域的（如幅值谱、相位谱、功率谱等）分析，这样就可以从原有的测量结果中提取更多的信息。

3. 具有可程控操作能力

智能仪器的测量过程、软件控制及数据处理功能使一机多用的多功能化易于实现，这也成为这类仪器的又一特点。一般，智能仪器都配有GPIB、RS232C、RS485等标准的通信接口，可以很方便地与PC机和其他仪器一起组成用户所需要的多种功能的自动测量系统，来完成更复杂的测试任务。

4. 操作自动化

仪器的整个测量过程（如键盘扫描、量程选择、开关启动闭合、数据的采集、传输与处理及显示打印等）都用单片机或微控制器来控制操作，实现测量过程的全部自动化。

5. 多功能化

一般的智能仪器都具有自测功能，包括自动调零、自动故障与状态检验、自动校准、自诊断及量程自动转换等。智能仪表能自动检测出故障的部位甚至故障的原因。这种自测试可以在仪器启动时运行，同时也可在仪器工作中运行，极大地方便了仪器的维护。

6. 具有友好的人机对话能力

智能仪器使用键盘代替传统仪器中的切换开关，操作人员只需通过键盘输入命令，就能实现某种测量功能。与此同时，智能仪器还通过显示屏将仪器的运行情况、工作状态及对测量数据的处理结果及时告诉操作人员，使仪器的操作更加方便直观。

三、智能仪表(器)的基本结构

智能仪器实际上是一个专用的微型计算机系统，它由硬件和软件两大部分组成。

硬件部分主要包括主机电路、模拟量输入/输出通道、人机接口电路、标准通信接口等，其通用结构框图如图 4-7 所示。其中的主机电路用来存储程序、数据并进行一系列的运算和处理，通常由微处理器、程序存储器、输入/输出(I/O)接口电路等组成，或者它本身就是一个单片微型计算机。模拟量输入/输出通道用来输入/输出模拟信号，主要由 A/D 转换器、D/A 转换器和有关的模拟信号处理电路等组成。人机联系部件的作用是沟通操作者和仪器之间的联系，它主要由仪器面板中的键盘和显示器等组成。标准通信接口电路用于实现仪器与计算机的联系，以便使仪器可以接收计算机的程控命令。

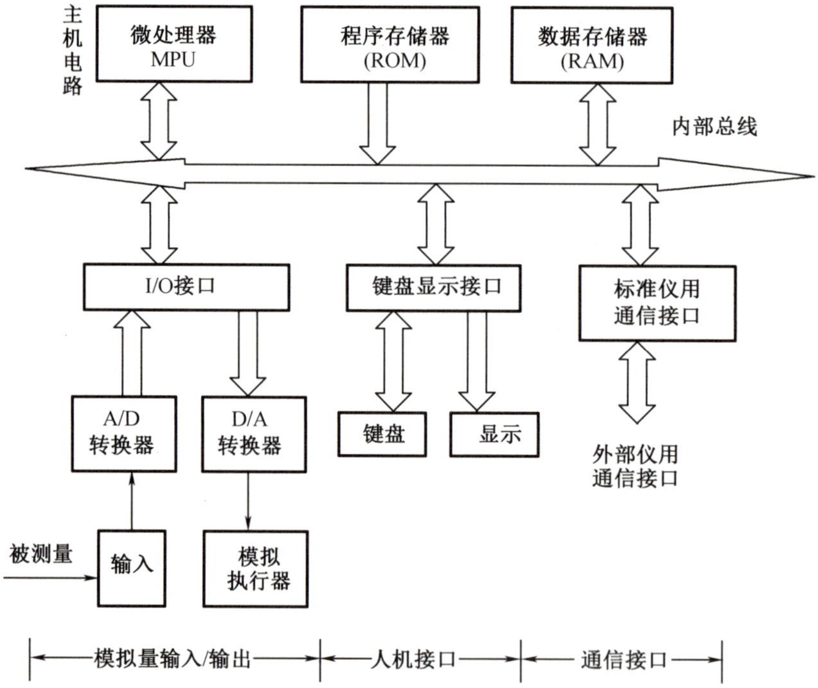

图 4-7　智能仪器通用结构框图

智能仪器的软件部分主要包括监控程序和接口管理程序两部分。其中，监控程序面向仪器面板键盘和显示器，其内容包括通过键盘操作输入并存储所设置的功能、操作方式与工作参数，通过控制 I/O 接口电路进行数据采集，对仪器进行预定的设置；对数据存储器所记录的数据和状态进行各种处理；以数字、字符、图形等形式显示各种状态信息及测量数据的处理结果。接口管理程序主要面向通信接口，其内容是接收并分析来自通信接口总线的各种有关功能、操作方式与工作参数的程控操作码，并通过通信接口输出仪器的现行工作状态及测量数据的处理结果，以响应计算机的远控命令。

四、智能仪表（器）的现状与发展趋势

20 世纪 70 年代以来，在新技术革命的推动下，尤其是微电子技术和微型计算机技术的快速进步，使电子仪器的整体水平发生很大变化，先后出现独立式智能仪器、GPIB 自动测试系统、插卡式智能仪器（个人仪器）和 VXI 总线仪器系统几种，近年来又发展出了 PXI 仪器系统等。

独立式智能仪器（简称智能仪器）即前述的自身带有微处理器能独立进行测试的电子仪器，智能仪器是现阶段智能化电子仪器的主体，也是本章讨论的重点。

独立式智能仪器在结构上自成一体，因而使用灵活方便，并且仪器的技术性能可以做得很高。这类仪器在技术上已经比较成熟，同时借助于新技术、新器件和新工艺的不断进步，这类仪器还在不断发展，不断地推陈出新。目前，不仅大多数传统的电子仪器已有相应换代的智能仪器产品，而且还出现了不少全新的仪器类型和测试系统体系，使现代电子测量与仪器发生了根本性的变化。智能仪器几乎都配有 GPIB（或 RS-232C）通信接口，可以很方便地组成自动测试系统。

一个自动测试系统由计算机、多台可程控仪器及 GPIB 总线三者组成，计算机作为系统的控制者，通过执行测试软件，实现对测量全过程的控制及处理；各个可程控仪器设备是测试系统的执行单元，具体完成采集、测量、处理等任务；GPIB 由计算机及各程控仪器中的标准接口和标准总线两部分组成，如同一个多功能的神经网络，把各种仪器设备有机地连接起来，完成系统内的各种信息的变换和传输任务。

自动测试系统具有极强的通用性和多功能性，对于不同的测试任务，只需增减或更换“挂”在它上面的仪器设备，编制相应的测试软件，而系统本身不变。这种自动测试系统特别适用于要求测量时间极短而数据处理量极大的测试任务中，以及测试现场对操作人员有害或操作人员参与操作会产生人为误差的测试场合。

个人仪器是在智能仪器的基础上伴随着个人计算机而创造出的一种新型仪器。个人仪器系统是由不同功能的仪器卡、插卡箱和一台 PC 机有机结合而构成的自动测试系统。由于个人仪器和个人仪器系统充分地利用 PC 机的软件、硬件资源，因而相对传统智能仪器和由智能仪器构成的 GPIB 总线仪器系统来说，极大地降低了成本，大幅度地缩短了研制周期，显现出广阔的发展前景。

早期的个人仪器及系统的总线是由各生产厂家自行定义的，无统一标准，这使用户在组建个人仪器系统时难以在不同厂家产品中进行配套选择，妨碍了个人仪器的推广和发展。为此，1987 年，HP、泰克等 5 家仪器公司在经过一段扎实的工作之后，联合推出适于个人仪器系统标准化的接口总线标准 VXI 规范，后又推出了 PXI 规范，并为世界上各厂家所接受。

VXI/PXI 总线是开放式结构，它对所有仪器生产厂家和用户都是公开的，即允许不同生产厂家生产的卡式仪器在同一机箱中工作，从而使 VXI/PXI 总线很快就成为测试系统的主导结构。VXI/PXI 总线系统（即采用 VXI/PXI 总线标准的个人仪器系统）一般由计算机、VXI/PXI 仪器模块和 VXI/PXI 总线机箱构成。VXI 总线是面向模块式结构的仪器的总线，

与 GPIB 总线相比较其性能有了较大幅度提高。

智能仪器的未来发展主要在以下几个方面。

1. 微型化

微型智能仪器指微电子技术、微机械技术、信息技术等综合应用于仪器的生产中,从而使仪器成为体积小、功能齐全的智能仪器,它能够完成信号的采集、线性化处理、数字信号处理,控制信号的输出、放大、与其他仪器的接口、与人的交互等功能。微型智能仪器随着微电子机械技术的不断发展,其技术不断成熟,价格不断降低,因此应用领域也将不断扩大。它不但具有传统仪器的功能,而且能在自动化技术、航天、军事、生物技术、医疗领域起到独特的作用。例如,目前要同时测量一个病人的几个不同的参量,并进行某些参量的控制,通常病人的体内要插进几个管子,这增加了病人感染的机会,微型智能仪器能同时测量多参数,而且体积小,可植入人体,使得这些问题得到解决。

2. 多功能化

多功能本身就是智能仪器仪表的一个特点。例如,为了设计速度较快和结构较复杂的数字系统,仪器生产厂家制造了具有脉冲发生器、频率合成器和任意波形发生器等功能的函数发生器。这种多功能的综合型产品不但在性能上(如准确度)比专用脉冲发生器和频率合成器高,而且在各种测试功能上提供了较好的解决方案。

3. 人工智能化

人工智能是计算机应用的一个崭新领域,利用计算机模拟人的智能,用于机器人、医疗诊断、专家系统、推理证明等各方面。智能仪器的进一步发展将含有一定的人工智能,即代替人的一部分脑力劳动,从而在视觉(图形及色彩辨读)、听觉(语音识别及语言领悟)、思维(推理、判断、学习与联想)等方面具有一定的能力。这样,智能仪器可无须人的干预而自主地完成检测或控制功能。显然,人工智能在现代仪器仪表中的应用,使我们不仅可以解决用传统方法很难解决的一类问题,而且可以解决用传统方法根本不能解决的问题。

4. 网络化

伴随着网络技术的飞速发展,Internet 技术正在逐渐向工业控制和智能仪器仪表系统设计领域渗透,实现智能仪器仪表系统基于 Internet 的通信能力及对设计好的智能仪器仪表系统进行远程升级、功能重置和系统维护。

在线系统编程技术(ISP 技术)是对软件进行修改、组态或重组的一种最新技术,它是 LATTICE 半导体公司首先提出的一种使我们在产品设计、制造过程中的每个环节,甚至在产品卖给最终用户以后,具有对其器件、电路板或整个电子系统的逻辑和功能随时进行组态或重组能力的最新技术。ISP 技术消除了传统技术的某些限制和连接弊病,有利于在板设计、制造与编程。ISP 硬件灵活且易于软件修改,便于设计开发。由于 ISP 器件可以像任何其他器件一样在印刷电路板(PCB)上处理,因此编程 ISP 器件不需要专门编程器和较复杂的流程,只要通过 PC 机、嵌入式系统处理器甚至 Internet 远程网进行编程。

嵌入式微型 Internet 互联技术(EMIT)是美国 emWare 公司创立 ETI(extend the Internet)扩展 Internet 联盟时提出的,是一种将 8 位和 16 位单片机等嵌入式设备接入 Internet 的技术。利用该技术,能够将 8 位和 16 位单片机系统接入 Internet,实现基于

Internet 的远程数据采集、智能控制、上传/下载数据文件等功能。

目前，美国 ConnectOne 公司、emWare 公司、TASKING 公司和国内的 P&S 公司等均提供基于 Internet 的 Device Networking 软件、固件和硬件产品。

5. 虚拟仪器是智能仪器发展的新阶段

测量仪器的主要功能都是由数据采集、数据分析和数据显示等三大部分组成的。在虚拟现实系统中，数据分析和显示完全用 PC 机的软件来完成。因此，只要额外提供一定的数据采集硬件，就可以与 PC 机组成测量仪器。这种基于 PC 机的测量仪器称为虚拟仪器。在虚拟仪器中，使用同一个硬件系统，只要应用不同的软件编程，就可得到功能完全不同的测量仪器。可见，软件系统是虚拟仪器的核心，“软件就是仪器”。

传统的智能仪器主要在仪器技术中用了某种计算机技术，而虚拟仪器则强调在通用的计算机技术中吸收仪器技术。作为虚拟仪器核心的软件系统具有通用性、通俗性、可视性、可扩展性和升级性，能为用户带来极大的利益，因此具有传统的智能仪器所无法比拟的应用前景和市场。

【任务实施】

智能仪表（器）的数据采集与处理

智能仪器的数据采集部分也是由多路开关、放大器、采样/保持器和 A/D 转换器等几部分组成。在以高精度数字电压表为基础的智能仪器中，主要采用的是改进型 A/D 转换器，并且常用以下几项技术指标来评价其质量水平。

（1）分辨率与量化误差

分辨率是衡量 A/D 转换器分辨输入模拟量最小变化程度的技术指标。A/D 转换器的分辨率取决于 A/D 转换器的位数，所以，习惯上以输出二进制数或 BCD 码数的位数来表示。例如，某 A/D 转换器的分辨率为 12 位，即表示该转换器可以用 2^{12} 个二进制数对输入模拟量进行量化，其分辨率为 1LSB。又如，用百分比表示分辨率，其分辨率为 $(1/2^{12})\times 100\%=0.025\%$，最大允许输入电压为 10 V，则可计算出它能分辨输入模拟电压的最小变化量为 $10\times 1/2^{12}$ V = 2.4 mV。

量化误差是由 A/D 转换器有限字长数字量对输入模拟量进行离散取样（量化）而引起的误差，其大小在理论上为一个单位分辨率，所以，量化误差和分辨率是统一的，即提高分辨率可以减小量化误差。

（2）转换精度

转换精度反映了 1 个实际 A/D 转换器与 1 个理想 A/D 转换器在量化值上的差值，用绝对误差或相对误差来表示。由于理想 A/D 转换器也存在着量化误差，因此实际 A/D 转换器转换精度所对应的误差指标是不包括量化误差在内的。

转换精度指标有时以综合误差指标表达方式给出，有时又以分项误差指标的表达方式给出。通常，给出的分项误差指标有偏移误差、满刻度误差、非线性误差和微分非线性误差等。

(3)转换速率

转换速率是指 A/D 转换器在每秒钟内所能完成的转换次数。这个指标也可表述为转换时间,即 A/D 转换从启动到结束所需的时间,两者互为倒数。例如,某 A/D 转换器的转换速率为 5 MHz,则其转换时间是 200 ns。

(4)满刻度范围

满刻度范围是指 A/D 转换器所允许的输入电压范围,如:0~5 V、0~10 V、-5~+5 V 等。满刻度值只是个名义值,实际 A/D 转换器的最大输入值总比满刻度小 $1/2^n$(n 为转换器的位数),这是因为 0 值也是 2^n 个转换器状态中的一个。例如,12 位的 A/D 转换器,其满刻度值为 10 V,而实际允许的最大输入电压值为 9.999 76 V。

智能仪器中的数据采集系统主要根据测试对象及系统的技术指标,考虑下列因素:

(1)输入信号的特性

在输入信号的特性方面主要考虑以下问题:信号的数量,信号的特点,是模拟量还是数字量,信号的强弱及动态范围,信号的输入方式(如单端输入还是差动输入,单极性还是双极性,信号源接地还是浮地),信号的频带宽度,信号是周期信号还是瞬态信号,信号中的噪声及其共模电压大小,信号源的阻抗等。

(2)数据采集系统的主要技术指标

①系统的通过速率,通常又称为系统速度、传输速率、采样速率或吞吐率,是指在单位时间内系统对模拟信号的采集次数。通过速率的倒数是通过周期(吞吐时间),通常又称为系统响应时间或系统采集周期,表明系统每采样并处理 1 个数据所占用的时间。它是设计数据采集系统的重要技术指标,特别对于高速数据采集系统尤为重要。

②系统的分辨率,是指数据采集系统可以分辨的插入信号的最小变化量,通常用最低有效位值(LSB)、系统满刻度值的百分数(%FSR)或系统可分辨的实际电压数值等来表示。

③系统的精度,是指当系统工作在额定通过速率下,系统采集的数值和实际值之差,它表明系统误差的总和,应该注意,系统的分辨率和系统精度是两个不同的概念,不能将两者混淆。此外,还有系统的非线性误差、共模抑制比和串模抑制比等指标。

④接口特性,包括采样数据的输出形式(是并行输出还是串行输出)、数据的编码格式和与什么数据总线相接等。

智能仪器利用微计算机的运算和存储功能,可以对仪器的测量结果进行各种运算和数据处理。数值计算程序在智能仪器中非常重要,通过计算不但可以获得许多导出量,实现间接测量,还可以通过计算和数据处理减少测量误差,提高仪器的准确度。

智能仪器的数值计算程序包括常用数值计算和常用函数计算。常用数值计算主要包括四则运算;常用函数包括指数函数、对数函数、三角函数、乘方和开方等函数,这些函数在智能仪器中经常使用,如计算标准偏差时需要进行平方、开方运算,求分贝时需要求对数等。另外,智能仪器中除了进行数值计算外,还经常对各种数据和符号进行不以数值计算为目的的非数值处理。例如,对一批无序数据按照一定顺序进行排序;从表中查出某个元素;识别来自接口或键盘的命令等。设计者在进行编程时,要根据设计的目的充分考虑这些数据的特性及数据元素之间的相互关系，然后采用相应的处理方法。

智能仪器的主要优点之一是利用微处理器的数据处理能力减小测量误差，提高仪器测量的精度。测量误差按其性质和特性可分为随机误差、系统误差、粗大误差三类。

在实际的测量过程中，被测信号中不可避免地会混杂一些干扰和噪声，在工业现场，这种情况更为严重。为抑制这些干扰和噪声，仪器仪表增加了多种屏蔽和滤波措施。

在传统的仪器仪表中，滤波是靠选用不同种类的硬件滤波器来实现的。在智能仪器中，由于微处理器的引入，可以采用不增加任何硬件设备的数字滤波方法。所谓数字滤波，即通过固定的计算程序，对采集的数据进行某种处理，从而消除或减弱干扰和噪声的影响，提高测量的可靠性和精度。数字滤波具有硬件滤波器的功效，却不需要硬件投资，从而降低了成本。不仅如此，由于软件算法的灵活性，还能产生硬件滤波器所达不到的功效；它的不足之处是需要占用机时。数字滤波方法有多种，每种方法有其不同的特点和适用范围。

智能仪表（器）的人机接口

人机接口是人与仪器交换信息的通道，是智能仪器智能的一个重要体现。一个优秀的人机接口可以增强仪器的功能，提高仪器工作效率，降低对操作人员的要求，从而提高仪器智能化的水平。

智能仪器人机接口通常有四种类型，即问答对话式（question and answer）、专用指令语言式（command language）、菜单式（menu）和预定义式（pre-defined method）。其中，问答对话式和菜单式操作方法简单，对操作者要求较低，适于新手操作使用，而专用指令语言式和预定义式对接口设计和仪器操作使用要求较高，设计周期较长，而且要求对操作者进行专门培训，但对于有经验的使用者来说，操作灵活快捷。

目前，大型精密仪器大多采用菜单式和专用指令语言式作为主要交互形式，或者采用多种交互形式混合使用。

1. 问答菜单式人机接口

问答菜单式交互方式是智能仪器和计算机系统中普遍采用的人机接口形式。仪器以菜单的形式在屏幕上显示其可以实现的操作。主菜单还可以嵌套多级子菜单，操作人员可在提示引导下选择某一操作，或者进入下一层子菜单中去。菜单的选择方式有数字式、快捷式和指针式。数字式选择菜单采用键入数字的方式选择相应的功能。快捷式用键入相应功能项目名称第 1 个字母的方式选择，熟练的操作人员可以记住这些操作符号，因此操作方便，但项目名称的选择增加了难度，应使其开头字母不重复。指针式则利用箭头或指示标记的移动选择功能，这种方式的通信速度较其他两种方式慢。

问答菜单式人机接口使用方法简单，但交互速度慢。在复杂的仪器系统中，菜单的嵌套数目不应太多，否则操作过于复杂，且难以返回原来的菜单。

2. 专用指令语言式人机接口

专用指令语言是根据不同仪器的实用情况专门设计的，操作人员通过键入专用指令来设置参数和操作。专用指令语言能迅速地与计算机通信，提高工作效率，但新手往往难以掌握。为此，这种人机接口应具有较强的在线辅助功能，如根据仪器状态适时显示出可用的专用指令清单,以供操作者选用。

3. 智能化人机接口设计

智能化的人机接口应具有在线引导帮助、纠错等功能,如在参数设置中应具有记忆和提供缺省值及参考值的功能。仪器可以将过去使用过的参数记忆下来,供下次使用时选用,也可以设计好整套的备用缺省组或参考值供选择,以提高仪器的使用效率。

智能仪器的帮助键对新手或不经常使用该仪器的操作人员是十分重要的。帮助功能不仅应介绍仪器指令或键盘的功能,还应为初学者提供操作实例或引导。

根据仪器不同的功能引导初学者操作仪器、处理数据,并最后得到测量结果,以达到培训的目的。

对操作人员的操作错误或设定参数的错误,智能仪器应提供易懂的出错信息和报警功能。出错信息应指出出错位置及错误种类,并尽可能提供纠正错误的方法或提示。

【任务评价】

对本任务的完成情况进行综合评价、总结与反思。

评价单自行打印,详情见附录。

任务 3　应用虚拟仪器

【任务背景】

虚拟仪器(virtual instrumentation)是利用计算机软件和硬件模块实现各种测试、测量、控制等功能的一种新型仪器,也称作 LabVIEW(laboratory virtual instrument engineering workbench)系统。

它不仅可以替代传统的仪器设备,还能够实现更加复杂的测试和控制任务,并且可以根据用户需求进行定制和扩展。虚拟仪器作为一种新型的测试、测量、控制系统,具有灵活性高、可靠性强、易于使用、多功能性和可扩展性强等优点。

虚拟仪器的发展对科学技术的发展和国防、工业、农业的生产将产生不可估量的影响。虚拟仪器可广泛应用于航天航空、军事工程、电力工程、机械工程、建筑工程、铁路交通、地质勘探、生物医疗等很多需要高性能测控设备进行电子测量和科学分析的场合。随着科学研究、工业生产和教育培训的不断推进,虚拟仪器必将得到更加广泛的应用。

虚拟仪器技术在我国的研究起步时间不长,研究中还有许多问题需要我们去探索,如虚拟仪器软、硬件开发,虚拟现实技术在虚拟仪器中的应用等。因此,我们需要付出更大的努力才能在此领域取得更大的发展。

【相关知识】

让我们来认识一下虚拟仪器吧！

一、虚拟仪器概述

传统仪器一般是一台独立的装置，从外观上看，它一般由操作面板、信号输入端口、检测结果输出这几个部分组成。操作面板上一般有一些开关、按钮、旋钮等。检测结果的输出方式有数字显示、指针式表头显示、图形显示及打印输出等。

从功能方面分析，传统仪器可分为信号的采集与控制、信号的分析与处理、结果的表达与输出这几个部分。传统仪器的功能都是通过硬件电路或固化软件实现的，而且由仪器生产厂家给定，其功能和规模一般都是固定的，用户无法随意改变其结构和功能。传统仪器大都是一个封闭的系统，与其他设备的连接受到限制。

另外，传统仪器价格昂贵，技术更新慢（周期为 5~10 年），开发费用高。随着计算机技术、微电子技术和大规模集成电路技术的发展，出现了数字化仪器和智能仪器。尽管如此，传统仪器还是没有摆脱独立使用和手动操作的模式，在较为复杂的应用场合或测试参数较多的情况下，使用起来就不太方便。

以上三方面原因使传统仪器很难适应信息时代对仪器的需求。那么，如何解决这个问题呢？可以设想，在必要的数据采集硬件和通用计算机支持下，通过软件来实现仪器的部分或全部功能，这就是设计虚拟仪器的核心思想。

虚拟仪器是基于计算机的仪器。计算机和仪器的密切结合是目前仪器发展的一个重要方向。粗略地说，这种结合有两种方式：一种是将计算机装入仪器，其典型的例子就是所谓智能化的仪器，随着计算机功能的日益强大及其体积的日趋缩小，这类仪器功能也越来越强大，目前已经出现含嵌入式系统的仪器；另一种方式是将仪器装入计算机，以通用的计算机硬件及操作系统为依托，实现各种仪器功能，虚拟仪器主要是指这种方式。

虚拟仪器是现代仪器技术与计算机技术结合的产物。随着计算机技术特别是计算机的快速发展，CPU 处理能力的增强、总线吞吐能力的提高及显示器技术的进步，人们逐渐意识到，可以把仪器的信号分析和处理、结果的表达与输出功能转移给计算机来完成。这样，可以利用计算机的高速计算能力和宽大的显示屏更好地完成原来的功能。如果在计算机内插上一块数据采集卡，就可以把传统仪器的所有功能模块都集成在一台计算机中了。而软件就成为虚拟仪器的关键，任何一个使用者都可以通过修改虚拟仪器的软件来改变它的功能，这就是美国 NI 公司“软件就是仪器”一说的来历。

图 4-8 所示的框图反映了常见的虚拟仪器方案。

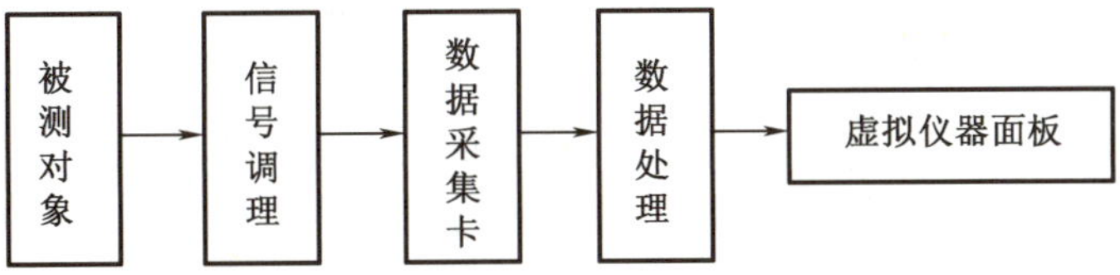

图 4-8　虚拟仪器原理图

二、虚拟仪器的特点

虚拟仪器的主要特点如下：

(1)尽可能采用了通用的硬件，各种仪器的差异主要是软件。

(2)可充分发挥计算机的能力，有强大的数据处理功能，可以创造出功能更强的仪器。

(3)用户可以根据自己的需要定义和制造各种仪器。

虚拟仪器实际上是一个按照仪器需求组织的数据采集系统。虚拟仪器的研究中涉及的基础理论主要有计算机数据采集和数字信号处理。各种标准仪器的互联及与计算机的连接。目前使用较多的是 IEEE488 或 GPIB 协议。未来的仪器也应当是网络化的。目前，在这一领域内，使用较为广泛的计算机语言是美国 NI 公司的 LabVIEW。

LabVIEW 是一种图形化的编程语言，它广泛地被工业界、学术界和研究实验室所接受，视为一个标准的数据采集和仪器控制软件。LabVIEW 集成了与满足 GPIB、VXI，RS-232 和 RS-485 协议的硬件及数据采集卡通信的全部功能，还内置了便于应用 TCP/IP、ActiveX 等软件标准的库函数，这是一个功能强大且灵活的软件，利用它可以方便地建立自己的虚拟仪器，其图形化的界面使得编程及使用过程都生动有趣。

图形化的程序语言，又称为“G”语言。使用这种语言编程时，基本上不写程序代码，取而代之的是流程图。它尽可能利用了技术人员、科学家、工程师所熟悉的术语、图标和概念，因此 LabVIEW 是一个面向最终用户的工具，它可以增强构建科学和工程系统的能力，提供了实现仪器编程和数据采集系统的便捷途径。使用它进行原理研究、设计、测试并实现仪器系统时，可以大大提高工作效率。所有的 LabVIEW 应用程序，即虚拟仪器，包括前面板、流程图及图标/连接器三部分。

前面板是图形用户界面，也就是 VI 的虚拟仪器面板，这一界面上有用户输入和显示输出两类对象，具体表现有开关、旋钮、图形及其他控制和显示对象。

流程图提供 VI 的图形化源程序。在流程图中对 VI 编程，以控制和操纵定义在前面板上的输入和输出功能。流程图中包括前面板上控件的连线端子，还有一些前面板上没有但编程必须有的东西，如函数、结构和连线等。VI 具有层次化和结构化的特征。一个 VI 可以作为子程序，这里称为子 VI(subVI)，被其他 VI 调用。图标/连接器在这里相当于图形化的参数，详细情况稍后介绍。

工具模板提供了各种用于创建、修改和调试 VI 程序的工具。如果该模板没有出现，则可以在 Windows 菜单下选择 Show Tools Palette 命令以显示该模板。

当从模板内选择了任一种工具后，鼠标箭头就会变成该工具相应的形状。当从 Windows 菜单下选择了 Show Help Window 功能后，把工具模板内选定的任一种工具光标放在流程图程序的子程序或图标上，就会显示相应的帮助信息。控制模板用来给前面板设置各种所需的输出显示对象和输入控制对象。每个图标代表一类子模板。如果控制模板不显示，可以用 Windows 菜单的 Show Controls Palette 功能打开它，也可以在前面板的空白处，点击鼠标右键，以弹出控制模板。功能模板是创建流程图程序的工具，该模板上的每一个顶层图标都表示一个子模板。若功能模板不出现，则可以用 Windows 菜单下的 Show Functions Palette 功能打开它，也可以在流程图程序窗口的空白处点击鼠标右键以弹出功能模板。

【任务实施】

虚拟仪器的数据采集

1. 被测信号的实时采集

采集卡在虚拟仪器系统中担负着计算机控制系统与被控对象之间数据信息交换的桥梁的作用。被测信号的实时采集要使用数据采集卡。图 4-9 所示的框图说明了被测信号的实时采集原理。计算机对采集卡发出指令,启动采集卡,采集卡将模拟信号转换为数字信号,计算机对采集的信号数据进行存储、处理和显示。由计算机、采集卡、接口硬件和传感器组合在一起建成的系统被称为虚拟仪器系统(也是数据采集系统)。

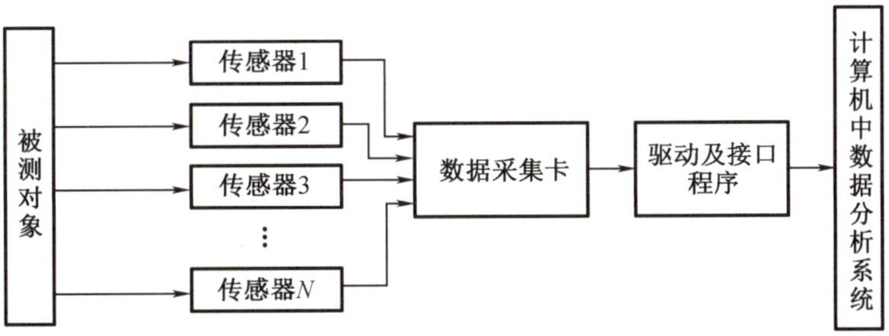

图 4-9　虚拟仪器数据采集框图

被测信号的数据采集实际上是对数据采集卡的编程过程。采集卡的设置包括数据采集卡的地址设置、被测信号的输入方式设置和被测信号的输入范围设置。多路开关将各路被测信号轮流切换到放大器的输入端,实现多参数多路信号的分时采集。放大器将前一级多路开关切换进入待采集信号放大(或衰减)至采样环节的量程范围内。通常,实际系统中放大器做成增益可调的放大器,设计者可根据输入信号幅值的不同,选择不同的增益倍数。采样/保持器取出被测信号在某一瞬时的值(即信号的时间离散化)并在 A/D 转换过程中保持信号不变。如果被测信号变化很缓慢,可以不用采样/保持器。A/D 转换器将输入的模拟量转化为数字量输出,并完成信号幅值的量化。随着电子技术的发展,通常将采样/保持器同 A/D 转换器集成在一块芯片上。以上四部分都处在计算机的前向通道,是组成数据采集卡的主要环节,它们与其他有关电路(如定时/计数器、总线接口电路等)做在一块印刷电路板上,即构成数据采集卡,完成对被测信号的采集、放大及 A/D 转换任务。

2. 数据采集卡的性能指标

在选择数据采集卡构建虚拟仪器时,必须对数据采集卡的性能指标有所了解。数据采集卡的主要性能指标见表 4-1。

表 4-1　数据采集卡的主要性能指标

性能指标	说明
模拟输入通道数	该参数表明数据采集卡所能够采集的最多的信号路数
信号的输入方式	被测信号的输入方式有： · 单端输入：即信号的其中一个端子接地； · 差动输入：即信号两端均浮地； · 单极性：信号幅值范围为 0~A，A 为信号最大幅值； · 双极性：信号幅值范围为-A~A
模拟信号的输入范围	根据信号输入方式的不同（单极性输入或双极性输入），有不同的输入范围，如对单极性输入，典型值为 0~10 V；对双极性输入，典型值为-5~5 V
放大器增益	放大器增益是采集卡固有参数，可以由用户设置
模拟输入阻抗	模拟输入阻抗是采集卡固有参数，一般不由用户设置
采集卡地址	指 CPU 分配给数据采集卡的内存使用空间，其选择范围为 200~3F8H，通常选择 280H 为数据采集卡的地址

3. 数据采集卡功能及应用

本任务介绍的数据采集卡采用 NI 公司生产的 12 位 USB-6008 卡来完成动态数据的采集和控制信号的输出的任务，这款卡为中速卡，其采样频率可达 10 kS/s，它有 8 个单端或 4 个差分模拟输入通道，单端模拟输入的范围为±10 V，差分模拟输入的范围为±20 V，2 个模拟输出通道，输出电压为 0~5 V。这款采集卡还具有 12 个 DIO 通道、1 个定时器和 2.5 V、5 V 的恒压输出。采集卡通过 USB 供电，不需要任何外接电源，其接线端子如图 4-10 所示。

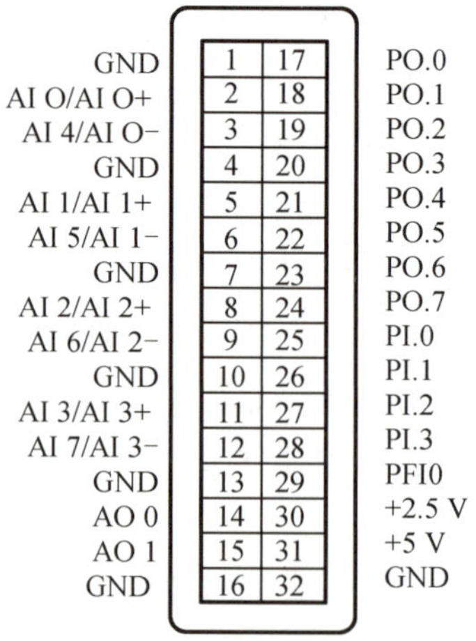

图 4-10　NI USB-6008 数据采集卡管脚分布图

采集卡在虚拟仪器系统中担任着计算机控制系统与被控对象之间数据信息交换的桥梁的作用。直流电机带动转盘运转，通过光电传感器将电机的转速信号转化为波形信号，波形信号的频率对应为转速，通过采集卡的模拟输入通道进行 A/D 转换将其转化为数字量，将之与设定转速相比较，计算出设定转速于实际转速的偏差值，在基于 LabVIEW 的虚拟仪器程序中对这些数字量进行处理，形成控制信号，供虚拟仪器控制系统使用。在采集卡的模拟输出通道中进行 D/A 转换，把经过 PID 控制运算输出的数字量图 4-10 中 NI USB-6008 数据转化为直流电机的控制电压，送入控制电路，来控制直流电机的转速。

虚拟仪器与传统仪器的比较

“软件就是仪器”是虚拟仪器的核心概念，这充分体现出软件在虚拟仪器中的作用是极其重要的。它彻底打破了传统仪器由厂家设计，用户无法改变的模式，使用户可以根据自己的应用需求，设计自己的仪器系统。虚拟仪器与传统仪器的比较见表 4-2。

表 4-2　虚拟仪器与传统仪器的比较

虚拟仪器	传统仪器
开放、灵活，可与计算机技术保持同步发展	封闭，仪器间相互配合较差
关键是软件，系统性能升级方便，通过网络下载升级程序既可	关键是硬件，升级成本较高，且升级必须上门服务
价格低廉，仪器间资源可重复利用率高	价格昂贵，仪器间一般无法相互利用
用户可定义仪器功能	只有厂家能定义仪器功能
与网络及周边设备连接方便	功能单一，只能连接有限的独立设备
开发与维护费用降至最低	开发与维护成本高
技术更新周期短（0.5~1 年）	技术更新周期长（5~10 年）
自己编程硬件，可二次开发	不能自己编程硬件，不能二次开发
完整的时间记录和测试说明	部分的时间记录和测试说明
测试过程自动化	测试过程部分自动化

【任务评价】

对本任务的完成情况进行综合评价、总结与反思。

评价单自行打印，详情见附录。

项目五　选择与应用现代检测新技术

【引导案例】

随着现代科学技术的不断发展、社会的日益进步，现代化生产的规模越来越大，管理的形式和方式趋于多样性，管理也更加科学，人们对产品的产量和质量的要求也越来越高，这就导致常规的检测参数、检测手段、检测仪表难以满足现代生产和生活的需求。从一般的单参数测量到相关多参数的综合自动检测，从一般的参数的量值测量到参数的状态估计，从确定性的测量到模糊的判断等，已成为当前检测领域中的发展趋势，正受到越来越广泛的关注，从而形成了各种新的检测技术和新的检测方法，这些技术和方法统称为现代检测技术。

现代检测技术是指采用先进的传感技术、信息处理技术、建模与推理等技术实现用常规仪表、方法和手段无法直接获取的对待测参数的检测。

【学习目标】

知识目标：

1. 能够了解机器视觉的工作原理和系统组成；
2. 能够了解 RFID 技术的工作原理和系统组成；
3. 能够了解无线传感器网络的结构和关键技术。

能力目标：

1. 能够了解机器视觉技术的应用；
2. 能够了解 RFID 技术的应用；
3. 能够了解无线传感器网络的应用。

职业素质目标：

1. 培养学生自主学习的能力、现代化信息技术应用素养；
2. 培养学生精益求精、勇于创新、百折不挠的工匠精神；
3. 培养学生肯于钻研、乐观向上、永攀高峰的开拓进取精神。

任务1　工业机器人感知系统的视觉检测

【任务背景】

工业机器视觉系统开始受到重视，是在20世纪70年代中期。虽然视觉系统方案第一次用于工业检测是在20世纪30年代，但在20世纪80年代初，视觉系统学科发展缓慢，只有学术研究团体能够对其做出稳定的贡献，其对工业生产应用的吸引力也极其有限。20世纪80年代中期，以美国主要汽车制造商为主的企业们对视觉系统产生了浓厚的兴趣，成为机器视觉发展的一个巨大的推动力。然后就迎来了经济大萧条时期，有大量的小型视觉公司倒闭。在20世纪80年代末90年代初，世界范围内对机器视觉的兴趣显著上升，主要是由于在获取快速精细的图像上取得重大进展，专用的图像数字化和处理硬件也发展显著。20世纪90年代中期，机器视觉通用处理器结合现代RISC（精简指令集计算机）处理器，为机器视觉提供了较高的处理速度和标准计算平台。在这段时期内，机器视觉的学术工作者也逐步证明了机器视觉产品广泛应用的可行性，其几乎能够覆盖制造业的所有主要分支。

工业图像处理系统，作为视觉系统必不可少的组成部分，在过去的10年里有了很大发展。此外，机器视觉的其他组件技术也有很大进步，如图像传感器、专业的照明单元和镜头，引导了视觉工程师设计过程的初始阶段。然而，系统集成的好坏才是成功设计和操作一套机器视觉系统的关键因素。

机器视觉的系统设计存在一个严重的瓶颈：为了实现一个有效的设计，需要提供高水平人力技术。由于没有足够的机器视觉工程师或机器视觉公司提供这种程度的支持，系统设计的过程通常需要花费几个月的时间。目前的市场迫切需要更多受过良好教育的机器视觉系统工程师，同时也需要更好的设计工具。

【相关知识】

让我们来认识一下机器视觉吧！

一、机器视觉在智能化工厂的应用

机器视觉是自动化系统一个必不可少的元素。相比机器视觉，生产线的任何其他组成部分都难以收集更多的信息，在评估产品和定位缺陷以及收集信息用于指导业务运营和优化机器人及其他设备的生产率方面，它们也难以提供更多的价值。不同于简单的传感器，视觉传感器能够生成大量图像数据，从而增强它们在工业4.0环境下的效用。

随着数据分析能力的提高，通过视觉设备所收集的大量数据将可用于在工业4.0工厂环境下识别和标记缺陷产品，了解缺陷细节，并快速有效地进行干预。

机器视觉系统旨在用计算机来实现人的视觉功能，也就是用计算机来实现对客观三维

世界的识别。作为一个相对新兴的技术,它在很大程度上能帮助工业和制造业提高产品质量和产品安全,同时能够提高生产效率和操作安全性。机器视觉能够快速普及的最大原因是:光学传感的洁净、安全(因为这是一项非接触性技术)和用途多样性。无论是人类还是机器,都总有一些事情非视觉来做不可——想象一下盲人摸象,再想象一下用其他方法感知产品表面的污点、锈斑和腐蚀。

在机器生产的众多周边技术中,机器视觉糅合了光学、图像处理等众多学科,是一种多学科交叉的综合应用技术。

虽然人类视觉最擅长对复杂、非结构化的场景进行定性解释,但机器视觉则凭借速度、精度和可重复性等优势,擅长对结构化场景进行定量测量。举例来说,在生产线上,机器视觉系统每分钟能够对数百个甚至数千个元件进行检测。配备适当分辨率的相机和光学元件后,机器视觉系统能够轻松检验小到人眼无法看到的物品的细节特征。

另外,由于消除了检验系统与被检验元件之间的直接接触,机器视觉还能够防止元件损坏,也延长了机械部件磨损的维护时间,降低了成本投入。通过减少制造过程中的人工参与,机器视觉还带来了额外的安全性和操作优势。此外,机器视觉还能够防止无菌室受到人为污染,也能让工人免受危险环境的威胁。

二、生产过程中视觉系统的工作原理

按照现在人类科学的理解,人类视觉系统的感受部分是视网膜,它是一个三维采样系统。三维物体的可见部分通过晶状体投影到视网膜上,大脑按照投影到视网膜上的二维的像来对该物体进行三维理解,并做出思维判断或肢体动作指令。所谓三维理解是指对被观察物体的形状、尺寸、离观察点的距离、质地和运动特征(方向和速度)等的理解。

一个典型的机器视觉系统的组成部分与人类的视觉环境相似,包括光源、镜头、相机、图像处理软件、输入/输出单元(如图像采集卡等),如图 5-1 所示。

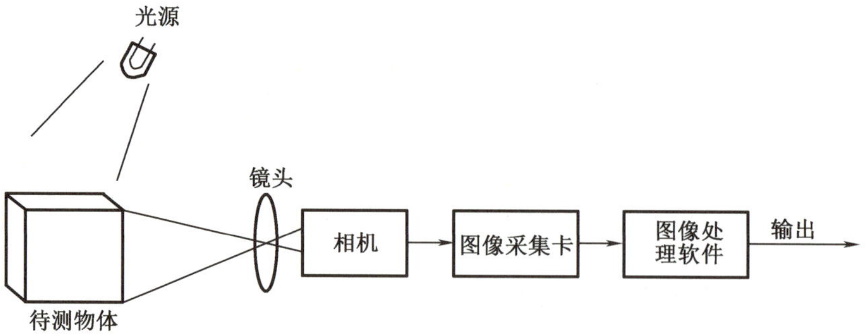

图 5-1　一个典型的机器视觉系统

机器视觉系统采用相机将被检测的目标转换成图像信号,再通过图像采集卡将图像信号传送给专用的图像处理软件,根据像素分布和亮度、颜色等信息,转变成数字信号。图像处理软件通过一定的矩阵、线性变换,将原始图像画面变换成高对比度图像,对这些数字信号进行各种运算来抽取目标的特征,如面积、数量、位置、长度,再根据预设的允许度和其他判断条件输出结果,包括尺寸、角度、个数、合格/不合格、有/无等,实现自动识别功能。最终，根据判别的结果来控制现场的设备动作或数据统计，方便工艺质量的提高。视觉检测在检测缺陷和防止缺陷产品输出等方面具有不可估量的价值。

三、机器视觉的应用范围

1. 引导

机器视觉的引导主要用于将元件在二维或三维空间内的位置和方向报告给机器人或机器控制器，让执行机构能够定位元件或机器，以便将元件对位。机器视觉的引导在许多任务中都能够实现比人工定位高得多的速度和精度，比如将元件放入货盘或从货盘中拾取元件、对输送带上的元件进行包装、对元件进行定位和对位等。从与工业机器人协作的角度来说，机器视觉的引导作用主要体现在生成空间坐标，以引导机器人对元件的准确定位，如控制机器人在组装生产线上将产品放置到正确的位置。

另外，引导还可用于与其他视觉软件工具进行对位。有时我们需要使用机器视觉完成测量目标元件长度、确定目标元件边线及尖角等任务。如今的机器视觉软件中都含有各种各样的检测工具，这是机器视觉一个非常强大的功能，通过这些工具可以准确定位和测量待测元件的各种数据，如颜色、形状、圆形半径等。

在生产过程中，元件可能是以未知的方向呈现到相机面前的。通过对元件关键特征的定位，可以确保卡尺、边线或其他视觉软件工具的精确定位，进而让它们能够与元件正确互动。这种方法让制造商能够在同一生产线上生产多种产品，从而减少了对检验过程中用于保持元件位置的昂贵硬膜的需要。

每次可靠定位元件的同时，还必须能够应对较大的对比度和光线变化，以及尺度变化、旋转和其他因素。这是因为图案匹配所获取的位置信息必须能够让其他机器视觉软件工具与元件精确对位。有时，机器视觉的引导还需要进行图案匹配。图案匹配能在复杂背景、部分遮挡和视角变化等情况下，准确找到目标图案在图像中的位置和姿态，为后续的机器人操作或测量等提供精确的位置信息。图案匹配还可以将采集到的图像与预定义的模板图案进行匹配，可判断产品是否存在缺陷、污染物等，还能识别产品的型号、类别等信息。同时，基于图案匹配确定目标物体的边界和特征点，进而计算物体的尺寸、距离、角度等几何参数，实现高精度的质量控制。

2. 识别

在元件识别应用中，机器视觉系统通过读取条形码（一维）、DataMa-trix 码（二维）、直接部件标识（DPM），以及元件、标签和包装上印刷的字符来识别元件。应用光学字符识别（OCR）能够读取字母数字字符，无须提前进行视觉设置；而应用光学字符验证（OCV）则能够确认字符串的存在性。另外，机器视觉系统还可以通过定位独特的图案来识别元件，或者基于颜色、形状或尺寸来识别元件。

使用机器视觉实现识别，最为广泛的应用是将代码或字符串直接标记到元件上面。各行各业的制造商都采用这种方法来进行防错，以实现高效的流程监控和质量监控。直接标识能够确保可追溯性，从而提高资产跟踪和元件真伪验证能力。另外，直接标识还可提供单元级数据，通过记录成品构成子组件中元件的系谱，促进技术支持和质保维修服务。

传统的条形码已在零售收银和库存控制应用中获得了广泛的接受度，但可追溯性信息所需的数据超出了标准条形码的数据容量范围。为增加数据容量,一些公司开发了二维码。二维码可以存储更多的信息,包括制造商名称、产品标识、批号以及几乎任何成品都使用的唯一序列号。

除工业及仓储领域外,机器视觉的识别功能还常用于遥感图像分析(如植物学中的植被分析、考古专业的考古发掘等)、安全鉴别(门禁系统)、监视与跟踪(智能交通监控)、国防系统(目标自动识别与目标跟踪)等领域,可以说其应用领域非常广泛。

3. 测量

在测量应用中,机器视觉系统通过计算物品上两个或以上的点或者几何位置之间的距离来进行测量,然后确定这些测量结果是否符合规格,如图 5-2 所示为通过测量液面与瓶口之间的距离来辨识不合格产品的示意图。如果不符合,视觉系统将向机器控制器发送一个未通过信号,进而触发生产线上的不合格产品剔除装置,将该物品从生产线上剔除。

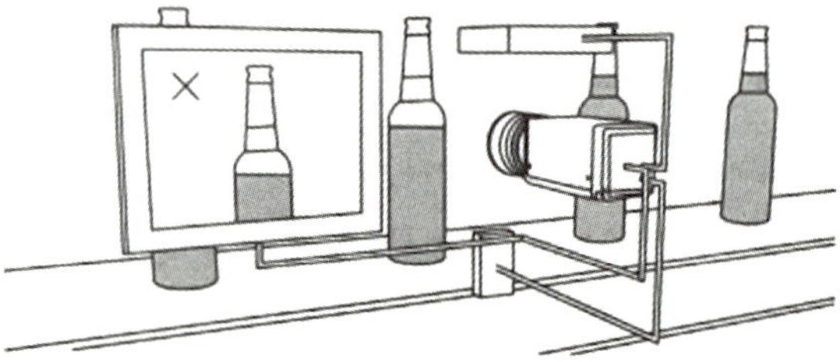

图 5-2 通过测量液面与瓶口之间的距离来辨识不合格产品的示意图

在实践中,当元件移动经过相机时,固定式相机将会采集该元件的图像,然后机器视觉系统将使用软件来计算图像中不同点之间的距离。由于许多机器视觉系统在测量物品特征时能够将公差保持在很小的范围以内,因此能够解决许多传统上通过接触式测量来解决的应用。

4. 检验

在检验应用中,机器视觉系统通过检测制成品是否存在缺陷、污染物、功能性瑕疵和其他不合格之处来进行产品检验。应用示例包括检验片剂式药品是否存在缺陷;或者检验触摸屏,以测量背光对比度水平。机器视觉还能够检验产品的完整性,如在食品和医药行业,机器视觉用于确保产品与包装的匹配性,以及检查包装瓶上的安全密封垫、封盖和安全环是否存在。

【任务实施】

机器视觉系统的构成

机器视觉系统的主要工作包括三部分:图像的获取、图像的处理和分析、图像的输出或显示。机器视觉系统的主要组件包括光源、镜头、相机、图像处理软件和输入/输出单元。光源用于对待检测的元件进行照明,让元件的关键特征能够凸显出来,确保相机能够清楚地看到这些特征；镜头用于采集图像，并将图像以光线的形式呈现给传感器；机器视觉相机中的传感器将该光线转换成数字图像，然后将该数字图像发送至处理器，通过图像处理软件进行分析；图像采集卡是重要的输入/输出单元，用于图像的高速传输及数字化处理。

图 5-3 中给出了机器视觉系统的各个关键组件，包括光源、镜头、相机、视觉系统控制器和输入/输出单元等。

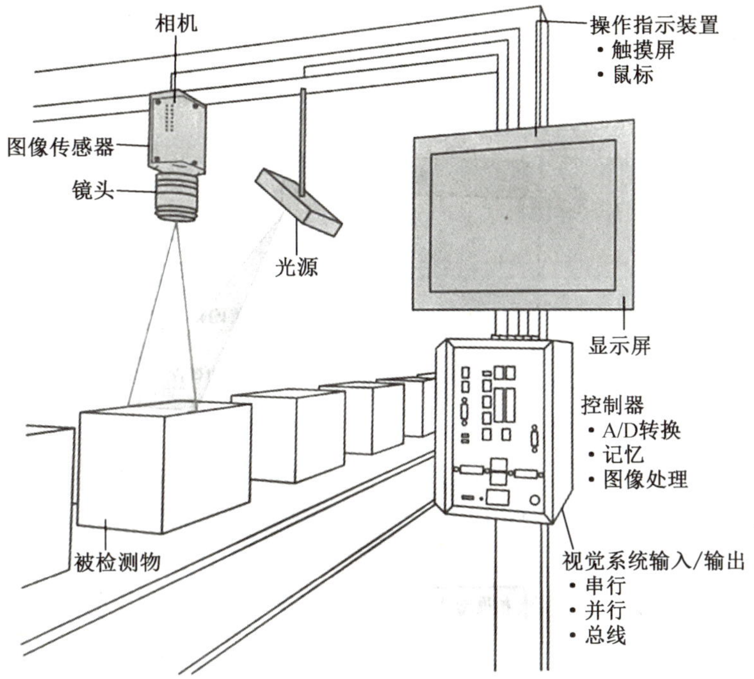

图 5-3　机器视觉系统

1. 光源

就如同我们的眼睛一样，视觉系统并不能看到物体，只能看到从物体表面反射过来的光。机器视觉应用中 90%的成功案例来自恰当的照明，如果相机（或摄像机）无法看到零件和标记，自然也就无法进行识别和检测。照明的目的是将被测物体与背景尽量明显区分，以获得高品质、高对比度的图像。利用有效照明可以使被测特征对比度最大化，照明的效果将直接影响图像处理的精度与速度，甚至视觉应用的成败。

照明系统的硬件组成比较单一，通常只有光源或与光源相关的简单控制单元（如开关及亮度调节装置），本任务将介绍不同光源带来的照明效果。

（1）不同的照明方式

正在发光的物体称为光源，而“正在”这个条件必须具备。光源可以是天然的或人造的，如今应用于机器视觉系统中的光源通常是 LED 光源。

LED 光源由多颗 LED 排列而成，可以设计成复杂的结构，实现不同的光源照射角度。LED 光源使用寿命长且反应快捷，能在 10 ms 或更短时间内达到最大亮度。本任务将介绍几种机器视觉系统中常用的照明形式。

①背光照明。

背光照明是相对于入射光照明而言的。入射光照明是指光源在相机和被检测物之间,而背光照明使用从被检测物背面照射的照明方式,被检测物在相机与光源之间,如图 5-4 所示。

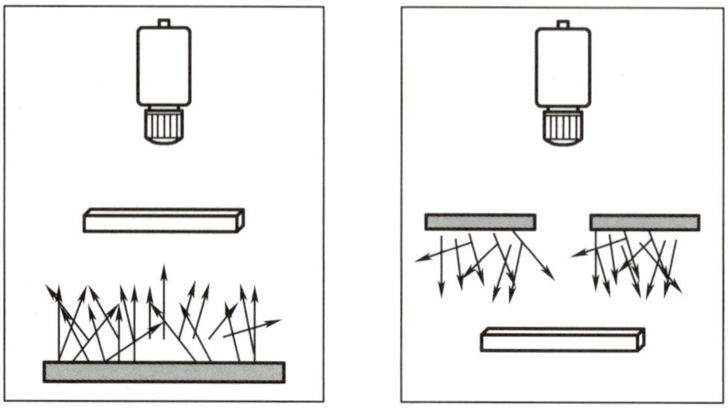

(a)背光照明　　(b)入射光照明

图 5-4　背光照明与入射光照明

背光照明与别的照明方式有很大不同,因为图像分析的不是反射光而是入射光,使用这种方式可以获得稳定的高对比度图像。

背光照明可以强烈凸显物体的轮廓特征,却无法辨别物体的表面特征,十分适合物体的形状检测和半透明物体的检测,通常可以用于以下情况的视觉检测:机械零件的外形尺寸测量,电子零件、IC 芯片形状检测,胶片的污迹检测,透明物体的划痕检测等。

②环形光源。

环形光源是指 LED 阵列呈圆锥状以斜角照射在被测物体表面,通过漫反射方式照亮一小片区域。与检测目标的距离恰当时,环形光源可以突出显示被测物体的边缘和高度变化,突出原本难以看清的部分,适合用于边缘检测、金属表面的刻字和损伤检测,也可用于电子零件、塑胶成型零件上的文字检查,可有效去除因小型工件表面的局部反射造成的影响。

③同轴光源。

同轴光源(也叫漫射同轴灯、金属平面漫反射照明光源)从侧面将光线发射到半反射镜上,反射镜再将光线反射到工件上,提供了几近垂直角度的光线,从而能够获得比传统光源更均匀、更明亮的照明,提高机器视觉的准确性。

使用同轴光源照明时,光线照射到工件后进入相机,在工件表面凹凸不平的部分产生漫反射,可以从被测物的不光滑表面上获得带有少量阴影的稳定图像。同轴光源能够凸显物体表面的不平整,克服表面反光造成的干扰,主要用于检测物体平整光滑表面的碰伤、划伤、裂纹和异物。同轴光源最适宜用于反射度极高的物体,如金属、玻璃、胶片、镜片等表面的划痕检测,芯片和硅晶片的破损检测,条码包装识别等。

④条形光源。

使用条形光源可以均匀照射宽广区域,其方向性好,尺寸灵活多变,结构可自由组合,角度也可自由调整。条形光源可应用于金属表面检测、表面裂纹检测以及 LCD 面板检测等。

⑤圆顶光源。

圆顶光源(又叫穹顶光源、DOME 光源、连续漫反射光源)是指 LED 环形光源安装在碗状表面内且向圆顶内照射,来自环形光源的光通过高反射率的扩散圆顶进行漫反射,实现均匀照明的照明方式。对于形状复杂的工件,圆顶光源可以将工件各个角度照亮,从而消除反光不均匀的地方,获得工件整体的无影图像。

圆顶光源适用于各种形状复杂的工件,通常可用于以下情况:饮料罐上的日期文字检查,手机按键上的文字检查,金属、玻璃等反射较强的物体表面的检测,弹簧表面的裂缝检测等。

(2)常见的光源颜色

光源的颜色也对图像的成像有影响。LED 光源有多种颜色可以选择,包括红、绿、蓝、白,还有红外、紫外。针对不同检测物体的表面特征和材质,选用不同颜色,也就是不同波长的光源,能够达到更加理想的拍摄效果。

每一种光源都有自己的光谱,而相机的图像都会受到光谱的影响。不同波长的光对物体的穿透力(穿透率)不同,波长越长,光对物体的穿透力越强;波长越短,光在物体表面的扩散率越大。下面以白色光、红色光、绿色光和蓝色光为例,说明在单色相机成像时,光源颜色对成像结果的影响。光源颜色的适用范围见表 5-1。

表 5-1　光源颜色的适用范围

光源颜色	适用范围
白色	适用性广,亮度高,拍摄彩色图像时使用较多
红色	可以透过一些比较暗的物体,如底材黑色的透明软板孔、绿色电路板(线路检测)、透光膜(厚度监测)
绿色	红色背景产品、银色背景产品
蓝色	银色背景产品(钣金、车加工件等)、薄膜上的金属印制品

2. 相机

用在工业生产中的视觉传感器,也常被称为工业相机。如同我们去选购单反相机时会分别购买镜头和机身一样,工业相机其实也是由镜头和相机主机组成的。镜头是由一块或者多块光学玻璃或塑料组成的透镜组,用于收集光线,产生锐利的图像。相机主机的主要组件为图像传感器,有不同大小、不同材质,以及单色、彩色等多种型号,能够将镜头收集到的光线转变为电信号。与传统的民用相机相比,工业相机在图像稳定性、抗干扰能力和传输能力上有着更大的优势,是组成整个视觉系统的关键部分。工业相机性能的好坏也决定了机器视觉系统的稳定性。

图 5-5 中列出了与工业相机相关的各个关键参数,图中的硬件包括相机主机和镜头、

图像传感器和被测对象。图中几个重要参数的定义见表 5-2。

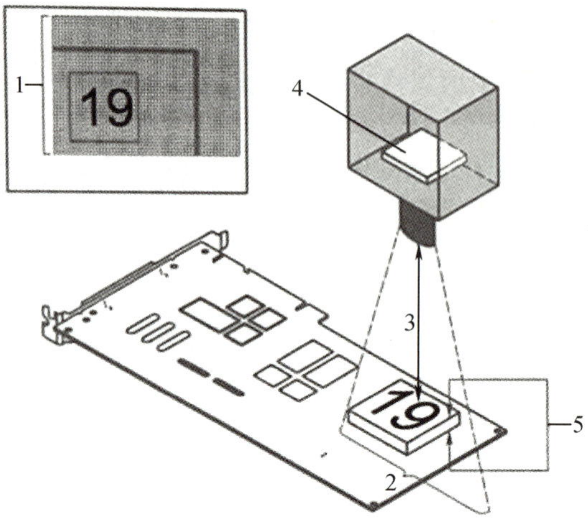

1—图像;2—视野;3—工作距离;4—传感器尺寸;5—景深。

图 5-5 有关工业相机的各种参数

表 5-2 工业相机的相关参数

标号	定义	注释
①	图像	图像传感器接收到的内容
②	视野	物体在某一方向上可被检测到的区域,换言之,它是物体将传感器某一方向填满图像的区域
③	工作距离	从镜头前端到被测物体表面的距离
④	传感器尺寸	传感器的有效面积,典型的指标是水平尺寸
⑤	景深	在整个聚焦范围内,能够维持清楚成像对应的最大物体深度

(1)CCD 图像传感器

相机的核心是 CCD 图像传感器。

(2)焦距

焦距也称为焦长,是光学系统中衡量光的聚集或发散的度量方式,指从透镜中心到光聚集焦点的距离;也是相机中从镜片光学中心到底片或图像传感器成像平面的距离。短焦距的光学系统往往比长焦距的光学系统具有更佳的聚集光的能力。

焦距的计算方法:焦距=传感器尺寸×镜头到物体的距离/视野。

在应用上,如果工作距离不变,可选择定焦镜头;如果工作距离时变,可选择变焦镜头。如果需要测量的景深大,则根据物像最近、最远端都可清晰成像选择焦距范围。

(3)光圈和景深

对于已经制造好的镜头,不能随意改变镜头的直径,但是可以通过在镜头内部加入多边形或者圆形并且面积可变的孔状光栅来达到控制镜头进光量的目的,这个装置就是光圈。光圈是照相机上用来控制镜头孔径大小的部件,用以控制景深、镜头成像质量,同时可以和快门速度协同控制进光量，光圈的大小（或称光圈系数、光圈值）用 f 值表示，有：

$$光圈\ f\ 值=镜头的焦距/光圈孔径$$

从上面的公式能够看出，在焦距不变的情况下，f 值越小，光圈孔径越大，进光量越多，画面比较亮，主体背景虚化越大；f 值越大，光圈孔径越小，进光量越少，画面比较暗，主体前后越清晰。

对于上文中提到的"主体背景虚化""主体前后清晰"，其实还有一个更加专业的名词来形容这种图像效果——景深。在光学中，尤其是录影或是摄影，景深是一个描述在空间中可以清楚成像的距离范围的术语。虽然镜头只能够将光聚集到某一固定的距离（即焦距），远离此点则会逐渐模糊，但是在某一段特定的距离内，影像模糊的程度是肉眼无法察觉的，这段距离就是景深。景深之内的影像比较清楚，景深之外的影像则比较模糊。

景深通常由物距、镜头焦距以及镜头的光圈值所决定。如果固定光圈值，则增加放大率时，不论是更靠近拍摄物或是使用更长焦距的镜头，都会减少景深的距离；减少放大率时，则会增加景深。如果固定放大率，则增加光圈值会增加景深，减小光圈值会减少景深。

在工业生产中，需要根据检测需求设定不同的光圈和景深。

（4）快门速度

快门速度是摄影中常用的用于表达曝光时间的专门术语，即相机快门开启的有效时间长度。总的曝光量和曝光时间成正比，也可以说是和光到达胶片或图像传感器的持续时间成正比。快门速度和镜头的光圈大小一起决定光到达胶片或图像传感器的量。

3. 图像采集卡

早期的工业相机多数使用 CCD 的线阵 TTL 工艺传感器，这种传感器成像后输出的是模拟信号，想要传输到计算机进行处理和存储，就需要通过图像采集卡进行 A/D 转换，再通过计算机总线实时传送到内存和显存。现今使用的 CCD 相机能够直接采集到数字图像，这时图像采集卡的作用就仅是将数字信号通过计算机总线传输到计算机内存或显存，方便计算机对现场采集的图像进行实时处理和存储。

图像采集卡实际上是一块板卡，可以连接在计算机的 PCI 扩展槽上（就是显卡旁边的插槽），其主要功能就是完成图像数字化处理与传输。

不同型号图像采集卡的区别主要表现在输入信号、图像质量、总线形式、处理功能等方面。在选择图像采集卡时，首先需要考虑的就是上文中提到的相机的输出信号（模拟信号还是数字信号），据此来选择不同的图像采集卡。图像质量由于不同板卡使用的芯片及设计的不同有较大差异。同时，不同用途的图像采集卡的图像质量及价格也有很大的差别。目前使用较多的总线有 PCI、PC/104-Plus、PCI-E、Mini PCI 及笔记本所用的 PCMCIA 总线。

【任务评价】

对本任务的完成情况进行综合评价、总结与反思。

评价单自行打印，详情见本项目最后。

任务 2　物流自动化领域的无线射频识别(RFID)

【任务背景】

现代物流企业要为客户提供准确、快捷、安全、优质的服务,必须对仓储、运输、配送、装卸搬运、流通加工等物流业务全过程,利用现代计算机信息技术进行信息的采集、储存、传输、加工分析和管理,对业务流程进行管理、跟踪和控制。在现代物流中,由于传统的条形码是可视传播技术,容易因为磨损或皱折而被拒读,而且条形码难以唯一标识某个单品。无线射频识别(radio frequency identification,RFID)技术智能标签的出现克服了条形码的这些缺点,它通过自身芯片来保证数据的安全性,并提供数据量更大的信息。

RFID 已被广泛应用于各类工业自动化、商业自动化和交通运输控制管理等领域,例如物流自动化、汽车或火车的监控系统、高速公路自动收费系统、门禁系统、仓储系统、车辆防盗等。随着成本的下降和标准化的实施,RFID 技术得到全面推广和普遍使用,当下主要应用在物流自动化、商品识别、设备管理等领域。

【相关知识】

让我们来认识一下 RFID 技术吧!

一、认识 RFID 技术

RFID 技术是一种无线自动识别技术,它通过射频信号自动识别目标对象,获取相关数据。其主要特点有:自动化、非接触性、快速读取、读写距离远、使用寿命长、信息储存量大、非人工干预可完成识别工作、可在各种恶劣环境中作业等。RFID 读写器可以同时识别多个标签,能识别高速运动的物体,且操作方便快捷。

1. 系统组成

典型的射频识别系统由电子标签、读写器和后台数据管理系统组成,如图 5-6 所示。

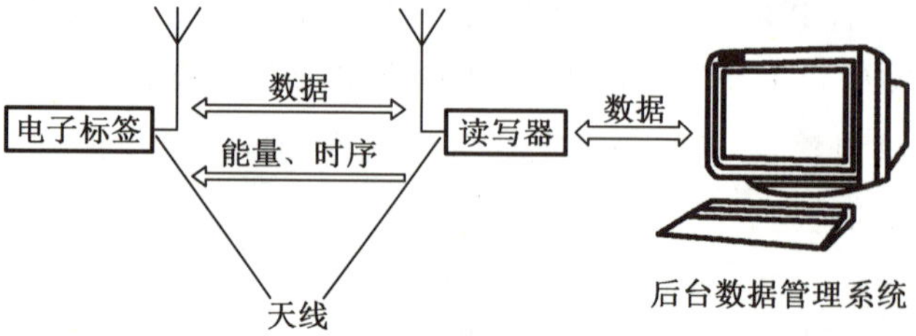

图 5-6　RFID 系统的基本组成

（1）电子标签

电子标签也称为射频标签或应答器，由耦合元件、芯片以及天线组成，每个标签具有独一无二的电子编码，一般附着在被标识的物体表面，是 RFID 的数据信息载体，通常用来保存固定格式的数据。需要指出的是，电子标签不含电池，它接收到读写器的电磁信号后整流为直流电供芯片工作，可做到免维护。每个电子标签都有全球唯一的 ID 号，且有用户数据区，可供用户写入信息，它的质量轻，体积小，寿命非常长，价格便宜，通过合理的加工工艺可以实现大规模批量生产。

按照数据调制方式的不同，电子标签一般可分为被动式、半主动式和主动式三类。半主动式标签也有内部电源，但只为内部计算提供能量，与读写器间实现数据通信所需的能量仍然要从读写器所发射的电磁波中获取。

（2）读写器

读写器又称为阅读器或射频卡，主要由射频模块（包括接收单元和发送单元）、控制模块及读写天线构成，一般分为固定式和手持式。读写器通过电感耦合或电磁反向散射耦合与电子标签进行数据通信。另外，读写器能够向上位机提供一些必要的信息，实现与数据管理系统的数据交换。

（3）后台数据管理系统

一个完整的后台数据管理系统主要由中间件、信息处理系统和数据库组成，主要用来存储、处理 RFID 系统的相关信息。作为后台数据管理系统的一个重要组成部分，中间件是一个独立的系统软件或服务程序，能够对数据进行过滤和处理，还具有对读写器进行协调控制和降低射频辐射等功能。

2. 工作原理

RFID 系统的工作原理：当附有电子标签的物体进入读写器的读写区域时，读写器发出的信号会激活标签；同时读写器接收到标签反射回来的微波信号后，将电子标签内的代码信息识别出来。这些识别信息作为物体的特征数据被传送到特定的计算机做进一步处理，从而完成与物体相关的信息查询和管理等应用。

3. 技术优势

RFID 技术将为数据采集的应用带来重大的变革，与条形码相比，RFID 技术的突出优势有以下几点。

（1）扫描速度快。RFID 技术可同时辨别和读写许多 RFID 标签，但是一次只能扫描一个条形码。

（2）形状多样化和体积小型化。RFID 在读写上并不受尺寸大小与形状的限制，RFID 标签向小型化与多样化发展，以应用于不同的产品。

（3）耐久性和抗污染能力。由于条形码是附着于塑料袋或外包装纸箱上的，因此特别容易受到折损，而 RFID 卷标是将数据存在芯片中，所以可免受污损。

（4）可重复使用，降低成本。现今的条形码印刷之后就无法更改，而 RFID 标签内储存的数据可以新增、修改和删除，信息更新方便。

（5）无屏障阅读和穿透性。在被覆盖的情况下，RFID 能穿透纸张、木材和塑料等非金属或非透明的材质,并能进行穿透性通信。

(6)安全性非常好。标签中信息以电子方式存储在芯片上,可以对数据进行密码保护,保证数据的安全性。令企业之间的信息互联,从而更加准确地接收反馈信息,优化整个供应链。

二、RFID 物流系统的构成环节

物流系统一般分为商品生产、商品入库、商品库存管理、商品出库 4 个环节,RFID 物流系统使用 RFID 标签作为物流系统的依托,在商品生产过程中嵌入 RFID 标签显得尤为关键。在引入 RFID 标签后,物流系统的 4 个环节就能够以 RFID 标签为依托紧密衔接。在每个环节中,RFID 系统都会发挥强大的作用,促使这些物品的物流环节更为高效、准确、安全。

1. 商品的生产环节

传统物流系统的起点在入库或出库,但在 RFID 物流系统中,所有的商品在生产环节就应该已经实现 RFID 标签,由于在一般的物流中,大部分 RFID 标签都以不干胶标签的形式使用,只需贴在物品包装上即可。RFID 标签信息的录入,分为以下 4 个步骤。

(1)描述相应商品的信息,包括生产部门、完成各生产工序的责任人、使用期限、项目编号、安全级别等,RFID 标签全面的信息录入成为过程追踪的有力支持。

(2)在数据库中将商品的相关信息录入相应的 RFID 标签项中。

(3)将商品相应的信息进行编辑整理,得到商品的原始信息和数据库。需要注意的是,这是物流系统中的第一步,也是 RFID 开始介入的第一个环节,需要绝对保证这个环节中的商品信息和 RFID 标签项的准确性。

(4)完成信息录入后,使用阅读器进行信息确认,检查 RFID 标签信息是否与商品信息一致;同时进行数据录入,显示每一件商品的 RFID 标签信息录入的完成时间和经手人。为保证 RFID 标签的唯一性,可将相同产品的信息进行排序编码,方便相同物品的清查。

2. 商品的入库环节

商品的入库环节要求非常严格。传统物流系统的入库有 3 个要素是严格控制的:经手人员、物品、记录。这个过程需要耗费大量的人力、时间,并且要求多层检查才能确保准确性。在 RFID 的入库系统中,通过 RFID 的信息交换系统,这 3 个环节能够得到高效、准确的控制。

在 RFID 的入库系统中,通过在入库口通道处的阅读器,识别商品的 RFID 标签,从而在数据库中找到相应的商品信息并自动输入 RFID 的库存管理系统中。系统记录入库信息并进行核实,若合格则录入库存信息,如有错误则提示错误信息。在 RFID 的库存信息系统中,可直接指引叉车上的射频终端,选择空货位并找出最佳途径,抵达空位。阅读器确认商品就位后,随即更新库存信息。商品入库完毕后,可以通过 RFID 系统打印机打印入库清单,责任人进行确认。

3. 商品的库存管理

商品入库后还需要利用 RFID 系统进行库存检查和管理。这个环节包括通过阅读器对分类的商品定期进行盘查,分析商品库存的变化情况;商品出现移位时,通过阅读器自动采集货物的 RFID 标签,在数据库中找到相应的信息,并将信息自动录入库存管理系统中,记录商品的品名、数量、位置等信息，核查是否出现异常情况。在 RFID 系统的帮助下，大量减少传统库存管理中的人员工作量，实现商品安全、高效的库存管理。

4. 商品的出库环节

在 RFID 的出库系统管理中，管理系统按商品的出库订单要求，自动确定最优提货路径，确定提货区。RFID 系统通过车载终端提醒工作人员载货，经扫描货物和货位的 RFID 标签，确认出库物品，同时更新库存。当物品到达出库口通道时，阅读器将自动读取物品的 RFID 标签，并在数据库中调出相应的信息，与订单信息进行对比，若正确即可出库，货物的库存量相应减除；若出现异常，仓储管理系统出现提示信息，方便工作人员进行处理。

【任务实施】

RFID 技术在货物运输调度管理系统中的应用

车辆调度管理系统是智能物流系统的重要组成部分，采用先进的信息通信技术，收集道路交通的动态、静态信息，并进行实时分析，根据分析结果安排车辆的行驶路线和出行时间，可充分利用有限的运输资源，提高车辆的使用效率，同时也可以了解车辆的运行情况，加强车辆的管理。

RFID 技术可以作为物流调度系统信息采集的有效手段，应用在车辆调度管理系统中。例如将 RFID 技术应用于货车车辆管理系统，通过信息自动、准确、远距离、不停车的采集，使调度系统准确地掌握运输车辆进出的实时动态信息。通过实施该系统可有效提高流动货物的管理水平，对采集的数据利用计算机进行研究分析，可以掌握车辆运行的规律，杜绝物流车辆管理中存在的漏洞。同时，针对特殊用户群体的需求，采用导航通信用户机（利用 GPS 卫星/CDMA 基站定位通信网络解决在地下车场、隧道等位置的定位），与 RFID 技术相结合，可以方便地时时在线监控、调度异地车辆，随时掌握物资、人员及车辆本身的状况。

RFID 技术在农产品管理中的应用

使用 RFID 技术对农产品生产、加工、存储和销售的全过程进行跟踪，追溯食品的生产和加工过程，能够有效加强对农产品的管理。

将 RFID 技术应用于农业食品安全，首先是建立完整、准确的食品供应链信息记录。借助 RFID 对物体的唯一标识和数据记录，对食品供应链全过程中的产品、属性信息和参与方信息等进行有效的标识和记录。其次，食品的跟踪与追溯要求在食品供应链中的每一个加工点，不仅要对加工成的产品进行标识，还要采集所加工食品原料上已有的标识信息，并将其全部信息标识在加工成的产品上，以备下一个加工者或消费者使用。

基于这种覆盖全供应链、全流程的数据记录、数据与物体之间的可靠联系，可确保消费者了解中间环节。RFID 技术是一个 100%追踪食品来源的解决方案，因而可回答消费者有关“食品从哪里来，中间处理环节是否完善”等问题，并给出详尽、可靠的回答，可有效监控食品安全问题。

在生产阶段，生产者把产品的名称、品种、产地、批次、施用农药、生产者信息及其他必要的内容存储在RFID标签中，利用RFID标签对初始产品的信息和生产过程进行记录；在产品收购时，利用标签的内容对产品进行快速分拣，根据产品的不同情况给予不同收购价格。

在加工阶段，利用RFID标签中的信息对产品进行分拣，只有符合加工条件的产品才能允许进入下一个加工环节。对进入加工环节的产品，利用RFID标签中记录的信息，对不同的产品进行有针对性的处理，以保证产品质量；加工完成后，由加工者把加工者信息、加工方法、加工日期、产品等级、保质期、存储条件等内容添加到RFID标签中。

在运输和仓储阶段，利用RFID标签和沿途安装的固定读写器跟踪运输车辆的路线和时间。在仓库进口、出口处安装固定读写器，对产品的进、出库自动记录。利用RFID标签中记录的信息，迅速判断农产品是否适合在某仓库存储，还可以存储多久；在出库时，根据存储时间选择优先出库的产品，避免经济损失；同时，利用RFID还可以实现仓库的快速盘点，帮助管理人员随时了解仓库里产品的状况。

在销售阶段，商家利用RFID标签了解购入商品的状况，帮助商家对产品实行准入管理。收款时，利用RFID标签能够更迅速地确认顾客购买商品的价格，减少顾客等待的时间。商家可以把商场的名称、销售时间、销售人员等信息写入RFID标签中，在顾客退货和商品召回时，对商品进行确认。

当产品出现问题时，由于产品的生产、加工、运输、存储、销售等环节的信息都保存在RFID标签中，根据RFID标签的内容可以追溯全过程，可帮助确定问题出现的环节和问题产品的范围。利用读写器在仓库中迅速找到尚未销售的问题产品，消费者也能利用RFID技术，确认购买的产品是否是问题产品及是否在召回的范围内。

另外，在把信息加入RFID标签的同时，通过网络把信息传送到公共数据库中，普通消费者或购买产品的单位把商品的RFID标签内容与数据库中的记录进行比对，能够有效地帮助识别假冒产品。

【任务评价】

对本任务的完成情况进行综合评价、总结与反思。

评价单自行打印，详情见本项目最后。

任务3　无线传感器网络监测的应用

【任务背景】

在我国南部某沿海城市存在大量山地地貌，城市居民人口众多，要求土地必须保持较高的利用率，因此大量建筑和道路都位于山区附近。该地区降雨量常年偏高，尤其在每年夏季的梅雨季节,会出现大量的降水。不稳定的山地地貌在受到雨水侵蚀后,容易发生山体滑坡,对居民生命财产安全构成巨大的威胁。

有关部门尝试部署过多套有线方式的监测网络以对山体滑坡进行监测和预警,但是由于监测区域往往为人迹罕至的山间,缺乏道路,野外布线、电源供给等都受到限制,使得有线系统部署起来非常困难。此外,有线方式往往采用就近部署数据采集器的方式采集数据,需要专人定时前往监测点下载数据,系统得不到实时数据,灵活性较差。

对此,在与地理监测专家进行多次交流,并进行数次实地考察后,某公司提出了基于无线传感器网络的山体滑坡监测全套无线解决方案。

山体滑坡的监测主要依靠两种传感器的作用:液位传感器和倾角传感器。在山体容易发生危险的区域,沿着山势走向竖直设置多个孔洞。每个孔洞都会在最下端部署一个液位传感器,在不同深度部署数个倾角传感器。由于山体滑坡现象主要是由雨水侵蚀产生的,因此地下水位深度是标识山体滑坡危险度的第一指标。该数据由部署在孔洞最下端的液位传感器采集并由无线网络发送。通过倾角传感器可以监测山体的运动状况,山体往往由多层土壤或岩石组成,不同层次间由于物理构成和侵蚀程度不同,其运动速度不同。发生这种现象时部署在不同深度的倾角传感器将会返回不同的倾角数据。在无线网络获取到各个倾角传感器的数据后,通过数据融合处理,专业人员就可以据此判断出山体滑坡的趋势和强度,并判断其威胁性大小。

【相关知识】

让我们先来认识一下传感器网络吧!

一、传感器网络概述

1. 传感器网络的概念

现代信息技术的三大基础是传感器技术、通信技术和计算机技术。计算机技术和通信技术结合构成了计算机网络技术,计算机技术和传感器技术结合则构成智能传感技术。随着信息化要求的不断提高,网络与传感相结合成为必要与可能。

智能传感器网络的概念由此而产生,它实现了信息"采集""传输"和"处理"的协同与统一。因此,传感器网络可定义如下:

传感器网络是由一定数量的传感器节点通过某种有线或无线通信协议联结而成的测控系统。这些节点由传感、数据处理和通信等功能模块构成,都安放在被测对象内部或附近,通常尺寸很小,具有低成本、低功耗、多功能等特点。

2. 传感器网络的发展

(1)第一代传感器网络

第一代传感器网络是由传统传感器组成的点到点输出的测控系统。它采用二线制 4~20 mA 电流、1~5 V 电压标准,在目前工业测控领域中广泛运用。其最大缺点是布线复杂,抗干扰性差。

(2)第二代传感器网络

第二代传感器网络是基于智能传感器的测控网络。微处理器的发展和与传感器的结合使传感器具有了计算能力。随着节点本地智能化的不断提升,现场采集信息量的不断增加,传统的模拟通信方式已成为智能传感器网络发展的瓶颈。随着数字通信标准 RS-232、RS-422、RS-485 的推出与广泛应用,许多新的传感器网络系统应运而生。

(3)第三代传感器网络

第三代传感器网络是基于现场总线(field bus)的智能传感器网络。现场总线是连接现场智能设备与控制室的全数字式、开放的、双向的通信网络。基于现场总线的智能传感器的广泛使用,使智能传感器网络进入局部测控网络阶段,由此也产生了分布式智能的概念。它通过网关和路由器可实现与 Internet/Intranet 网络相连。

(4)第四代传感器网络

第四代传感器网络即目前已引起世界广泛关注的无线传感器网络(wireless sensor network,WSN)。无线传感器网络是由一组传感器以自组织方式构成的无线网络,其目的是协作地感知、采集和处理网络覆盖区域中感知对象的信息,并传送给观察者。无线传感器网络应用也由军事领域扩展到工业与社会生活各个领域。美国《商业周刊》将无线传感器网络列为 21 世纪最有影响力的 21 项技术之一,《MIT 技术评论》将无线传感器网络列于 10 种改变未来世界新兴技术之首。

相对于前三代传感器网络,无线传感器网络强调的是无线通信、分布式数据检测与处理和传感器网络,其优点在于:

①成本降低。省去了导线的安装和校准工作,减少了经费投入。虽然传感器的使用量很大,但每一个传感器极为廉价,故无线传感器网络的设备成本仍然远远低于传统的大型传感设备。

②易于部署和维护。无线传感器可安置在远离监测中心站甚至有一定危险性的位置,长期无人干预、自主工作,大大降低了使用和维护的成本。

③容错和鲁棒性强。网络包括大量的传感器节点,增强了系统的容错性;网络集成多种类型传感器进行分布式检测,其效果要优于仅使用单传感器。

④协同计算。传感器节点在局部进行协同计算,只将用户需求和部分处理过的数据进行传送,减少了数据传送量,并且多个传感器的数据融合提高了测量的准确性。

二、多传感器信息融合

1. 概述

多传感器信息融合是对多种信息的获取、表示及其内在联系进行综合处理和优化的技术。信息融合的概念始于 20 世纪 70 年代初期,来源于军事领域中的 C3I(command,control,communication and intelligence)系统的需要,当时称为多源相关、多传感器混合信息融合。

随着科学技术的进步,多传感器信息融合至今已形成和发展成为一门信息综合处理的专门技术,并很快推广应用到工业机器人、智能检测、自动控制、交通管理和医疗诊断等多个领域。我国从 20 世纪 90 年代也开始了多传感器信息融合技术的研究和开发工作,并在工程上开展了多传感器识别、定位等同类信息融合的应用系统的开发。现在多传感器信息融合技术越来越受到人们的普遍关注。

多传感器信息融合到目前为止还没有一个能被普遍接受的定义，现阶段给出的定义大都是基于某一特定领域而得出的。Edward Waltz 等将其定义为这样一个过程：信息融合是一种多层次、多方面的处理过程，这个过程处理多源数据的检测、关联、相关、估计和组合，以获得精确的状态估计和身份估计以及完整、及时的态势评估和威胁估计。简单地说，多传感器信息融合是利用计算机等相关技术对获得的若干传感器的检测信息进行分析、综合进而完成所需的决策和估计任务而进行的信息处理过程。

多传感器信息融合是将来自多传感器或多源的信息和数据利用计算机技术进行智能化处理，从而获得更为全面、准确和可信的结论。图 5-7 所示为多传感器信息融合过程。其中，多传感器的功能是实现信号检测，它将获得的非电信号转换成电信号后，再经过 A/D 转换为能被计算机处理的数字量，数据预处理用以滤掉数据采集过程中的干扰和噪声，然后融合中心对各种类型的数据按适当的方法进行特征（即被测对象的各种物理量）提取和融合计算，最后输出结果。

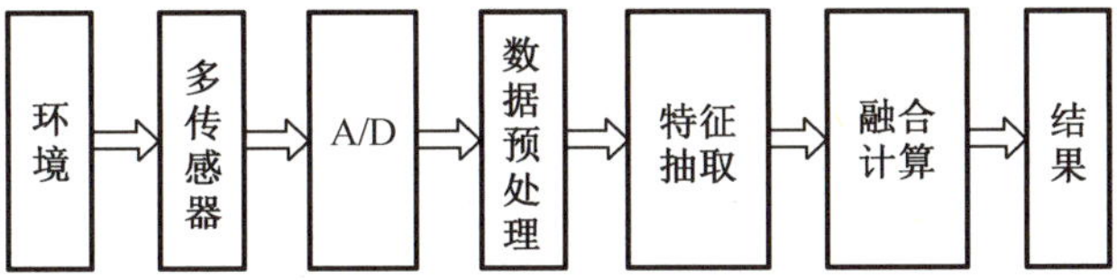

图 5-7　多传感器信息融合过程

2. 多传感器信息融合的必要性

多传感器信息融合在国内外已成为日益受到重视的新的研究方向。随着自动化技术在各个领域内的深入渗透，有效地运用传感器所提供的信息进行信号的综合处理，提高系统的性能，满足系统完成各种复杂任务的需要，显得越来越重要。

（1）提高系统容错性。单一传感器系统若其中一个传感器出现问题，整个系统就可能出错，从而不能正常的工作，而在多传感器信息融合系统中，通过融合处理，可以排除出错传感器的影响，使系统依旧能正常工作，这就增加了系统的可靠性和容错能力。

（2）提高系统检测精度。单一传感器系统中各传感器是对某一个方面反映对象信息。而在多传感器信息融合系统中，通过各传感器信息的互补性，能够更加有效地获得对象的共性反映，降低不确定性认识，提高信息的利用率，提高系统检测精度。

（3）提高系统实时性。单一的传感器很难保证其输入信息的准确性和可靠性，这必然给系统对周围环境的理解以及系统决策带来影响。而多传感器信息融合系统能在相同的时间内获得更多的信息，提高系统的实时性。

（4）提高系统经济性。与传统的单一传感器相比，多传感器系统能够在相同的时间内获得更多的信息，因而降低了获得信息的成本。这一点在实时性要求较高的系统中尤为明显。

让我们再来认识一下无线传感器网络吧！

无线传感器网络涉及众多学科，是目前信息技术领域研究的热点之一。综合多种表述，可以给无线传感器网络做如下定义：无线传感器网络是由大量密集布设在监控区域的、具有通信与计算能力的微小传感器节点，以无线的方式连接构成的自治测控网络系统。

无线传感器网络的发展最初可以追溯到1978年在宾夕法尼亚州匹兹堡的卡内基-梅隆大学（Carnegie-Mellon University）主办的分布式传感器网络工作组（distributed sensor nets workshop）。由于军事防御系统的需求，开始对传感器网络的通信与计算间的权衡进行研究，包括传感器网络在普适计算（ubiquitous computing）环境下的应用。

无线传感器网络的出现引起了全世界范围的广泛关注，世界各国的科研机构和科技人员对无线传感器网络的研究投入了极大的热情。无线传感器网络被认为是继Internet之后对21世纪人类生活产生重大影响的IT热点技术。

目前，关于无线传感器网络的研究工作正在节点研制、操作系统、通信协议、支撑技术和应用技术等各个层面上全面展开。

1. 网络结构

无线传感器网络具有众多类型的传感器节点，可用来探测地震、电磁波、温度、湿度、噪声、光强度、压力、土壤成分等周边环境中多种多样的现象。无线传感器网络的任务是利用传感器节点来监测节点周围的环境，收集相关数据，然后通过无线收发装置采用多跳路由的方式将数据发送给汇聚节点，再通过汇聚节点将数据传送到用户端，从而达到对目标区域的监测。无线传感器网络扩展了人们的信息获取能力，将客观物理信息与逻辑上的传输网络融合在一起，改变了人类与自然界的交互方式。

无线传感器网络系统通常包括传感器节点（sensor node）、汇聚节点（sink node）和管理节点（manager node），如图5-8所示。有时汇聚节点也称为网关节点。

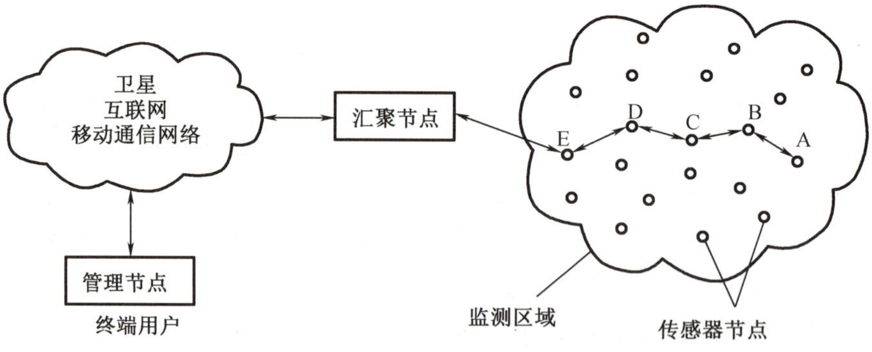

图5-8 无线传感器网络结构示意图

大量传感器节点随机部署在监测区域内部或者附近，能够通过自组织方式构成网络。传感器节点监测的数据沿着其他传感器节点逐跳地进行传输，在传输过程中监测数据可能被多个节点处理，经过多跳后路由到汇聚节点，最后通过互联网或者卫星到达管理节点。用户通过管理节点对传感器网络进行配置和管理，发布监测任务以及收集监测数据。

传感器节点通常是一个微型嵌入式系统，其处理能力、存储能力和通信能力相对较弱，通过携带能量有限的电池供电。从网络功能上看，每个传感器节点兼顾传统网络节点的终端和路由器双重功能，除了进行本地信息收集和数据处理外，还要对其他节点转发来的数据进行存储、管理和融合等处理，同时与其他节点协作完成一些特殊任务。

汇聚节点的处理能力、存储能力和通信能力相对比较强，它连接传感器网络与外部网络，主要负责将普通传感器节点传送的数据分类汇总，并发布到外部网络；或者将管理节点的监测任务发布给传感器节点。

管理节点实际上是传感器网络使用者直接操纵的计算机终端或服务器，充当无线传感器网络服务器的角色，通过与管理基站的信息传递来监控整个网络的数据和状态。

2. 传感器节点结构

传感器节点由传感器模块、数据处理模块、无线通信模块、电池及电源管理模块 4 部分组成，如图 5-9 所示。

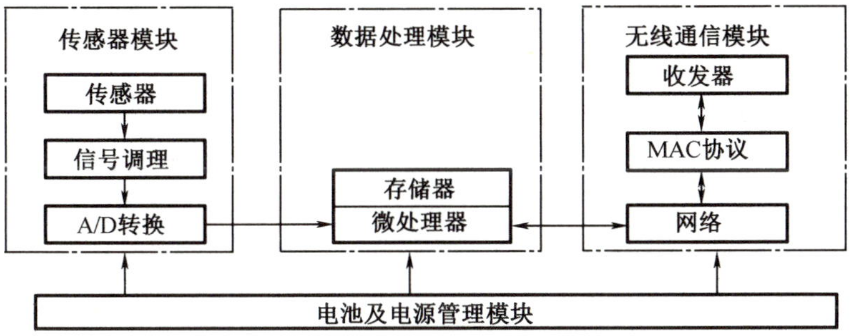

图 5-9　传感器节点结构框图

传感器模块负责监测区域内信息的采集和数据转换。一般来说，传感器模块有两种实现模式。一种是直接将传感器集成在节点上，这类设计方案主要针对体积较小、调理电路简单的传感器。节点上可以集成温度、湿度、加速度等传感器，并可根据应用要求完成多种传感功能。

但集成型的传感器不易于系统的扩展，灵活性也不强。另一种是将传感器以插件的方式同节点连接，主要应用于规模较大的传感器模块。

目前使用较为广泛的传感器节点是 SmartDust、Mica 和 Telos 等。

Smart Dust 是美国 DARPAMTO MEMS 支持的项目，其目的是研制体积微小，使用太阳能电池，具有光通信能力的自治传感器节点。由于体积小、质量轻，该节点可以附着在其他物体上，甚至在大气中浮动。

Mica 节点由加州大学伯克利分校研制，Mica 系列节点包括 WeC、Renee、Mica、Mica2、

Mica2dot 和 SPec 等。其中 WeC、Renee、Mica 这 3 款节点的无线通信模块都采用了 RFM 公司的 TR1000 芯片，而 Mica2 和 Mica2dot 这 2 款节点的无线通信模块都采用了 Chipcon 公司的 CC1000 芯片，处理器采用了 Atmel 公司的 Atmega128 芯片。Mica3 节点采用 Atmega128L 与 CC1020 相结合的结构，拥有强大的传感器板接口。Mica2 节点的无线通信电路采用的是 Chip-con 公司的 CC2420 芯片。

Telos 节点是美国国防部 DARPA 支持的 NEST 项目的一部分，该节点已经被 MoteV 公司产品化。节点采用 MSP430 和 CC2420 相结合的构架，采用 USB-COM 桥接口，直接通过 USB 接口供电、编程和控制，进一步简化了外部接口。

【任务实施】

无线传感器网络的关键技术

1. 时间同步技术

无线传感器网络连接着计算机系统和物理世界，对物理世界的观测必须建立在统一的时间标度上。时间同步是完成实时信息采集的基本要求，也是提高定位精度的基础。在集中式系统中，任何模块或进程均可以从全局时钟获取时间，或者基于同一时钟源的节拍而工作，因此时间同步比较容易实现。在分布式系统中，特别是对于具有高度随机性和环境差异性的无线传感器网络系统而言，由于物理上的独立性和分散性，系统无法使用同一个有直接关联的时钟源，而是各个节点使用其本地时钟。由于硬件的差异以及运行环境因素的影响，即使各个节点的时钟在使用前经过统一的校准，后期使用中仍有可能发生不同步现象。所以，越来越多的研究试图去解决时间同步的问题，提出了如参考广播同步(RBS0)、时间同步协议(TPSN)等同步机制，但都还存在一定的缺陷。

2. 定位技术

无线传感器网络的节点是可以随机部署的，这既是无线传感器网络的优点，但同时也带来了如何确定位置的问题，因为不知道被测位置或对象的数据是没有实际意义的。因此，传感器节点以及目标的定位技术是无线传感器网络研究的一个重要方向。无线传感器网络定位是指自组织的网络通过一些特定的方法和算法确定节点或目标的位置信息。节点定位可以采用 GPS 技术来确定节点的位置，但很显然基于成本和功耗等方面的原因，不可能在每个节点都配置 GPS 模块。因此，一般采取手动部署少量的配置有 GPS 模块的参考节点来进行基本定位，其他节点根据网络拓扑和无线定位技术来间接确定位置。目标定位则是通过网络中节点之间的配合完成对网络区域中特定目标的定位。定位算法有很多种，根据不同的标准可以将定位算法分为基于测距的定位、与测距无关的定位、绝对定位和相对定位等。

基于测距的定位是通过节点间测量的距离或角度信息，使用定位算法计算节点的位置。与测距无关的定位是根据网络的连通性、延时等进行定位。基于测距的定位技术精度高，但有时需要增加额外的硬件和能量开销，主要算法有 TOA、TDOA 等。与测距无关的定位技术精度较差，但克服了测距定位的缺点，适合对精度要求不高的场合，常见的算法有质心算法、SPA算法等。

3. 拓扑控制技术

良好的网络拓扑结构能够提高路由协议和MAC协议的效率，可为数据融合、时间同步和目标定位等奠定基础，有利于节省节点能量消耗、延长网络的生存周期。传感器网络拓扑控制目前主要的研究热点是在满足网络覆盖度和连通度的前提下，通过功率控制和主干节点选择，剔除节点之间不必要的无线通信链路，形成一个优化的网络拓扑结构。

拓扑控制可以分为节点功率控制、层次型拓扑结构控制和节点睡眠调度3类。节点功率控制调节网络中每个节点的发射功率，在满足网络连通度和覆盖率的前提下，减小节点的发送功率，均衡节点单跳可达的邻居数目。层次型拓扑结构控制利用分簇机制选择一些节点作为簇头节点，由簇头节点形成一个处理并转发数据的子网，在子网内簇头节点调度非簇头节点介入睡眠状态以节省能量。节点睡眠调度则是控制传感器节点在工作状态和睡眠状态之间转换。

4. 数据融合技术

数据融合或优化是指节点或系统根据信息的类型、采集时间、地点和重要程度等信息标度，通过聚类技术将收集到的数据进行本地压缩和处理，这一方面可以排除信息冗余，减少传输的数据量，从而节省传感器网络的能量；另一方面可以通过推理技术实现本地的智能决策。此外，由于传感器网络节点的失效，传感器网络也需要数据融合技术对多份数据进行综合，以提高信息的准确度。

5. 安全技术

无线传感器网络由于部署的覆盖范围具有一定的空间广度，其所处环境以及是否有人为干扰甚至入侵都处于不可控制的状态，所以除了具有一般无线网络可能面临的信息泄露、拒绝服务供给等威胁外，还面临节点可能被攻击者直接获取，从而获取其中的重要信息甚至控制网络的威胁。因此无线传感器网络在设计之初就必须充分考虑可能面临的各种安全问题，但也要把握好为了安全而增加的额外软、硬件支出的平衡。

6. 能量控制技术

对于无线传感器网络而言，传感器节点往往都采用电池供电。在一些应用中，由于节点数量多、工作环境比较恶劣或者偏僻，电池往往也是一次性部署，更换电池不具可行性。因此，高效利用传感器节点中电池的能量，采取优化的管理控制技术尽量延长电池的消耗时间，其实就是在延长无线传感器网络的生存时间。对于能量的管理控制技术主要体现在两方面：一是尽可能地降低各种元器件的功耗；二是研究合适的使用策略，让节点或通信链路只在必要的时间处于工作状态，其余时间处于睡眠或部分睡眠状态，从而节省能量。

无线传感器网络应用

无线传感器网络能够获取客观物理信息，具有十分广阔的应用前景，目前已在军事国防、工农业生产、环境监测保护、安全监测、智能交通、医疗护理、教育教学以及家居生活中获得广泛的应用。

1. 军事国防

无线传感器网络由于具有密集性、快速部署、自组织和容错等特点，非常适合用于恶劣的战场环境中，进行侦察敌情、监控兵力、判断生物化学攻击等，受到各国军方的重视。“灵巧传感器网络”(smart sensor web)作为一个美国陆军军事战术工具可向战场指挥员提供一个从大型传感器矩阵中得来的动态更新数据库，能及时提供实时或近实时的战场信息，包括通过有人和无人驾驶的地面车辆、无人驾驶飞机、空中、海上及卫星中得到的高分辨率数字、三维地形特征、多重频谱图形等信息，生成有关作战环境的全景图，从而为交战网络提供诸如开火、装甲车的行动以及爆炸等触发传感器的真实事件的实时信息，大大提高对战场态势的感知能力。

2. 工农业生产

在一些危险的工业环境，例如矿井、钢材冶炼、核电等场合，可以利用无线传感器网络进行过程监控，实施过程监测；也可以让水利大坝、桥梁以及超高超大楼宇等建筑和设施感知并汇报自身状态信息，以确保其安全运行。例如，大坝需要对水库水位、坝体渗流、坝基渗流、应变和温度等参数进行测量，通过对监测数据的分析获知大坝的健康状态。美国最大的工程建筑公司贝克特营建集团公司采用无线传感器网络监测伦敦地铁系统。科学家利用200多个Mica2节点组成的WSN成功监测和评估了旧金山金门大桥在各种自然条件下的安全状况。

在机械故障诊断方面，Intel公司曾在芯片制造设备上安装过200个传感器节点，用来监控设备的振动情况，并在测量结果超出规定时提供监测报告，效果非常显著。

在农业领域，无线传感器网络可以用于监视农作物灌溉情况、土壤空气变化、病虫害、畜牧和家禽的环境状况以及大面积的地表检测等，前景无限广阔。北京市大兴区菊花生产基地使用无线传感器网络，采集日光温室和土壤的温湿度参数，并通过控制模块实现温湿度的控制，实现了温室生产智能控制和管理，提高了菊花生产的管理水平，使得生产成本下降了25%，Digital Sun公司反战的自动洒水系统S. Sense Wireless Sensor受到国际上多家媒体的报道。它使用无线传感器感应土壤的水分，并在必要时与接收器通信，控制灌溉系统的阀门打开/关闭，从而达到自动、节水灌溉的目的。

3. 环境监测保护

无线传感器网络对工业生产过程和排放，以及大气、土壤、水等外部环境进行实时的监测，在环境保护领域主要用于森林防火、污染监控、生物种群研究等。例如，加州大学伯克利分校计算机系Intel实验室和大西洋学院联合开展了一个利用无线传感器网络监控海岛生态环境的项目，研究人员将该统布置在海燕栖息地，通过无线自组网实现了对敏感野生动物的无干扰远程研究；挪威利用无线传感器网络对冰河进行观测以了解地球气候的变化。

4. 医疗护理

无线传感器网络在医疗研究、护理领域可以用于医院药品控制、老年人健康状况和远程医疗等领域。罗彻斯特大学的科学家使用无线传感器创建了一个智能医疗房间，使用“微尘”来测量居住者的血压、脉搏、呼吸、睡觉姿势以及每天24小时的活动状况。英特尔公司推出了基于无线传感器网络的家庭护理技术,医生可以随时了解被监测人情况,并进行及时处理。

5. 其他应用

无线传感器网络可应用到智能交通系统,采集全路段的车辆和路面信息通过无线传感器网络传输,大幅度地降低现有交通监控网络的成本。在家居和家电中嵌入传感节点,能感知居室不同位置的温度、湿度、光照、空气成分等信息,可实现家电之间的交互和远程控制。

德国某研究机构正在利用无线传感器网络技术为足球裁判研制一套辅助系统,以降低足球比赛中越位和进球的误判率。

在商务方面,无线传感器网络可用于物流和供应链的管理,监测物资的保存状态和数量。在仓库的每项存货中安置传感器节点,管理员可以方便地查询到存货的位置和数量。

无线传感器网络有着十分广泛的应用前景,可以预见,微型、智能、廉价、高效的无线传感器网络必将融入人们的生活,使人们感受到一个无处不在的、智能的网络世界。

【任务评价】

对本任务的完成情况进行综合评价、总结与反思。

评价单自行打印,详情见附录。

参考文献

[1]徐进，王倢婷．传感器智能应用与检测技术[M]．北京：电子工业出版社，2022.

[2]王伟．智能检测技术[M]．北京：机械工业出版社，2022.

[3]陈雯柏，李邓化，何斌，等．智能传感器技术[M]．北京：清华大学出版社，2022.

[4]杨燕．传感与智能控制[M]．北京：机械工业出版社，2020.

[5]陈黎敏，李晴，朱俊．传感器技术及其应用[M]．北京：机械工业出版社，2022.

[6]李邓化，彭书华，许晓飞．智能检测技术及仪表[M]．北京：科学出版社，2021.

[7]罗志增，席旭刚，高云园．智能检测技术与传感器[M]．西安：西安电子科技大学出版社，2021.

[8]董春利．传感器与检测技术[M]．北京：机械工业出版社，2022.

[9]张勇，王玉昆，赫健．传感器检测技术及工程应用[M]．北京：机械工业出版社，2015.

[10]陈卫．传感器应用[M]．北京：高等教育出版社，2022.

[11]范大鹏．制造过程的智能传感器技术[M]．武汉：华中科技大学出版社，2020.

[12]刘娇月，杨聚庆．传感器技术及应用项目教程[M]．北京：机械工业出版社，2023.

[13]秦洪浪，郭俊杰．传感器与智能检测技术[M]．北京：机械工业出版社，2021.

[14]杨成慧．智能仪表技术[M]．北京：北京大学出版社，2021.

[15]陈荣保．传感器原理及应用技术[M]．北京：机械工业出版社，2022.

[16]张洪润，邓洪敏，郭竞谦．传感器原理及应用[M]．北京：清华大学出版社，2021.

[17]章翔峰，石永芳，姜宏．机电设备的电子传感器应用技术[M]．上海：华东师范大学出版社，2022.

附　　录

【任务评价单】

1. 小组评价

<table>
<tr><td colspan="2">模块(　　)</td><td></td><td colspan="2">项目(　　)</td><td colspan="2"></td></tr>
<tr><td colspan="2">任务(　　)</td><td colspan="5"></td></tr>
<tr><td colspan="3">班级</td><td colspan="4">第　　组</td></tr>
<tr><td colspan="3">考核内容及要求</td><td>小组自评
(10%)</td><td>小组互评
(20%)</td><td>教师评价
(70%)</td><td>实际得分</td></tr>
<tr><td rowspan="4">汇报展示
(20分)</td><td colspan="2">资源的利用(5分)</td><td></td><td></td><td></td><td></td></tr>
<tr><td colspan="2">语言表达和非语言技巧应用(5分)</td><td></td><td></td><td></td><td></td></tr>
<tr><td colspan="2">团队成员补充配合程度(5分)</td><td></td><td></td><td></td><td></td></tr>
<tr><td colspan="2">内容的逻辑和完整性(5分)</td><td></td><td></td><td></td><td></td></tr>
<tr><td rowspan="3">工作质量
评价
(40分)</td><td colspan="2">任务工作完成性(10分)</td><td></td><td></td><td></td><td></td></tr>
<tr><td colspan="2">任务工作质量(5分)</td><td></td><td></td><td></td><td></td></tr>
<tr><td colspan="2">任务工作总结的完整性(25分)</td><td></td><td></td><td></td><td></td></tr>
<tr><td rowspan="5">团队合作
情感
(25分)</td><td colspan="2">核心价值观(5分)</td><td></td><td></td><td></td><td></td></tr>
<tr><td colspan="2">创新性(5分)</td><td></td><td></td><td></td><td></td></tr>
<tr><td colspan="2">参与率(5分)</td><td></td><td></td><td></td><td></td></tr>
<tr><td colspan="2">合作率(5分)</td><td></td><td></td><td></td><td></td></tr>
<tr><td colspan="2">工作态度(5分)</td><td></td><td></td><td></td><td></td></tr>
<tr><td rowspan="2">安全文明
(10分)</td><td colspan="2">安全保障情况(5分)</td><td></td><td></td><td></td><td></td></tr>
<tr><td colspan="2">工具的使用、保养、防止规范等(5分)</td><td></td><td></td><td></td><td></td></tr>
<tr><td>工作效率
(5分)</td><td colspan="2">是否在规定时间内完成,每超时5分钟扣1分(5分)</td><td></td><td></td><td></td><td></td></tr>
<tr><td colspan="3">最终得分</td><td colspan="4"></td></tr>
</table>

2. 小组成员素质评价

模块(　　)			项目(　　)				
任务(　　)							
班级	第　　组		成员姓名				
评分内容及标准		自评分	成员 1 评分	成员 2 评分	成员 3 评分	成员 4 评分	成员 5 评分
核心价值观(20 分)	是否有违背社会主义核心价值观的思想及行动						
工作态度(20 分)	是否按时完成负责的工作、遵守纪律,是否积极主动参与小组工作,是否全程参与,是否吃苦耐劳,是否有工匠精神						
交流沟通(20 分)	是否能够良好地表达自己的观点,是否能够倾听他人观点						
团队合作(20 分)	是否与小组成员合作完成任务,是否做到相互协作、互相帮助、听从指挥						
创新意识(20 分)	看问题是否能够独立思考、提出独到见解,是否能够利用创新思维解决遇到的问题						
最终得分							

3. 课后反思

模块(　　)		项目(　　)	
任务(　　)			
班级	第　　组	成员姓名	

情感反思	通过对本任务的学习和实训,你认为自己在社会主义核心价值观、职业素养、学习和工作态度等方面有哪些需要提高的部分?
知识反思	通过对本任务的学习,你掌握了哪些知识点?请画出思维导图。
技能反思	在完成本任务的学习和实训中,你主要掌握了哪些技能?
方法反思	在完成本任务的学习和实训过程中,你主要掌握了哪些分析和解决问题的方法?